信号分析与处理

周洁玲　张白林　吴　勇　编著

科学出版社
北　京

内 容 简 介

本书主要介绍信号分析与处理的基本数学方法和这些方法在地球物理勘探领域中的应用。全书共分为8章，主要内容包括连续信号的傅氏分析、离散时间信号和系统、离散傅氏级数和离散傅氏变换、快速傅氏变换、z变换、数字滤波和相关分析等，重点是离散系统的信号分析与处理。

本书适用于勘查技术与工程专业及其相关专业的学生使用，也可供从事资料数字处理的工程技术人员参考。

图书在版编目(CIP)数据

信号分析与处理/周洁玲，张白林，吴勇编著. —北京:科学出版社，2018.1 (2021.1重印)

ISBN 978-7-03-055087-3

Ⅰ.①信… Ⅱ.①周… ②张… ③吴… Ⅲ.①信号分析-教材②信号处理-教材 Ⅳ.①TN911

中国版本图书馆CIP数据核字 (2017) 第267522号

责任编辑：罗 莉 陈 杰／责任校对：熊倩莹

封面设计：墨创文化／责任印制：罗 科

科学出版社出版

北京东黄城根北街16号

邮政编码：100717

http://www.sciencep.com

四川煤田地质制图印刷厂印刷

科学出版社发行 各地新华书店经销

*

2018年1月第 一 版 开本：787×1092 1/16

2021年1月第二次印刷 印张：14

字数：330 000

定价：49.00元

（如有印装质量问题，我社负责调换）

前　言

随着信息技术和计算机技术的高速发展，信号分析技术已广泛应用于许多科学技术领域，在电子信息、生物医学、机械工程、航空航天和地球物理勘探领域显得尤为突出。

近年来，信号分析与处理领域的专著及教材出版较多，但其侧重点各不相同。为适应石油地球物理勘探新技术的发展，满足勘查技术与工程专业教学体系改革和教学计划安排的迫切需要，针对本专业培养教学目标中所研究的信号和信号处理方法的特殊性，编写一本适合本专业及相关专业学生培养的教材十分必要。编者在综合国内外信号分析与处理类教科书和文献资料的基础上，根据多年的教学实践和经验编写完成了这本教材。

本书力求通俗易懂、深入浅出，重点介绍一些信号分析的数学方法和这些方法在地球物理勘探领域中的应用。本书概念清晰、体系严谨、兼顾专业特点及与后续专业课程教学内容的衔接、易于读者理解和掌握。

本书作为本科专业教材，参考学时为56学时，全书共分为8章。第1章从介绍信号的基本概念入手，讨论信号的分类、几种常用的信号、周期信号的傅氏级数和非周期信号的傅氏积分分析、复函数的傅氏变换、傅氏变换的基本性质。第2章讨论在数学、近代物理、无线电通信等自然科学中都有着广泛用途的一种特殊函数——δ函数，其中包括δ函数的定义、特点、频谱、性质和几个特殊信号的频谱。第3章讨论离散时间信号——序列的运算法则、几种常见的典型时间序列、系统的概念和分类、离散时间信号的傅氏变换、线性时不变系统的两个重要性质、连续时间信号的离散化、抽样定理以及由于抽样不当而引起的假频现象。第4章讨论周期离散时间序列及其频谱、有限长离散时间序列的傅氏变换、离散傅氏变换的性质及用离散傅氏变换计算线性褶积的方法。第5章讨论为什么要引入FFT、按时间和频率抽取的FFT算法、IFFT的实现和FFT的应用举例。第6章讨论z变换的定义、z变换与傅氏变换的关系、z变换的收敛域和性质、z反变换及褶积性质的重要应用。第7章讨论数字频率滤波的概念、原理和实现步骤、理想滤波器、数字滤波的两大矛盾和引起的两种特殊现象以及克服办法。第8章讨论相关分析的概念、相关函数、相关滤波、多道相关、地震记录的相关性质及相关分析在实际生产中的应用。

本书第1章、第3章、第4章、第5章、第8章由周洁玲编写；第2章、第7章由张白林编写；第6章由吴勇编写。吴勇清绘书中所有图件。由于编写人员水平有限，书中存在不完善之处敬请读者批评指正。

目　　录

第 1 章　连续信号的傅氏分析

1.1　信号及其分类

1.1.1　信号的定义

信号对于每个人都不陌生，因为人们每时每刻都在与信号打交道。如上课铃声是一个信号，汽车喇叭声是一个信号，这些是声信号。十字路口的红绿灯亮光是一个信号，战场上的信号弹是一个信号，这些是光信号。晶体管放大器的输入输出电压是一个信号，电视无线从天空中接收到的电磁波是一个信号，这些是电信号。在地震勘探中，利用人工震源激发产生地震波(弹性波)，这种波在地下介质中传播，经过地层界面的透射、反射及折射，在地面上或井中用检波器接收，并转换成电信号记录在磁带上，将它称为地震信号 $s(x, y, t)$，这是弹性波信号。

所有这些信号的物理表象虽然很不相同，但是，可以在它们之间找出一个共同点——它们都包含有一定的意义，此处所说的“一定的意义”就是“信息”。所以，信号是信息的载体，是信息或消息传输的一种形式。

一个信号中可以包含多个信息。例如，野外原始地震信号中，既包含与地下地层结构有关的信息：波的传播时间 t、波的传播速度 v、波的反射振幅 A、频率 f、相位 φ……，利用这些信息，人们可以对地下地质情况做出正确解释；也包含干扰人们对地下地层情况做出正确判断的信息：面波、爆炸后在空气中传播的声波、各种风吹草动等自然因素以及人和车马的走动等人为因素引起的不规则振动。前者称为有效信息，后者则称为干扰信息。因此，为了充分地获取信息和有效地利用信息，必须对信号进行分析和处理。信号分析就是通过解析方法或测试方法找出不同信号的特征，从而了解其特性，掌握它随时间或频率变化规律的过程。通过信号分析，可以将一个复杂的信号分解成若干简单信号的分量之和，或者用有限的一组参量去表示一个复杂波形的信号，并由这些分量的组合情况或者这组参量去考察信号的特性。信号处理则可以理解为对信号进行某种加工或变换，把一个信号变换成另一个信号的过程。例如，为了有效地利用信号中包含的有用信息，采用一定的手段剔除原始信号中混杂的噪声，削弱多余的分量，这个过程就是最基本的信号处理过程，因此也可以把信号处理理解成为了特定的目的，通过一定的手段改造信号的过程。

1.1.2 信号的分类与特性

信号的分类方法有很多，可以从不同的角度对信号进行分类。

1. 连续时间信号和离散时间信号

按照时间函数取值的连续性或离散性可将信号划分为连续时间信号和离散时间信号。

1)连续时间信号

连续时间信号(简称连续信号)是指在所讨论的时间间隔范围内，对任意时间(除若干不连续点之外)都有确定的振幅值，但信号的振幅值可以是连续的，也可以是离散的。其特点是时间上是连续的，振幅值可连续，也可离散。时间和振幅值都连续的信号则称为模拟信号。这种信号可以用连续变化的函数来表示，数学上一般记作 $f(t)$，如图 1.1(a)所示的正弦波信号和图 1.1(b)所示的方波信号。

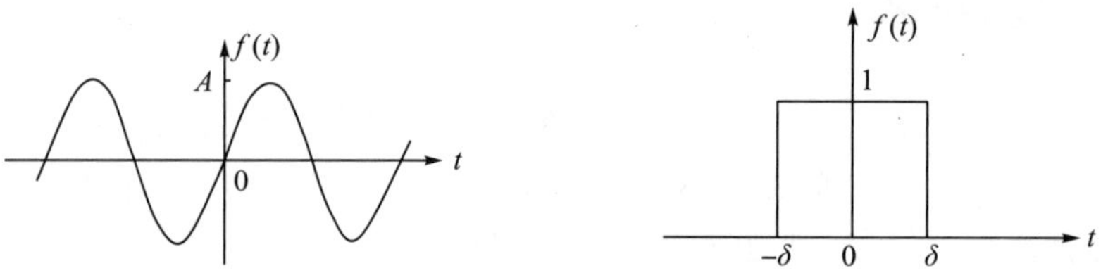

(a) (b)

图 1.1 连续时间信号

注：A 为振幅峰值；δ 为方波的脉冲宽度

2)离散时间信号

离散时间信号是指只在某些不连续的规定瞬时给出函数值，而在其他时间上无定义的信号(即时间 t 被量化了)。量化是指用一组数值来表示变量的过程。其特点是时间上是离散的，振幅值可连续，也可离散。当离散时间信号的振幅值是连续值时称为抽样信号。抽样信号可以理解为在离散时间下对模拟信号的抽样，一般来说，抽样是等间隔的，数学上将之记作 $f(n\Delta)$，Δ 为相邻采样点之间的时间间隔，简称采样间隔或采样周期，$n=0$，±1，±2，…，如图 1.2(a)所示。当离散时间信号的振幅值是离散值时，称这种信号为数字信号，数字信号可以用数学上的序列来表示，记作 $f(n)$，如图 1.2(b)所示。

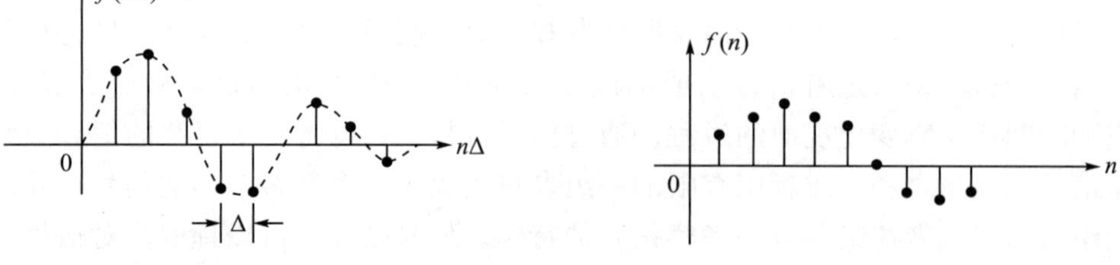

(a) (b)

图 1.2 离散时间信号

2. 周期信号、非周期信号和概周期信号

按照信号随时间变化的特点将信号划分为周期信号、非周期信号和概周期信号。

1)周期信号

周期信号是按一定的时间间隔周而复始，而且无始无终的信号。

周期信号的数学表达式可以写成

$$f(t)=f(t+nT)\quad(-\infty<t<+\infty;n=0,\pm1,\pm2,\cdots)\tag{1.1}$$

满足此关系的最小 T 值称为信号的周期。如图 1.3(a)所示的周期锯齿脉冲信号和图 1.3(b)所示的周期三角脉冲信号。

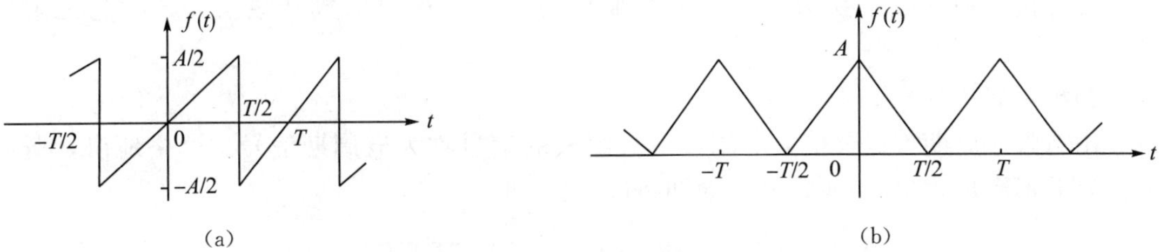

图 1.3　周期信号

从周期信号的定义和表达式可以知道，周期信号有两个主要的特点：

(1)它是无始无终的无限长信号。

(2)它在各个不同周期内的变化规律是相同的。

根据这些特点可以知道，只要研究周期信号在一个周期内的变化过程和规律，就能认识到它在任何时间上的特点。所以，周期信号的平均值实质上就等于周期信号在一个周期内的平均值，用数学式子表示为

$$\overline{f}=\frac{1}{T}\int_0^T f(t)\mathrm{d}t\tag{1.2}$$

对于周期信号，积分等式

$$\int_0^T f(t)\mathrm{d}t=\int_{t_0}^{T+t_0} f(t)\mathrm{d}t\tag{1.3}$$

是成立的。t_0 为任意实数。如果令 $t_0=-T/2$，则利用式(1.3)可以把周期信号的平均值写为

$$\overline{f}=\frac{1}{T}\int_{-T/2}^{T/2} f(t)\mathrm{d}t\tag{1.4}$$

周期信号的平方在一个周期内积分的平均值，无论是电流还是电压信号，都代表在单位电阻上损耗的平均功率，因此周期信号的平均功率记为

$$P=\frac{1}{T}\int_{-T/2}^{T/2} f^2(t)\mathrm{d}t\tag{1.5}$$

2)非周期信号

非周期信号是指在时间上不具有周而复始及无始无终特性的信号。例如脉冲信号，如图 1.4(a)所示；如果一个信号虽然在一定时间间隔上具有周而复始的性质，但不是无始无终的，这种信号也是非周期信号，如图 1.4(b)所示的一段正弦信号；一个无限长信

号，如果不是周而复始的，也是非周期信号，如双边指数衰减信号，如图 1.4(c)所示。

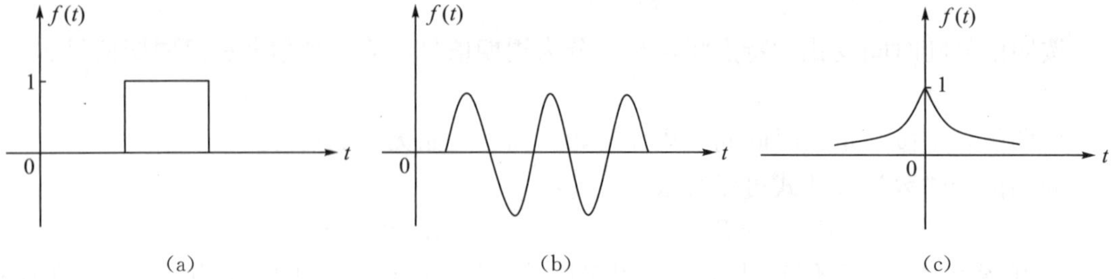

图 1.4　非周期信号

脉冲信号和一段正弦信号也称为有限长信号，而双边指数衰减信号则称为无限长信号。

3)概周期信号

由有限个周期不成公倍数的周期信号组成的信号称为概周期信号。严格地讲，概周期信号并不满足式(1.1)所定义的周期条件。如：

$$f_1(t) = \sin t + \sin 2t, \quad f_2(t) = \sin t + \sin \sqrt{2} t$$

$f_1(t)$和 $f_2(t)$都是由两个不同频率的周期信号的和构成的，但 $f_1(t)$是周期信号，而 $f_2(t)$的频率比不是有理数，不成谐波关系，因此，$f_2(t)$的准确周期是不存在的，只有近似周期，所以，$f_2(t)$不能称为周期信号，只能按定义称为概周期信号。

概周期信号的特点在于：这种信号具有平均功率，这一点与非周期信号不同；这种信号不满足周期性，这一点又与周期信号不同。

3. 确定性信号和不确定性信号

按照信号是否可以表示为确定的时间函数可将信号划分为确定性信号和不确定性信号。

若信号可以表示为确定的时间函数，即在任意时刻的值都能精确确定，这种信号称为确定性信号或规则信号，如前面提到的正弦信号、方波信号、双边指数衰减信号等。若信号不能用确定的时间函数来表示，即在任意时刻的取值不能精确确定，或者说取值是随机的，这种信号称为不确定性信号或随机信号，如地震勘探中检波器接收到的风吹草动、人走马行等引起的干扰。本书只讨论确定性信号的分析。

4. 有效信号和干扰信号

按照信号的用途可将信号划分为有效信号和干扰信号。

有效信号是指对人们分析研究有用的信号，而干扰信号则是指对人们分析研究起干扰作用的信号。例如反射波法地震勘探中，主要是利用检波器接收到的来自地下各个反射界面的反射波来解决地下地质问题，因此，反射波被称为有效信号。相对于这种有效信号而言，妨碍人们记录有效信号的其他信号都称为干扰信号。如面波、声波、风吹草动、人走马行等。在地震勘探中一个十分重要的问题就是如何压制各种干扰信号，以便使有效信号能被清晰地被记录下来，从而达到利用与油气聚集有关的构造或地层信息，寻找和勘探油气的目的。

不同的信号由于其特性不一样，使用的数学研究方法也就不同。例如周期信号应用傅氏级数来研究，非周期信号应用傅氏积分来研究，而对于随机信号，只有借用数理统计的方法来研究。本章仅介绍前两种信号的分析方法。

1.1.3　几种常用的信号

在众多确定性信号中，有一些常用的基本信号，这些基本信号可以组合构成许多更复杂的信号。下面给出这些常用的基本信号的表达式及波形。

1. 正弦信号

正弦信号的表达式为

$$f(t)=A\sin(2\pi f_0 t+\varphi)=A\sin(\omega_0 t+\varphi)\quad(-\infty<t<+\infty)\tag{1.6}$$

式中，A 表示振幅；φ 表示初相位角；f_0 表示(线)频率；ω_0 表示(角或圆)频率。

式(1.6)所表示的波形如图1.5所示。

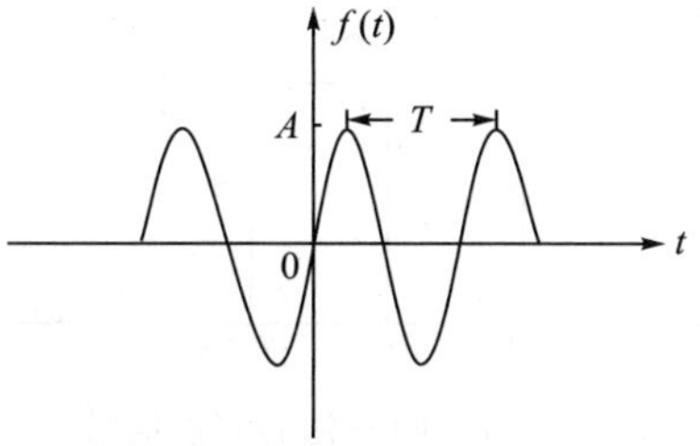

图1.5　正弦信号

2. 余弦信号

余弦信号的表达式为

$$f(t)=A\cos(2\pi f_0 t+\varphi)=A\cos(\omega_0 t+\varphi)\quad(-\infty<t<+\infty)\tag{1.7}$$

式中，参数与正弦信号相同，其波形如图1.6所示。由于正弦信号和余弦信号仅在相位上相差$\frac{\pi}{2}$，故

$$A\cos(\omega_0 t+\varphi)=A\sin\left(\omega_0 t+\varphi+\frac{\pi}{2}\right)\tag{1.8}$$

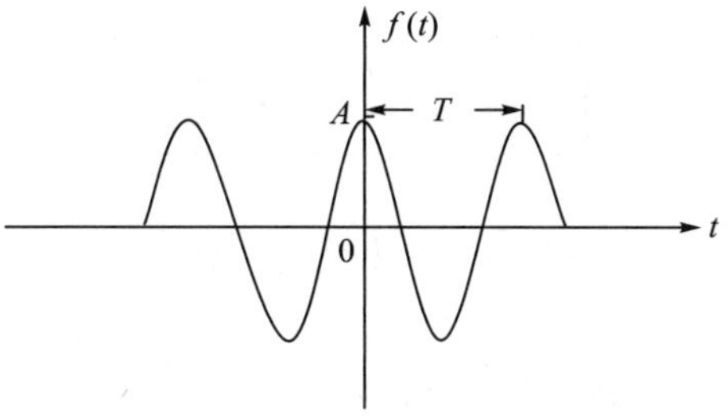

图1.6　余弦信号

正弦信号和余弦信号都是周期信号，它们统称为简谐信号，其角频率 ω_0 与线频率 f_0 和周期 T 的关系为

$$\omega_0 = 2\pi f_0 = \frac{2\pi}{T}$$

3. 方波信号

方波信号的表达式为

$$f(t) = \begin{cases} A, & |t| < T \\ 0, & |t| \geqslant T \end{cases} \tag{1.9}$$

当 $A=1$ 时，称为归一化的方波信号，记为

$$p_T(t) = \begin{cases} 1, & |t| < T \\ 0, & |t| \geqslant T \end{cases} \tag{1.10}$$

图 1.7 是归一化的方波信号波形。

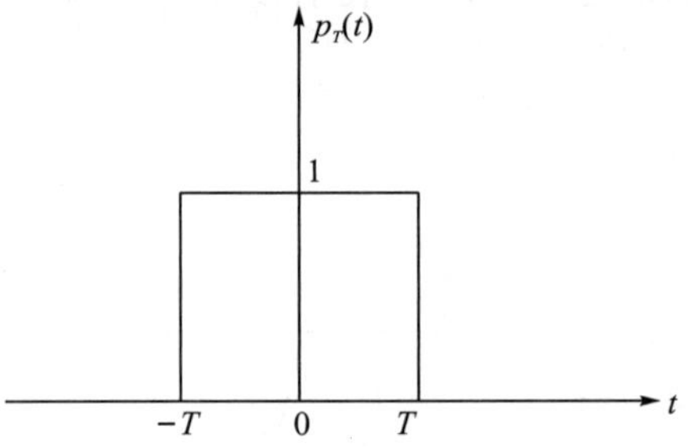

图 1.7　归一化的方波信号

4. 单边指数衰减信号

单边指数衰减信号的表达式为

$$f(t) = \begin{cases} A\mathrm{e}^{-\alpha t}, & t \geqslant 0 \\ 0, & t < 0 \end{cases} \quad (\alpha > 0,\text{为衰减系数}) \tag{1.11}$$

其波形如图 1.8 所示。

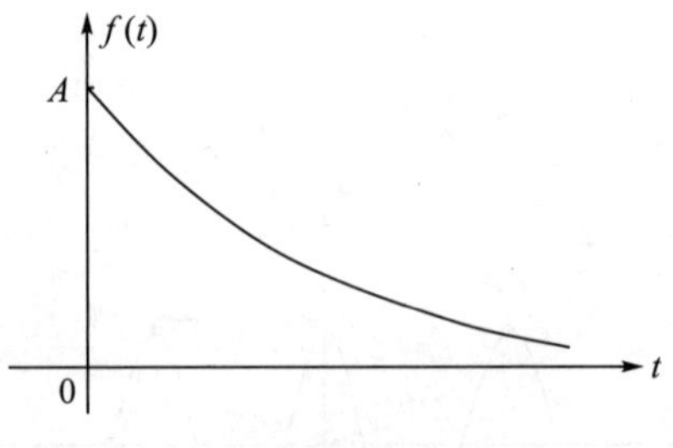

图 1.8　单边指数衰减信号

5. 钟形波

钟形波的表达式为

$$f(t)=A\mathrm{e}^{-\alpha^2t^2},(-\infty<t<+\infty;\alpha>0) \tag{1.12}$$

其波形如图 1.9 所示。

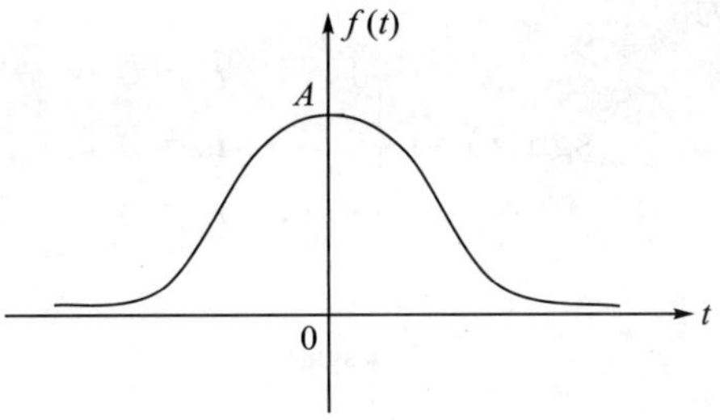

图 1.9　钟形波

6. 三角波

三角波的表达式为

$$f(t)=\begin{cases}A\left(1-\dfrac{|t|}{T}\right), & |t|<T\\ 0, & |t|\geqslant T\end{cases} \tag{1.13}$$

当 $A=1$ 时，称为归一化的三角波，记为

$$q_T(t)=\begin{cases}1-\dfrac{|t|}{T}, & |t|<T\\ 0, & |t|\geqslant T\end{cases} \tag{1.14}$$

图 1.10 是归一化的三角波波形。

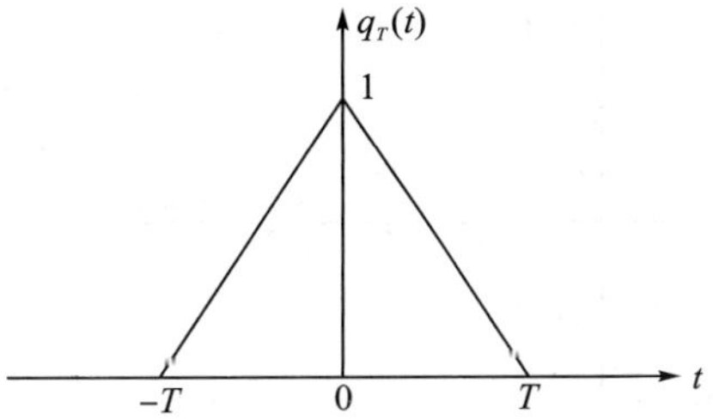

图 1.10　归一化的三角波

7. 单位阶跃信号

单位阶跃信号通常记为

$$u(t)=\begin{cases}1, & t>0\\ 0, & t<0\end{cases} \tag{1.15}$$

其波形如图 1.11 所示。在突变点 $t=0$ 处，函数值未定义；或在 $t=0$ 处，规定函数值 $u(0)=\dfrac{1}{2}$。

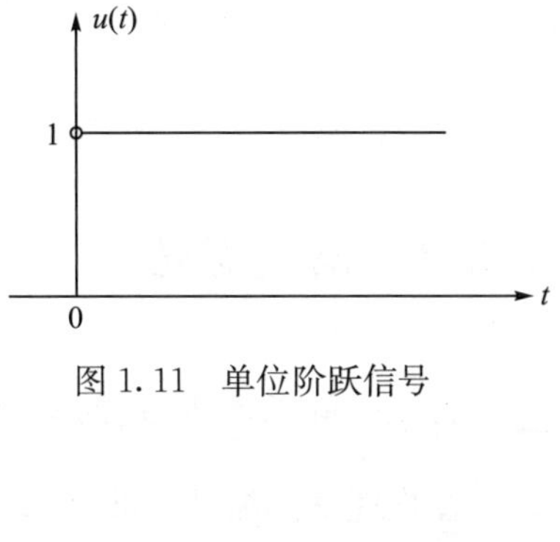

图 1.11　单位阶跃信号

8. 单位符号信号

单位符号信号通常记为

$$\mathrm{sgn}(t)=\begin{cases}1, & t>0\\ 0, & t=0\\ -1, & t<0\end{cases} \tag{1.16}$$

其波形如图 1.12 所示。

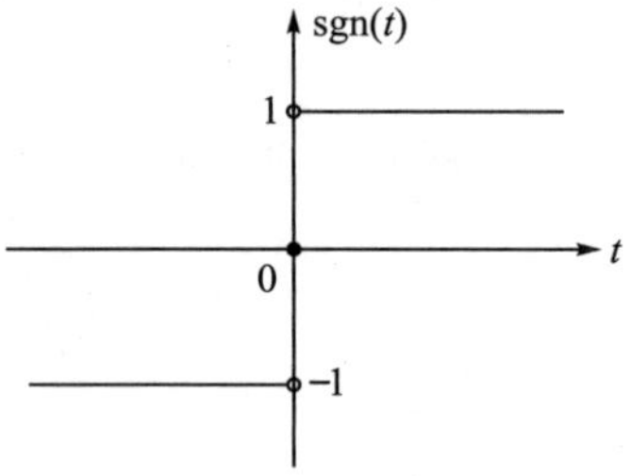

图 1.12 单位符号信号

9. 雷克子波(Ricker wavelet)

雷克子波是广泛用于地震勘探模型计算和解释中的一个信号。其表达式可以写成

$$f(t)=\mathrm{e}^{-\alpha t}\sin(\beta t)u(t) \tag{1.17}$$

从式(1.17)可以看出，雷克子波是一种按指数规律衰减的单边正弦振荡信号，其波形如图 1.13 所示。

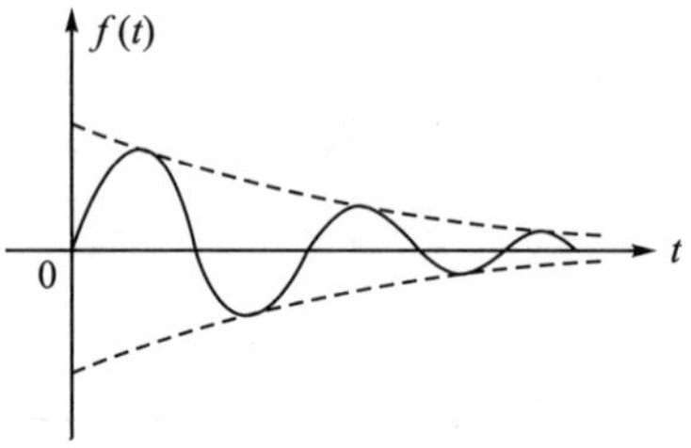

图 1.13 雷克子波

1.2 周期信号的傅氏级数分析

1.2.1 傅氏级数

1. 三角函数形式的傅氏级数

在物理学的振动与波动部分已经知道，一个复杂的周期振动可能由若干个不同振幅、

不同频率(但彼此互为整数倍关系)、不同初相的简谐振动叠加而成；反之，一个复杂的周期振动也可能分解成若干个不同振幅、不同频率、不同初相的简谐振动。

在数学上，将若干个不同振幅、不同频率、不同初相的简谐振动合成为一个复杂的周期振动，这个过程是容易实现的。但是怎样将一个任意的周期振动分解成若干个不同振幅、不同频率、不同初相的简谐振动呢？是否在任何条件下都可以进行这种分解呢？如若不是，那要在什么条件下才可以这样做呢？需要采用什么方法来分解呢？

在高等数学中已经学过，一个任意的周期信号要展开成一个三角函数形式的级数，它必须满足狄里克雷条件(Dirichlet conditions)。也就是说，如果周期信号 $f(t)$满足：

(1)在一个周期内，$f(t)$至多只有有限个间断点，且是单值函数。

(2)$f(t)$在一个周期内具有有限个极值点。

(3)在一个周期内，$f(t)$是绝对可积的，即

$$\int_{-T/2}^{T/2} |f(t)|\,\mathrm{d}t < +\infty$$

那么周期信号 $f(t)$就可以在$\left[-\frac{T}{2},\ \frac{T}{2}\right]$内展开成三角函数形式：

$$f(t) = \sum_{n=0}^{\infty} A_n \cos(n\omega_0 t - \varphi_n) \tag{1.18}$$

这就是周期信号合成和分解的数学表示形式。

利用三角函数公式，可以将式(1.18)展开为

$$\begin{aligned} f(t) &= \sum_{n=0}^{\infty} A_n \cos(n\omega_0 t - \varphi_n) \\ &= \sum_{n=0}^{\infty} A_n (\cos n\omega_0 t \cos\varphi_n + \sin n\omega_0 t \sin\varphi_n) \\ &= a_0 + \sum_{n=1}^{\infty} (a_n \cos n\omega_0 t + b_n \sin n\omega_0 t) \end{aligned} \tag{1.19}$$

式中，$a_n = A_n\cos\varphi_n$，$b_n = A_n \sin\varphi_n$，$a_0 = A_0$，称为傅氏系数；ω_0 称为基频($=2\pi/T$)；$n\omega_0$ 称作 n 次谐频，式(1.19)就是三角函数形式的傅氏级数。在日常生活和工作中所遇到的周期信号一般都满足狄里克雷条件，所以可以直接应用式(1.19)。

由式(1.19)可知，只要知道了傅氏系数 a_0、a_n 与 b_n，就可以写出任何一个周期信号的傅氏级数展开式，如何求取这三个系数呢？

利用三角函数的正交性就可以求得 a_0、a_n 与 b_n。

首先，用 $\cos n\omega_0 t$ 乘以式(1.19)两边，并从 $-T/2$ 到 $T/2$ 积分，则有

$$a_n = \frac{2}{T}\int_{-T/2}^{T/2} f(t)\cos n\omega_0 t\,\mathrm{d}t \quad (n = 1,2,3,\cdots) \tag{1.20}$$

当 $n=0$ 时，$\cos n\omega_0 t = 1$，$\sin n\omega_0 t = 0$，则

$$a_0 = \frac{1}{T}\int_{-T/2}^{T/2} f(t)\,\mathrm{d}t \tag{1.21}$$

这表明，傅氏级数的第一项(也是常数项)等于周期信号 $f(t)$在一个周期内的平均值。

同理，用 $\sin n\omega_0 t$ 乘以式(1.19)两边，并在$[-T/2,\ T/2]$内积分，有

$$b_n=\frac{2}{T}\int_{-T/2}^{T/2}f(t)\sin n\omega_0 t\,\mathrm{d}t\quad(n=1,2,3,\cdots)\tag{1.22}$$

式(1.19)～式(1.22)就是计算傅氏级数的基本公式。

式(1.19)的物理意义在于：它表明，任何一个周期振动信号都可以分解为一个直流分量 a_0 和一系列圆频率为 $n\omega_0$ 的简谐振动信号；反之，一个直流分量和无限个频率互为整倍数的简谐振动信号可以合成为一个周期振动信号。希望大家注意一个事实：这里的各个简谐振动信号 $\cos\omega_0 t$、$\cos 2\omega_0 t$、…、$\cos n\omega_0 t$，$\sin\omega_0 t$、$\sin 2\omega_0 t$、…、$\sin n\omega_0 t$，它们的频率变化是有规律的——成倍增加，均是基频 $\omega_0=2\pi/T$ 的整数倍。

2. 复指数形式的傅氏级数

由欧拉(Euler)公式知

$$\begin{cases}\mathrm{e}^{\mathrm{j}\varphi}=\cos\varphi+\mathrm{j}\sin\varphi\\ \mathrm{e}^{-\mathrm{j}\varphi}=\cos\varphi-\mathrm{j}\sin\varphi\end{cases}\tag{1.23}$$

或

$$\begin{cases}\cos\varphi=\dfrac{1}{2}(\mathrm{e}^{\mathrm{j}\varphi}+\mathrm{e}^{-\mathrm{j}\varphi})\\ \sin\varphi=\dfrac{1}{2\mathrm{j}}(\mathrm{e}^{\mathrm{j}\varphi}-\mathrm{e}^{-\mathrm{j}\varphi})\end{cases}\tag{1.24}$$

把式(1.24)代入式(1.19)中，有

$$\begin{aligned}f(t)&=a_0+\sum_{n=1}^{\infty}\left[a_n\frac{\mathrm{e}^{\mathrm{j}n\omega_0 t}+\mathrm{e}^{-\mathrm{j}n\omega_0 t}}{2}+b_n\frac{\mathrm{e}^{\mathrm{j}n\omega_0 t}-\mathrm{e}^{-\mathrm{j}n\omega_0 t}}{2\mathrm{j}}\right]\\&=a_0+\sum_{n=1}^{\infty}\left[\frac{a_n-\mathrm{j}b_n}{2}\mathrm{e}^{\mathrm{j}n\omega_0 t}+\frac{a_n+\mathrm{j}b_n}{2}\mathrm{e}^{-\mathrm{j}n\omega_0 t}\right]\end{aligned}\tag{1.25}$$

如果令

$$C_0=a_0,\ C_n=\frac{a_n-\mathrm{j}b_n}{2},\ C_{-n}=\frac{a_n+\mathrm{j}b_n}{2}$$

式(1.25)则变为

$$f(t)=C_0+\sum_{n=1}^{\infty}(C_n\mathrm{e}^{\mathrm{j}n\omega_0 t}+C_{-n}\mathrm{e}^{-\mathrm{j}n\omega_0 t})\tag{1.26}$$

其中

$$\begin{aligned}C_n=\frac{a_n-\mathrm{j}b_n}{2}&=\frac{1}{2}\left[\frac{2}{T}\int_{-T/2}^{T/2}f(t)\cos n\omega_0 t\,\mathrm{d}t-\mathrm{j}\,\frac{2}{T}\int_{-T/2}^{T/2}f(t)\sin n\omega_0 t\,\mathrm{d}t\right]\\&=\frac{1}{T}\int_{-T/2}^{T/2}f(t)[\cos n\omega_0 t-\mathrm{j}\sin n\omega_0 t]\mathrm{d}t\\&=\frac{1}{T}\int_{-T/2}^{T/2}f(t)\mathrm{e}^{-\mathrm{j}n\omega_0 t}\,\mathrm{d}t\end{aligned}\tag{1.27}$$

同理

$$C_{-n}=\frac{1}{T}\int_{-T/2}^{T/2}f(t)\mathrm{e}^{\mathrm{j}n\omega_0 t}\,\mathrm{d}t\tag{1.28}$$

当 n 从 $-\infty$ 变到 $+\infty$，结合式(1.27)、式(1.28)，则式(1.26)可写成

$$f(t)=\sum_{n=-\infty}^{+\infty}C_n e^{jn\omega_0 t} \tag{1.29}$$

而

$$C_n=\frac{1}{T}\int_{-T/2}^{T/2}f(t)e^{-jn\omega_0 t}dt \tag{1.30}$$

这就是复指数形式的傅氏级数［式(1.29)］及其系数［式(1.30)］的公式。

例 1.1　求图 1.14 所示锯齿波的傅氏级数。

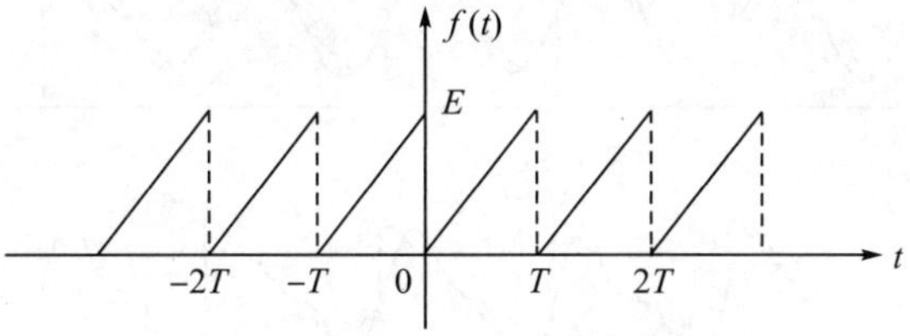

图 1.14　锯齿波

解：(1)将锯齿波展开成三角函数形式的傅氏级数

由图 1.14 可知，该信号是一个以 T 为周期的周期信号。其数学表达式为

$$f(t)=\frac{E}{T}t \quad (0\leqslant t\leqslant T)$$

根据式(1.20)～式(1.22)可以分别算出

$$a_0=\frac{1}{T}\int_0^T\frac{E}{T}t\,dt=\frac{E}{T^2}\int_0^T t\,dt=\frac{E}{2}$$

$$\begin{aligned}a_n&=\frac{2}{T}\int_0^T\frac{E}{T}t\cos n\omega_0 t\,dt\\&=\frac{2E}{T^2}\left[\frac{1}{(n\omega_0)^2}\cos n\omega_0 t+\frac{t}{n\omega_0}\sin n\omega_0 t\right]_0^T\\&=0\end{aligned}$$

因为

$$n\omega_0 T=2n\pi$$

$$\begin{aligned}b_n&=\frac{2}{T}\int_0^T\frac{E}{T}t\sin n\omega_0 t\,dt\\&=\frac{2E}{T^2}\left[\frac{1}{(n\omega_0)^2}\sin n\omega_0 t-\frac{t}{n\omega_0}\cos n\omega_0 t\right]_0^T\\&=-\frac{2E}{n\omega_0 T}\cos n\omega_0 T\\&=-\frac{E}{n\pi}\quad(n=1,2,\cdots)\end{aligned}$$

所以

$$\begin{aligned}f(t)&=\frac{E}{2}-\sum_{n=1}^{\infty}\frac{E}{n\pi}\sin n\omega_0 t\\&=\frac{E}{2}-\frac{E}{\pi}\left(\sin\omega_0 t+\frac{1}{2}\sin 2\omega_0 t+\frac{1}{3}\sin 3\omega_0 t+\cdots\right)\end{aligned}$$

结果表明，这个锯齿波信号是由一个直流分量 $E/2$ 和一系列正弦信号叠加而成的，也可以说，这个锯齿波信号可以分解为一个直流信号和若干正弦信号。如图 1.15 所示，$n=1$、$n=2$、$n=3$ 分别表示取该直流信号和基波［图 1.15(a)］，直流信号、基波和二次谐波［图 1.15(b)］，以及直流信号、基波和二次谐波、三次谐波［图 1.15(c)］的叠加，由图可见，一般只要取到三到四次谐波的叠加，就很接近原始信号了。

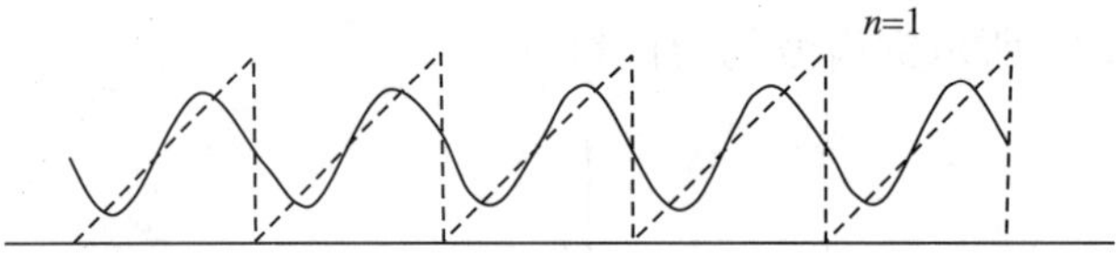

(a)

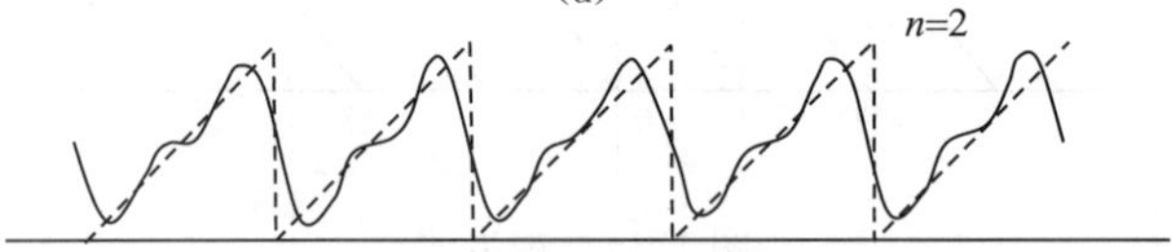

(b)

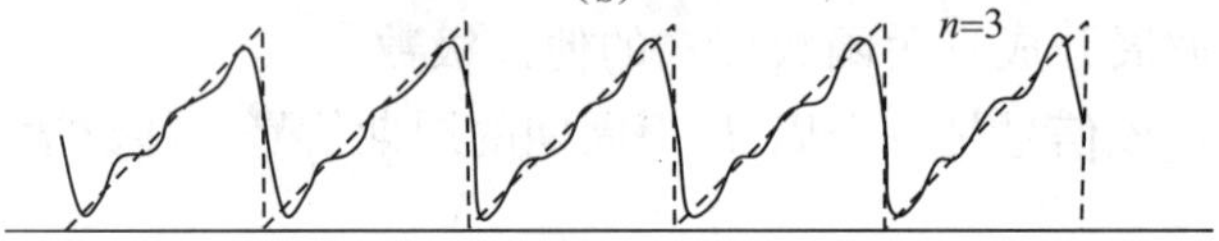

(c)

图 1.15 锯齿波的单频波叠加近似

(2)将锯齿波展开成复指数形式的傅氏级数

根据式(1.30)，有

$$
\begin{aligned}
C_n &= \frac{1}{T}\int_0^T \frac{E}{T} t \mathrm{e}^{-\mathrm{j}n\omega_0 t}\mathrm{d}t = \frac{E}{T^2}\int_0^T t\mathrm{e}^{-\mathrm{j}n\omega_0 t}\mathrm{d}t \\
&= \frac{E}{-\mathrm{j}n\omega_0 T} \\
&= \frac{E}{-\mathrm{j}2n\pi} \quad (n \neq 0)
\end{aligned}
$$

$$C_0 = \frac{1}{T}\int_0^T \frac{E}{T} t\,\mathrm{d}t = \frac{E}{2}$$

所以

$$f(t) = \frac{E}{2} - \frac{E}{2\mathrm{j}\pi}\left(\sum_{n=1}^{\infty} \frac{1}{n}\mathrm{e}^{\mathrm{j}n\omega_0 t} + \sum_{n=-\infty}^{-1} \frac{1}{n}\mathrm{e}^{\mathrm{j}n\omega_0 t}\right)$$

大家可以利用欧拉公式自己验证一下，这个结果和方法(1)的结果是一样的，二者可以互相转换。

1.2.2 周期信号的频谱

1. 频谱的概念

在物理学中，对于一个简谐振动过程，只要知道其振动的幅度(振幅)、频率、初相位，就可以很容易地写出其数学表达式来；而对于一个复杂的周期振动 $f(t)$，可以看作是若干个简谐振动的合成，因此只需要了解这些简谐振动的性质，即它们的振幅、频率、初相位，就可以知道其总的合成体的特性了。基于这个想法，人们提出了频谱及频谱分析的概念。频谱是组成一个复杂振动的所有简谐振动成分的振幅、初相位与频率关系的总和。而频谱分析则是利用傅里叶方法来对振动信号进行分解，进而对它进行研究和处理的过程。本节先介绍用傅氏级数公式对周期信号作频谱分析。

2. 周期信号的频谱分析

由式(1.18)可知，$f(t)$是由角频率为 0、ω_0、$2\omega_0$、$3\omega_0$、…、$n\omega_0$ 的简谐振动信号合成的，这些信号的振幅为 A_n，初相位为 φ_n ($n=0$, 1, 2, …)，只要知道了 A_n、φ_n 的具体数值，就能写(或画)出一个具体的周期信号 $f(t)$。对于 A_n 和 φ_n，由式(1.19)知

$$\begin{cases} A_n = \sqrt{{a_n}^2 + {b_n}^2} \\ \varphi_n = \arctan \dfrac{b_n}{a_n} \end{cases} \tag{1.31}$$

如果利用复指数形式的傅氏级数公式(1.26)，则

$$f(t) = C_0 + \sum_{n=1}^{\infty} (C_n e^{jn\omega_0 t} + C_{-n} e^{-jn\omega_0 t}) \tag{1.32}$$

式中

$$C_n = \frac{a_n - jb_n}{2}, C_{-n} = \frac{a_n + jb_n}{2}$$

其模为

$$|C_n| = |C_{-n}| = \frac{1}{2}\sqrt{a_n^2 + b_n^2} = \frac{1}{2}A_n \tag{1.33}$$

辐角为

$$\begin{cases} \arctan C_n = \arctan \dfrac{-b_n}{a_n} = -\varphi_n, \quad n > 0 \\ \arctan C_{-n} = \arctan \dfrac{b_n}{a_n} = \varphi_n, \quad n < 0 \end{cases} \tag{1.34}$$

由式(1.31)、式(1.33)和式(1.34)知，A_n、$|C_n|$、φ_n 及 $\arctan C_n$ 均是频率 $n\omega_0$ 的函数，所以一般把 $A_0 \sim n\omega_0$、$|C_n| \sim n\omega_0$ 的曲线叫作周期信号 $f(t)$的振幅谱，而把 $\varphi_n \sim n\omega_0$、$\arctan C_n \sim n\omega_0$ 的曲线叫作周期信号 $f(t)$的相位谱，二者合在一起则称作 $f(t)$ 的频谱。由此可知，利用傅氏级数和傅氏系数公式，求出 a_n、b_n 及 C_n，进而求出 A_n 和 φ_n 的这一数学运算过程，就是对周期信号 $f(t)$做频谱分析的过程。从而可知道，数学上求傅氏级数、傅氏系数，进而画出 A_n、φ_n 随 $n\omega_0$ 变化的曲线的过程，就是物理上求周期信号频谱、做频谱分析的过程，二者是等价的，不过是一个问题的两种不同称谓而已。

例 1.2　求锯齿波 $f(t)=\dfrac{E}{T}t$，$0 \leqslant t \leqslant T$ 的频谱。

解：(1)用三角函数形式的傅氏级数公式

由例 1.1 知

$$a_0 = \frac{E}{2}, \quad a_n = 0, \quad b_n = -\frac{E}{n\pi} \quad (n = 1,2,\cdots)$$

所以

$$A_0 = |a_0| = \frac{E}{2}$$

$$A_n = \sqrt{a_n^2 + b_n^2} = \frac{E}{n\pi} \quad (n = 1, 2, \cdots)$$

$$\varphi_n = \arctan\frac{b_n}{a_n} = \arctan\frac{-\frac{E}{n\pi}}{0} = -\frac{\pi}{2}$$

其图形如图 1.16 所示。

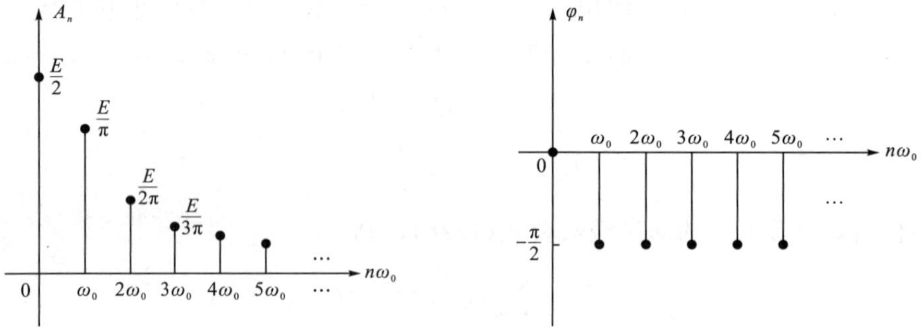

图 1.16 锯齿波的频谱(三角函数形式)

(2)用复指数形式的傅氏级数公式

同理，由例 1.1 可得

$$C_0 = \frac{E}{2}, \quad C_n = \frac{E}{-\mathrm{j}2n\pi} \quad (n \neq 0)$$

由此推出

$$|C_0| = \frac{E}{2} = A_0$$

$$|C_n| = \frac{E}{2|n|\pi} = \frac{1}{2}A_n \quad (n \neq 0)$$

$$\begin{cases} \varphi_n = -\arctan C_n = -\arctan\frac{\frac{E}{2n\pi}}{0} = -\frac{\pi}{2} \\ \varphi_{-n} = -\varphi_n = \frac{\pi}{2} \end{cases}$$

其图形如图 1.17 所示。

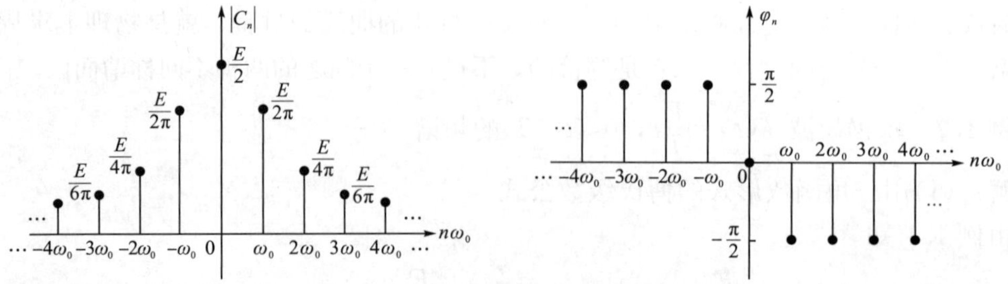

图 1.17 锯齿波的频谱(复指数形式)

对比图 1.16 和图 1.17 可以看出：图 1.17 中引入了“负频率”的概念。这是由引入复指数函数引起的，但“负频率”具有它的物理意义。在实时间信号中，因为 $|C_n|$ 总是偶对称的，φ_n 总是奇对称的，因此对实时间信号讨论负频率没有多大意义，但是如果所研究信号是一个复值的，这时“负频率”部分与正频率部分不对称，即 $C_n \neq C_{-n}$，这时负频率必有某种解释。有兴趣的读者，可以参考有关书籍，这里不再赘述。

例 1.3　用复指数方法求周期信号 $T=2\pi$ 的方波的振幅谱和相位谱。方波为

$$f(t)=\begin{cases}0, & -\pi \leqslant t < -\pi/3 \\ 1, & -\pi/3 \leqslant t \leqslant \pi/3 \\ 0, & \pi/3 < t \leqslant \pi\end{cases}$$

其图形如图 1.18 所示。

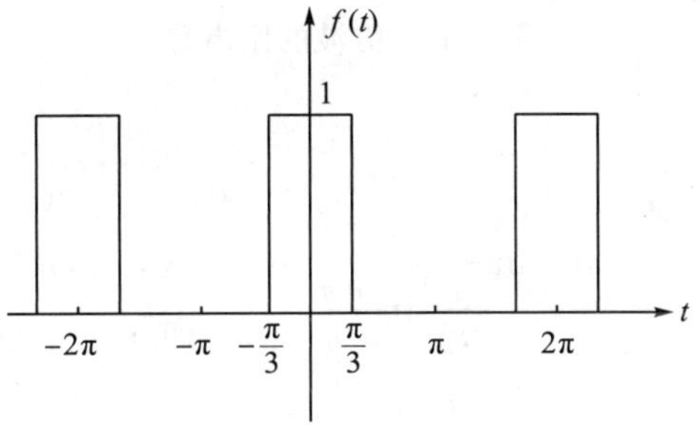

图 1.18　方波波形

解：因为

$$T=2\pi$$

所以

$$\omega_0=\frac{2\pi}{T}=1$$

于是

$$\begin{aligned}C_n &= \frac{1}{2\pi}\int_{-\pi}^{\pi} f(t)\mathrm{e}^{-\mathrm{j}nt}\mathrm{d}t \\ &= \frac{1}{2\pi}\int_{-\frac{\pi}{3}}^{\frac{\pi}{3}} 1\cdot \mathrm{e}^{-\mathrm{j}nt}\mathrm{d}t \\ &= \frac{1}{2\pi}\int_{-\frac{\pi}{3}}^{\frac{\pi}{3}} [\cos nt - \mathrm{j}\sin nt]\mathrm{d}t\end{aligned}$$

利用对称区间积分性质，有

$$\begin{aligned}\frac{1}{2\pi}\int_{-\frac{\pi}{3}}^{\frac{\pi}{3}} [\cos nt - \mathrm{j}\sin nt]\mathrm{d}t &= \frac{1}{\pi}\int_{0}^{\frac{\pi}{3}} \cos nt\,\mathrm{d}t \\ &= \frac{1}{n\pi}\sin\frac{n\pi}{3}\end{aligned}$$

此处，C_n 是一实数，其虚部为零，所以 C_n 的模 $|C_n|$ 就是 C_n 的绝对值。故振幅谱为

$$|C_0|=\left|\lim_{n\to 0}\frac{\sin\frac{n\pi}{3}}{n\pi}\right|=\frac{1}{3}$$

$$|C_n| = \frac{1}{|n|\pi}\left|\sin\frac{n\pi}{3}\right| \quad (n = \pm 1, \pm 2, \cdots)$$

如图 1.19 所示。

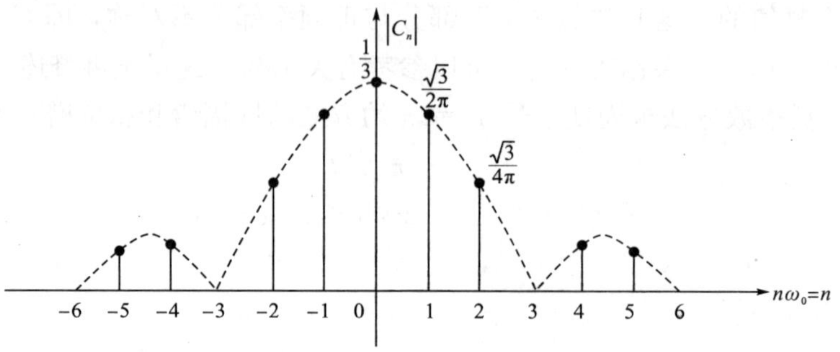

图 1.19 方波的振幅谱

再看相位谱

$$\varphi_n = -\arctan C_n = -\arctan\frac{0}{\dfrac{1}{n\pi}\sin\dfrac{n\pi}{3}} = \begin{cases} 0, & (n = 1,2;7,8;\cdots) \\ \mp\pi, & (n = 4,5;10,11;\cdots) \\ \text{不定}, & (n = 3,6,9\cdots) \end{cases}$$

$$\varphi_{-n} = -\varphi_n$$

其图形如图 1.20 所示。

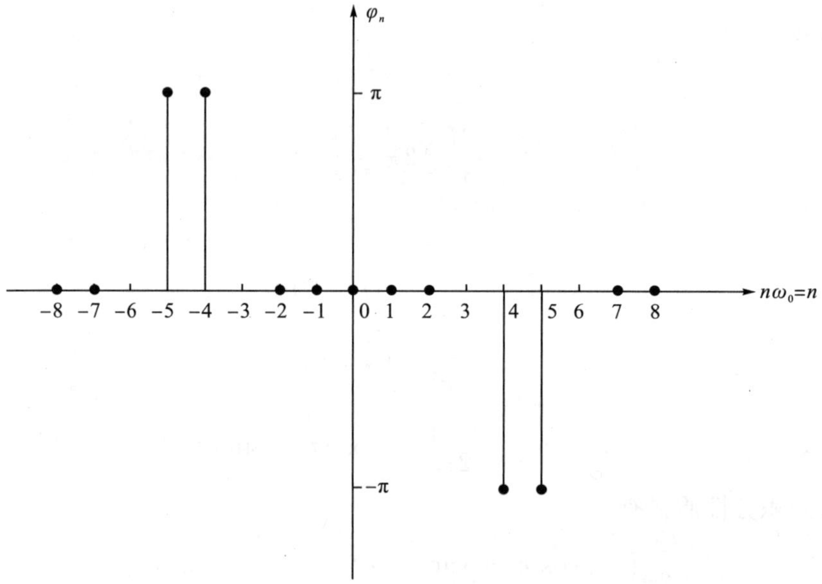

图 1.20 方波的相位谱

从以上图例可以看到，周期信号的频谱有以下几个特点：

(1)谱线是不连续的，即具有离散性。

(2)谱线只存在于 $n\omega_0$ 的频率位置上，这表明它具有谐波性。

(3)各次谐波的振幅随着频率的增加而逐渐减小，说明其具有收敛性。

这三个特点(离散性、谐波性和收敛性)就是周期信号频谱所固有的特点，其中以离散性最为重要。由于周期信号的频谱是离散的，所以人们又把这种频谱叫作离散频谱、线谱。

1.3　非周期信号的傅氏积分分析

1.3.1　傅氏积分

傅氏级数是用来研究如何把一个复杂的周期振动分解成许多简谐振动的叠加，得到的频谱图是离散的，其各个谐波分量的频率成分是彼此成整数倍的。然而在实际工作中所遇到的信号，往往是非周期信号，即它的变化并不是每隔一定时间间隔就重复一次。例如，地震勘探中所接收到的地震信号(图 1.21)，就是一典型的非周期信号。能否把这类信号也分解成若干简谐振动信号的叠加呢？采用什么方法来分解呢？这就是这一节要讨论的问题。

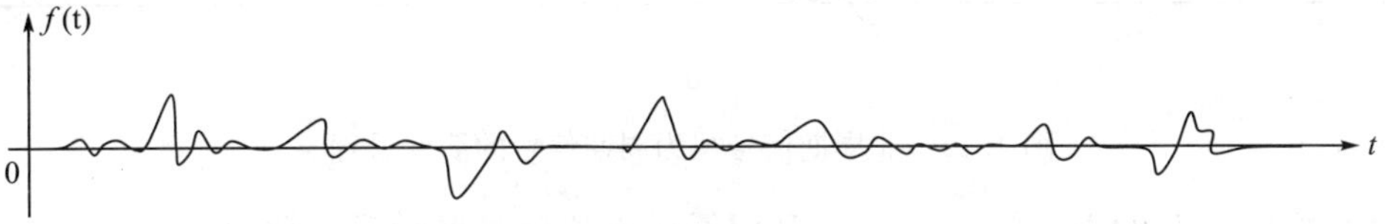

图 1.21　地震信号示意图

数学上解决问题的办法，往往是利用已知的公式，根据现有的条件对已得到的结论加以推广。对于非周期信号的合成或分解问题，有什么结论可以加以利用、推广呢？显然是前一节的结论：周期信号的傅氏级数公式，二者有什么相同和不同之处呢？只要找出二者的异同，对不同的地方加以限制、修改，就可以将已有的结论推广应用到未知的问题上来了。现在很明显，二者都是求取频谱，即都是要将信号分解为若干个简谐信号的组合，不同的是信号本身的性质不同：一个是周期信号，一个是非周期信号，可以想象它们的频谱表现形式会有本质上的区别。现在已经知道的是：周期信号的频谱可以通过傅氏级数去求取，而不知道的是：非周期信号的频谱如何求取。这由已知到未知，需要一个“纽带”把两者联系在一起，这就是周期信号的周期“T”。设想在时间轴上截到一段信号［图 1.22(a)］，并把它视为一个“周期性”信号，其周期为 T［图 1.22(b)］。

增大周期 T［图 1.22(c)］；当 T 趋向于 $\pm\infty$ 时［图 1.22(d)］，所截取的一段非周期性振动信号，就可视为“周期为∞”的周期信号。这就是说，通过把非周期信号看成是一个周期为∞的周期信号，就可以把这一节考虑的问题和前一节所讲过的内容联系起来。从而也就可以利用已有的公式——傅氏级数公式解决未知问题了。

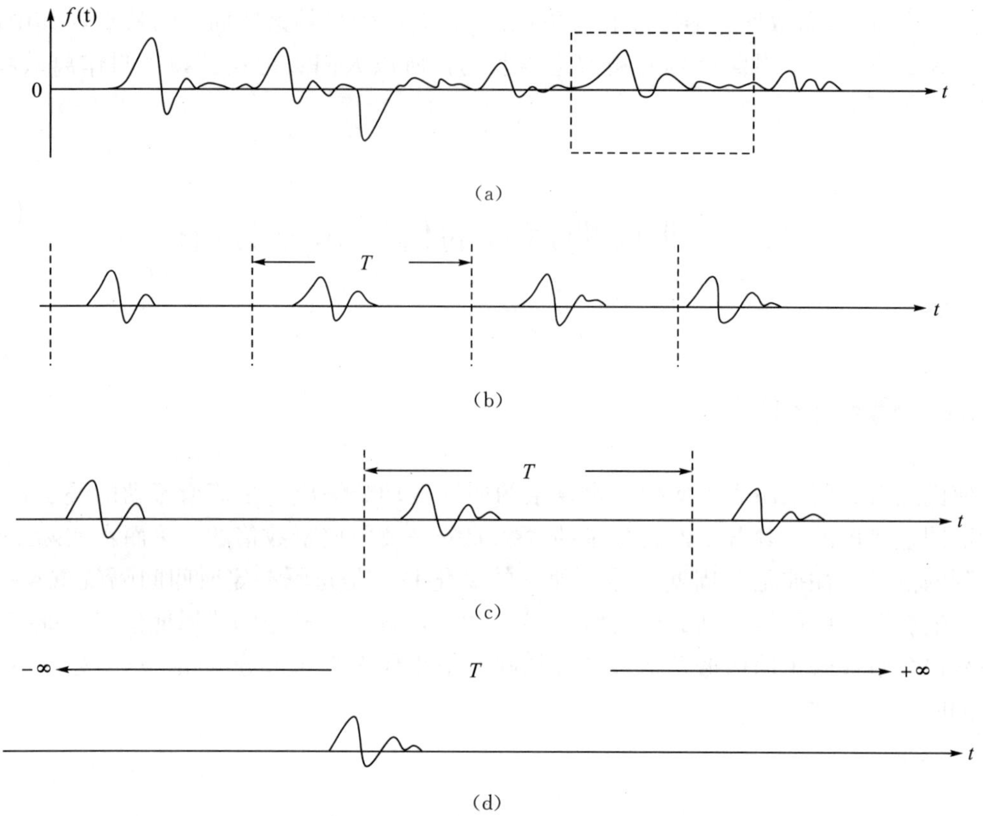

图 1.22 非周期信号视为周期信号的演变过程

对于周期为 T 的周期信号 $f(t)$，利用傅氏级数公式得傅氏系数为

$$C_n = \frac{1}{T}\int_{-T/2}^{T/2} f(t)\mathrm{e}^{-\mathrm{j}n\omega_0 t}\mathrm{d}t \tag{1.35}$$

其中

$$\omega_0 = \frac{2\pi}{T} \quad (n = 0, \pm 1, \pm 2, \cdots)$$

设

$$F(\omega) = \int_{-\infty}^{+\infty} f(t)\mathrm{e}^{-\mathrm{j}\omega t}\mathrm{d}t \tag{1.36}$$

当 $T\to\infty$时

$$F(\omega) \approx \int_{-T/2}^{T/2} f(t)\mathrm{e}^{-\mathrm{j}\omega t}\mathrm{d}t \tag{1.37}$$

比较式(1.35)和式(1.37)，有

$$C_n \approx \frac{1}{T}F(n\omega_0) \tag{1.38}$$

已知

$$f(t) = \sum_{n=-\infty}^{+\infty} C_n \mathrm{e}^{\mathrm{j}n\omega_0 t}$$

代入式(1.38)，有

$$f(t) \approx \sum_{n=-\infty}^{+\infty} \frac{1}{T} F(n\omega_0) e^{jn\omega_0 t}, \quad t \in \left[-\frac{T}{2}, \frac{T}{2}\right] \tag{1.39}$$

如令

$$n\omega_0 = \omega_n, \Delta\omega_n = \omega_{n+1} - \omega_n = \omega_0 = \frac{2\pi}{T} \Rightarrow \frac{1}{T} = \frac{\Delta\omega_n}{2\pi}$$

于是，式(1.39)可以改写成

$$f(t) \approx \frac{1}{2\pi} \sum_{n=-\infty}^{+\infty} F(\omega_n) e^{j\omega_n t} \cdot \Delta\omega_n \tag{1.40}$$

当 $T \to \infty$时，$\omega_n \to \omega$，$\Delta\omega_n \to d\omega$，式(1.40)右边的无穷级数就转化为无穷积分，近似式也演变成等式了，即有

$$f(t) = \frac{1}{2\pi} \int_{-\infty}^{+\infty} F(\omega) e^{j\omega t} d\omega \quad t \in (-\infty, +\infty) \tag{1.41}$$

如此得到式(1.36)和式(1.41)这一对公式

$$\begin{cases} f(t) = \dfrac{1}{2\pi} \displaystyle\int_{-\infty}^{+\infty} F(\omega) e^{j\omega t} d\omega \\ F(\omega) = \displaystyle\int_{-\infty}^{+\infty} f(t) e^{-j\omega t} dt \end{cases} \tag{1.42}$$

通常把它们称作傅氏积分或者傅氏变换，记作 $f(t) \underset{F^{-1}}{\overset{F}{\longleftrightarrow}} F(\omega)$，即

$$F(\omega) = F[f(t)] \quad , \quad f(t) = F^{-1}[F(\omega)]$$

$f(t)$确定之后，由式(1.36)就可以唯一地确定 $F(\omega)$；反之，当 $F(\omega)$确定之后，也可以根据式(1.41)唯一地确定信号 $f(t)$，这种关系就称作一一对应关系。

1.3.2 非周期信号的频谱

傅氏变换公式的物理意义是：对于所讨论的非周期信号 $f(t)$，是由角频率为 ω 的谐波 $F(\omega)e^{j\omega t}d\omega$ 叠加而成的，其中 ω 是从 $-\infty$连续变化到 $+\infty$的，对于频率为 ω 的复谐波 $e^{j\omega t}$，其振幅和初相是由 $F(\omega)d\omega$ 来确定的，又因为对于不同的 ω，微分 $d\omega$ 都是相同的，所以只有 $F(\omega)$才能真正反映出不同频率谐波的振幅和初相的变化，因此称 $F(\omega)$是$f(t)$的频谱。因为 $F(\omega)$的频率 ω 是连续变化的，故而又称作连续频谱，而根据公式由 $f(t)$求其频谱 $F(\omega)$的过程，也叫作对信号 $f(t)$做频谱分析。

现在已经知道：对于周期信号，可采用傅氏级数的方法来求取其频谱，而对于非周期信号，则采用傅氏积分来分析、求取；二者之间之所以所用方法不同，原因就在于两个信号的本质不同。周期从有限值变为无限值，使得信号发生质的改变，所用的方法也就从级数演变成了积分，得到的结果当然也不同：前者是离散谱，后者是连续谱，这就是频谱特征上的明显区别。

由于 $F(\omega)$是 ω 的复函数，所以可以表示成

$$F(\omega) = \mathrm{Re}[F(\omega)] + j\mathrm{Im}[F(\omega)] = |F(\omega)| e^{j\varphi(\omega)}$$

其中

$$|F(\omega)| = \sqrt{\mathrm{Re}[F(\omega)]^2 + \mathrm{Im}[F(\omega)]^2} \tag{1.43}$$

称为信号 $f(t)$的振幅谱，而

$$\varphi(\omega)=\arctan\frac{\mathrm{Im}[F(\omega)]}{\mathrm{Re}[F(\omega)]}\tag{1.44}$$

称为信号 $f(t)$相位谱。

下面举例子说明如何求取非周期信号的频谱。

1. 方波

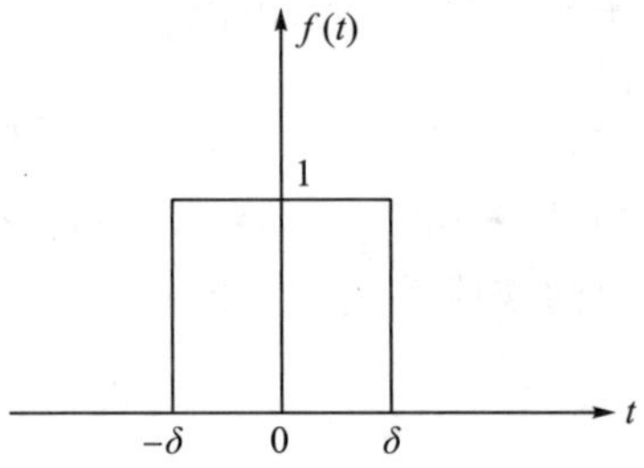

图 1.23

设方波(图 1.23)：

$$f(t)=\begin{cases}1, & |t|<\delta\\ 0, & |t|\geqslant\delta\end{cases}$$

试求其频谱。

解：方波的频谱可由式(1.36)求得，即

$$\begin{aligned}F(\omega)&=\int_{-\infty}^{+\infty}f(t)\mathrm{e}^{-\mathrm{j}\omega t}\mathrm{d}t\\&=\int_{-\delta}^{\delta}1\cdot\mathrm{e}^{-\mathrm{j}\omega t}\mathrm{d}t\\&=\frac{1}{-\mathrm{j}\omega}(\mathrm{e}^{-\mathrm{j}\omega\delta}-\mathrm{e}^{\mathrm{j}\omega\delta})\\&=\frac{2\sin\omega\delta}{\omega}\end{aligned}$$

其振幅谱

$$|F(\omega)|=\left|\frac{2\sin\omega\delta}{\omega}\right|$$

$$|F(0)|=\left|\lim_{\omega\to0}2\delta\cdot\frac{\cos\omega\delta}{1}\right|=2\delta\text{(利用罗必塔法则)}$$

相位谱

$$\varphi(\omega)=\arctan\left(\frac{0}{\frac{2\sin\omega\delta}{\omega}}\right)=\begin{cases}0, & 2k\frac{\pi}{\delta}<\omega<(2k+1)\frac{\pi}{\delta}\\ \pm\pi, & (2k+1)\frac{\pi}{\delta}<\omega<(2k+2)\frac{\pi}{\delta}\end{cases}\quad(k=0,\pm1,\pm2,\cdots)$$

方波的振幅谱和相位谱图形如图 1.24 所示。

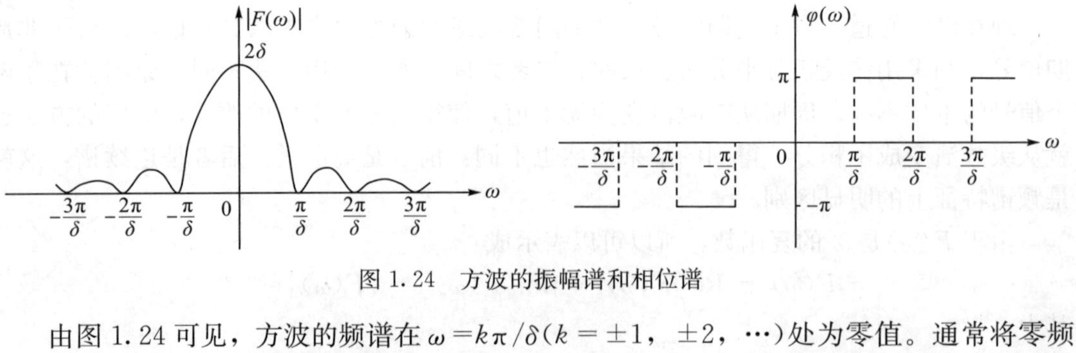

图 1.24　方波的振幅谱和相位谱

由图 1.24 可见，方波的频谱在 $\omega=k\pi/\delta(k=\pm1,\ \pm2,\ \cdots)$处为零值。通常将零频率($\omega=0$)到第一个零值频率之间的宽度称作信号的频带宽度(简称带宽)。因此，方波信

号的频带宽度为 π/δ。显然，对于方波来说，其脉冲宽度 δ 越窄，其频带宽度 π/δ 就越宽。

2. 三角波

设三角波：

$$f(t)=\begin{cases}1-\dfrac{|t|}{\delta}, & |t|<\delta \\ 0, & |t|\geqslant\delta\end{cases}$$

试求其频谱。

解：根据式(1.36)，可得

$$\begin{aligned}F(\omega)&=\int_{-\infty}^{+\infty}f(t)\mathrm{e}^{-\mathrm{j}\omega t}\,\mathrm{d}t\\&=\int_{-\delta}^{\delta}\left(1-\frac{|t|}{\delta}\right)\mathrm{e}^{-\mathrm{j}\omega t}\,\mathrm{d}t\\&=2\int_{0}^{\delta}\left(1-\frac{t}{\delta}\right)\cos\omega t\,\mathrm{d}t\\&=\frac{2}{\omega}\int_{0}^{\delta}\left(1-\frac{t}{\delta}\right)\mathrm{d}(\sin\omega t)\\&=\frac{2}{\omega}\left[\left(1-\frac{t}{\delta}\right)\sin\omega t\,\Big|_0^\delta+\frac{1}{\delta}\int_0^\delta\sin\omega t\,\mathrm{d}t\right]\\&=\frac{-2}{\omega^2\delta}\cos\omega t\,\Big|_0^\delta\\&=\frac{2(1-\cos\omega\delta)}{\omega^2\delta}\\&=\frac{4}{\omega^2\delta}\sin^2\frac{\omega\delta}{2}\\&=\delta\left(\frac{\sin\frac{\omega\delta}{2}}{\frac{\omega\delta}{2}}\right)^2\end{aligned}$$

其图形如图 1.25 所示。

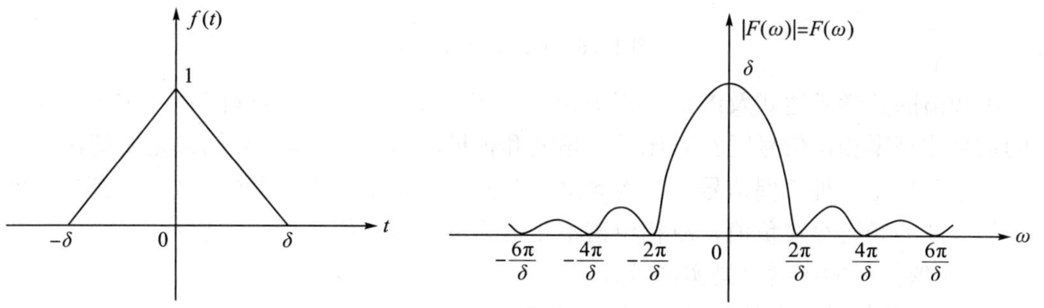

图 1.25　三角波及其频谱

注意：由于 $F(\omega)\geqslant0$，故而有 $F(\omega)=|F(\omega)|$，从而推知 $\varphi(\omega)\equiv0$。这种相位谱恒

为零的信号又叫作零相位信号。

3. 钟形波

设钟形波：

$$f(t)=\mathrm{e}^{-\beta^2t^2}\quad(\beta>0)$$

试求其频谱。

解：钟形波频谱的计算方法有两种，这里仅介绍其中一种。

$$\begin{aligned}F(\omega)&=\int_{-\infty}^{+\infty}f(t)\mathrm{e}^{-\mathrm{j}\omega t}\mathrm{d}t\\&=\int_{-\infty}^{+\infty}\mathrm{e}^{-\beta^2t^2}\cdot\mathrm{e}^{-\mathrm{j}\omega t}\mathrm{d}t\\&=\mathrm{e}^{-\frac{\omega^2}{4\beta^2}}\int_{-\infty}^{+\infty}\mathrm{e}^{-\left(\beta t+\mathrm{j}\frac{\omega}{2\beta}\right)^2}\mathrm{d}t\\&=\frac{1}{\beta}\mathrm{e}^{-\frac{\omega^2}{4\beta^2}}\int_{-\infty}^{+\infty}\mathrm{e}^{-\left(\beta t+\mathrm{j}\frac{\omega}{2\beta}\right)^2}\mathrm{d}\left(\beta t+\mathrm{j}\frac{\omega}{2\beta}\right)\end{aligned}\tag{1.45}$$

利用定积分公式：

$$\int_{-\infty}^{\infty}\mathrm{e}^{-x^2}\mathrm{d}x=\sqrt{\pi}$$

式(1.45)最后得

$$F(\omega)=\frac{\sqrt{\pi}}{\beta}\mathrm{e}^{-\frac{\omega^2}{4\beta^2}}\tag{1.46}$$

式(1.46)仍为一种钟形函数。其图形如图 1.26 所示。

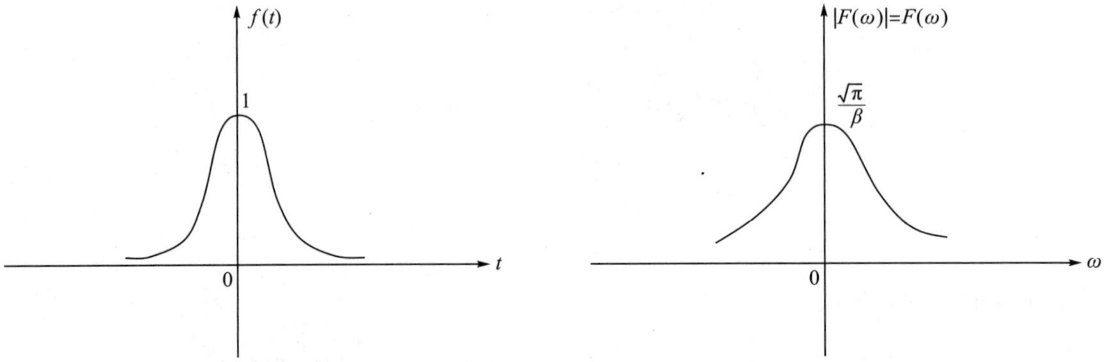

图 1.26 钟形波及其频谱

由频谱的数学表达式及图形可以看出，钟形波也是一个零相位信号。那么，什么形式的信号才是零相位信号呢？对比“三角波和钟形波”，可以知道它们都是实偶函数，但是“方波”也是一种实偶信号，三者频谱的共同特点是 $F(\omega)$ 均是偶函数，且都是实偶函数，但方波的频谱存在负值，故相位谱不是恒为零，这就给我们两点启示：

(1)实偶信号的频谱也是实偶函数。

(2)零相位信号本身是实对称的，且其频谱 $F(\omega)\geqslant0$。

4. 单边指数衰减波

设单边指数衰减波：

$$f(t)=\begin{cases} e^{-\alpha t}, & t \geqslant 0 \\ 0, & t<0 \end{cases} \quad (\alpha>0)$$

试求其频谱。

解：根据式(1.36)，可得

$$F(\omega)=\int_{-\infty}^{+\infty} f(t) e^{-j\omega t} dt=\int_{0}^{+\infty} e^{-\alpha t} \cdot e^{-j\omega t} dt$$

$$=\frac{1}{\alpha+j\omega}$$

其振幅谱

$$|F(\omega)|=\frac{1}{\sqrt{\alpha^{2}+\omega^{2}}}$$

相位谱

$$\varphi(\omega)=-\arctan \frac{\omega}{\alpha}$$

图 1.27 是单边指数衰减波及其频谱。

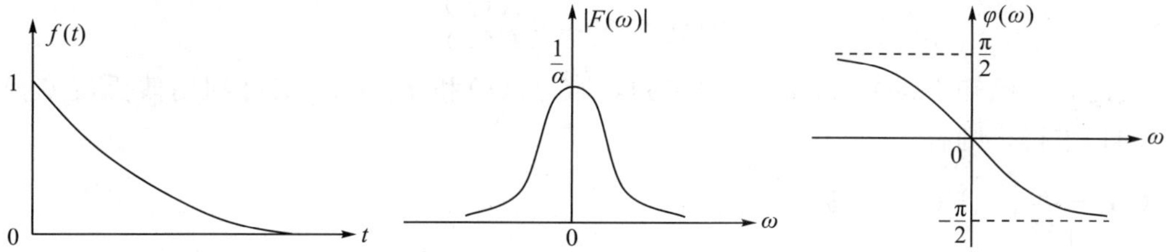

图 1.27　单边指数衰减波及其频谱

1.4　复函数的傅氏变换

既然 $F(\omega)$一般是复数，那么对应地，$f(t)$一般也可以是复数，即

$$f(t)=f_1(t)+jf_2(t) \tag{1.47}$$

只讨论实数，不讨论复数在数学上是不完全的。这种复时间信号，在研究有关转动的许多物理问题中是非常有用的。例如，研究两个分量的风速计，一个分量指向北，记为 η_t；另一个分量指向西，记为 ω_t。则此风向构成一个复时间信号

$$f(t)=\eta_t+j\omega_t \tag{1.48}$$

又如，地震仪垂直方向和水平方向的运动，构成一个复时间函数

$$f(t)=\upsilon_t+jh_t \tag{1.49}$$

下面讨论复信号的傅氏变换。

1.4.1 复时间信号

若 $f(t)$为复信号 $f_1(t)+\mathrm{j}f_2(t)$，其中 $f_1(t)$、$f_2(t)$本身均为实信号，$f_1(t)$是$f(t)$的实部，$f_2(t)$是 $f(t)$的虚部，则有

$$\begin{aligned}F(\omega) &= \int_{-\infty}^{+\infty} f(t)\mathrm{e}^{-\mathrm{j}\omega t}\mathrm{d}t \\ &= \int_{-\infty}^{+\infty}[f_1(t)+\mathrm{j}f_2(t)][\cos\omega t-\mathrm{j}\sin\omega t]\mathrm{d}t \\ &= \int_{-\infty}^{+\infty}[f_1(t)\cos\omega t+f_2(t)\sin\omega t]\mathrm{d}t-\mathrm{j}\int_{-\infty}^{+\infty}[f_1(t)\sin\omega t-f_2(t)\cos\omega t]\mathrm{d}t \\ &= R(\omega)+\mathrm{j}X(\omega)\end{aligned}$$

其中

$$R(\omega)=\int_{-\infty}^{+\infty}[f_1(t)\cos\omega t+f_2(t)\sin\omega t]\mathrm{d}t \tag{1.50}$$

$$X(\omega)=-\int_{-\infty}^{+\infty}[f_1(t)\sin\omega t-f_2(t)\cos\omega t]\mathrm{d}t \tag{1.51}$$

于是

$$|F(\omega)|=\sqrt{R^2(\omega)+X^2(\omega)}$$

$$\varphi(\omega)=\arctan\frac{X(\omega)}{R(\omega)}$$

反之，若已知 $F(\omega)=R(\omega)+\mathrm{j}X(\omega)$，求 $f_1(t)$和 $f_2(t)$，则可利用傅氏反变换公式(1.41)求得。则有

$$\begin{aligned}f(t) &= \frac{1}{2\pi}\int_{-\infty}^{+\infty}F(\omega)\mathrm{e}^{\mathrm{j}\omega t}\mathrm{d}\omega \\ &= \frac{1}{2\pi}\int_{-\infty}^{+\infty}[R(\omega)+\mathrm{j}X(\omega)][\cos\omega t+\mathrm{j}\sin\omega t]\mathrm{d}\omega \\ &= \frac{1}{2\pi}\left\{\int_{-\infty}^{+\infty}[R(\omega)\cos\omega t-X(\omega)\sin\omega t]\mathrm{d}\omega+\mathrm{j}[R(\omega)\sin\omega t+X(\omega)\cos\omega t]\mathrm{d}\omega\right\}\end{aligned}$$

所以

$$f_1(t)=\frac{1}{2\pi}\int_{-\infty}^{+\infty}[R(\omega)\cos\omega t-X(\omega)\sin\omega t]\mathrm{d}\omega \tag{1.52}$$

$$f_2(t)=\frac{1}{2\pi}\int_{-\infty}^{+\infty}[R(\omega)\sin\omega t+X(\omega)\cos\omega t]\mathrm{d}\omega \tag{1.53}$$

下面分别就几种特殊情况予以讨论。

1.4.2 实时间信号

若 $f(t)$是实时间信号，则 $f(t)=f_1(t)$，$f_2(t)=0$，则由式(1.50)、式(1.51)可知，这时

$$R(\omega)=\int_{-\infty}^{+\infty}f(t)\cos\omega t\,\mathrm{d}t \tag{1.54}$$

$$X(\omega) = -\int_{-\infty}^{+\infty} f(t)\sin \omega t \, \mathrm{d}t \tag{1.55}$$

显然

$$R(\omega) = R(-\omega), \text{是 } \omega \text{ 的偶函数}$$
$$X(\omega) = -X(-\omega), \text{是 } \omega \text{ 的奇函数}$$

其振幅谱

$$\begin{aligned} |F(\omega)| &= \sqrt{R^2(\omega) + X^2(\omega)} = \sqrt{R^2(-\omega) + X^2(-\omega)} \\ &= |F(-\omega)| \end{aligned}$$

是 ω 的偶函数，而相位谱

$$\varphi(\omega) = \arctan\frac{X(\omega)}{R(\omega)} = \arctan\frac{-X(-\omega)}{R(-\omega)} = -\varphi(-\omega)$$

是 ω 的奇函数。

由此又可推知

$$\begin{aligned} F(-\omega) &= R(-\omega) + \mathrm{j}X(-\omega) \\ &= R(\omega) - \mathrm{j}X(\omega) = \overline{F(\omega)} \end{aligned}$$

即

$$F(\omega) = \overline{F(-\omega)} \tag{1.56}$$

这表明实时间信号的频谱是共轭对称的：其实部是偶对称，虚部是奇对称；或其振幅谱是偶对称，相位谱是奇对称。这个性质很重要，因为在设计一个线性时不变系统的时间特性时，一般总要求 $h(t)$是实信号，这可以通过要求系统的频率特性 $H(\omega)$是共轭对称的来实现。

1.4.3 虚时间信号

若 $f(t)$是纯虚信号，即

$$f(t) = \mathrm{j}f_2(t), f_1(t) = 0$$

则

$$R(\omega) = \int_{-\infty}^{+\infty} f(t)\sin \omega t \, \mathrm{d}t \tag{1.57}$$

$$X(\omega) = \int_{-\infty}^{+\infty} f(t)\cos \omega t \, \mathrm{d}t \tag{1.58}$$

显然有

$$R(\omega) = -R(-\omega), \text{是 } \omega \text{ 的奇函数}$$
$$X(\omega) = X(-\omega), \text{是 } \omega \text{ 的偶函数}$$

其振幅谱

$$\begin{aligned} |F(\omega)| &= \sqrt{R^2(\omega) + X^2(\omega)} = \sqrt{R^2(-\omega) + X^2(-\omega)} \\ &= |F(-\omega)| \end{aligned}$$

是 ω 的偶函数，而相位谱

$$\varphi(\omega) = \arctan\frac{X(\omega)}{R(\omega)} = \arctan\frac{X(-\omega)}{-R(-\omega)} = -\varphi(-\omega)$$

是 ω 的奇函数。即其振幅谱是偶对称的，相位谱是奇对称的，但相位谱符号与实时间信号的符号相反(相位相差 $\pi/2$)。以上性质可以合写成

$$F(\omega) = -\overline{F(-\omega)} \tag{1.59}$$

这表明当信号是虚时间函数时，其频谱函数 $F(\omega)$ 是共轭奇对称的(图 1.28)。

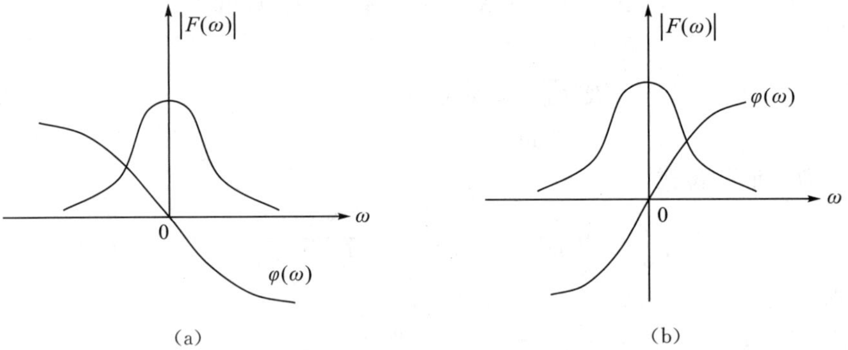

图 1.28 共轭对称(a)和共轭奇对称(b)的频谱特征

1.4.4 $f(t)=f_1(t)+\mathrm{j}f_2(t)$ 的复共轭信号

若 $f(t)=f_1(t)+\mathrm{j}f_2(t)$，则其复共轭信号：

$$\overline{f(t)} = f_1(t) - \mathrm{j}f_2(t) \tag{1.60}$$

现要求其频谱，并找出与 $f(t)$ 的频谱 $F(\omega)$ 的关系。

根据式(1.36)，有

$$\begin{aligned} F\left[\overline{f(t)}\right] &= \int_{-\infty}^{+\infty} [f_1(t) - \mathrm{j}f_2(t)]\mathrm{e}^{-\mathrm{j}\omega t}\mathrm{d}t \\ &= \int_{-\infty}^{+\infty} \overline{[f(t)]} \cdot \overline{(\mathrm{e}^{\mathrm{j}\omega t})}\mathrm{d}t \\ &= \overline{\left[\int_{-\infty}^{+\infty} f(t)\mathrm{e}^{\mathrm{j}\omega t}\mathrm{d}t\right]} \\ &= \overline{\left[\int_{-\infty}^{+\infty} f(t)\mathrm{e}^{-\mathrm{j}(-\omega)t}\mathrm{d}t\right]} \\ &= \overline{F(-\omega)} \end{aligned}$$

即

$$f(t) \longleftrightarrow \overline{F(-\omega)} \tag{1.61}$$

这就是说：复信号共轭的频谱就是该信号频谱的共轭对称函数。

1.5 傅氏变换的基本性质

傅氏变换的性质有许多，这里仅就最基本的几种加以介绍和说明。掌握这些性质，并能在计算傅氏变换或求频谱时灵活运用它们，将使复杂的计算简单化。

1.5.1　线性叠加性质

设

$$f_1(t) \leftrightarrow F_1(\omega), \quad f_2(t) \leftrightarrow F_2(\omega)$$

则

$$af_1(t)+bf_2(t) \leftrightarrow aF_1(\omega)+bF_2(\omega)$$

其中，a、b 均为常数。

证明　因为

$$F_1(\omega)=\int_{-\infty}^{+\infty} f_1(t)\mathrm{e}^{-\mathrm{j}\omega t}\mathrm{d}t$$

$$F_2(\omega)=\int_{-\infty}^{+\infty} f_2(t)\mathrm{e}^{-\mathrm{j}\omega t}\mathrm{d}t$$

而

$$\begin{aligned}&\int_{-\infty}^{+\infty}[af_1(t)+bf_2(t)]\mathrm{e}^{-\mathrm{j}\omega t}\mathrm{d}t\\&=\int_{-\infty}^{+\infty}af_1(t)\mathrm{e}^{-\mathrm{j}\omega t}\mathrm{d}t+\int_{-\infty}^{+\infty}bf_2(t)\mathrm{e}^{-\mathrm{j}\omega t}\mathrm{d}t\\&=a\int_{-\infty}^{+\infty}f_1(t)\mathrm{e}^{-\mathrm{j}\omega t}\mathrm{d}t+b\int_{-\infty}^{+\infty}f_2(t)\mathrm{e}^{-\mathrm{j}\omega t}\mathrm{d}t\\&=aF_1(\omega)+bF_2(\omega)\end{aligned}$$

所以

$$af_1(t)+bf_2(t) \leftrightarrow aF_1(\omega)+bF_2(\omega)$$

其物理意义在于：合振动的频谱等于各个分振动频谱之和，反之也一样。

1.5.2　时移性质

信号发生时移，是指信号沿时间轴移动，其图形如图 1.29 所示。由图 1.29 可以看出，时移后的信号波形并没有发生变化，仅是其初相位有变化。反映在公式上就是

$$f(t) \leftrightarrow F(\omega)$$

则

$$f(t-t_0) \leftrightarrow F(\omega)\mathrm{e}^{-\mathrm{j}\omega t_0}$$

同理

$$f(t+t_0) \leftrightarrow F(\omega)\mathrm{e}^{\mathrm{j}\omega t_0}$$

因为

$$F(\omega)=|F(\omega)|\mathrm{e}^{\mathrm{j}\theta_f(\omega)}$$

则

$$f(t-t_0) \leftrightarrow F(\omega)\mathrm{e}^{-\mathrm{j}\omega t_0}=|F(\omega)|\mathrm{e}^{\mathrm{j}[\theta_f(\omega)-\omega t_0]}$$

这表明：时移后的信号，其振幅谱不变，仅相位谱各分量相应滞后一个相角 ωt_0。当 t_0 确定后，ωt_0 是 ω 的线性函数，称为线性相移，负号表示滞后。因为一个信号如果延迟(移动)时间 t_0 而保持波形不变，则其各个频率分量也相应延迟时间 t_0，这样其相角就

滞后了 ωt_0。

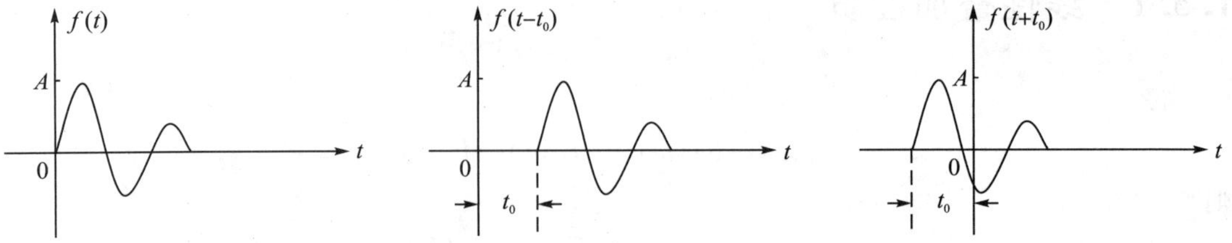

图 1.29 信号时移示意图

证明：已知 $f(t)$的频谱

$$F(\omega)=\int_{-\infty}^{+\infty}f(t)\mathrm{e}^{-\mathrm{j}\omega t}\,\mathrm{d}t$$

于是 $f(t-t_0)$的频谱

$$F[f(t-t_0)]=\int_{-\infty}^{+\infty}f(t-t_0)\mathrm{e}^{-\mathrm{j}\omega t}\,\mathrm{d}t$$

令

$$\tau=t-t_0,t=\tau+t_0,\mathrm{d}\tau=\mathrm{d}t$$

$$\begin{aligned}\int_{-\infty}^{+\infty}f(t-t_0)\mathrm{e}^{-\mathrm{j}\omega t}\,\mathrm{d}t&=\int_{-\infty}^{+\infty}f(\tau)\mathrm{e}^{-\mathrm{j}\omega(\tau+t_0)}\,\mathrm{d}\tau\\&=\int_{-\infty}^{+\infty}f(\tau)\mathrm{e}^{-\mathrm{j}\omega\tau}\mathrm{e}^{-\mathrm{j}\omega t_0}\,\mathrm{d}\tau\\&=\mathrm{e}^{-\mathrm{j}\omega t_0}\int_{-\infty}^{+\infty}f(\tau)\mathrm{e}^{-\mathrm{j}\omega\tau}\,\mathrm{d}\tau\\&=\mathrm{e}^{-\mathrm{j}\omega t_0}F(\omega)\end{aligned}$$

所以有

$$F[f(t-t_0)]=\mathrm{e}^{-\mathrm{j}\omega t_0}F(\omega)$$

例 1.4 已知方波 $f_1(t)$[图 1.30(a)]，求其时移信号 $f_2(t)$[图 1.30(b)]的频谱 $F_2(\omega)$。

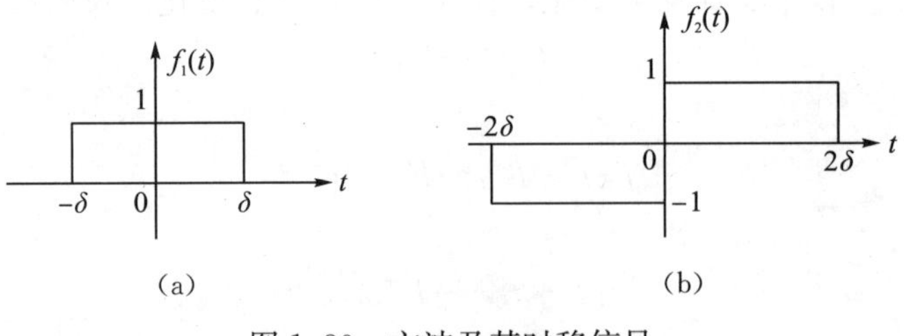

图 1.30 方波及其时移信号

解：从图形上可知

$$f_2(t)=f_1(t-\delta)-f_1(t+\delta)$$

而

$$f_1(t)\leftrightarrow F_1(\omega)=\frac{2\sin\omega\delta}{\omega}$$

所以

$$
\begin{aligned}
F_2(\omega) &= F_1(\omega)e^{-j\omega\delta} - F_1(\omega)e^{j\omega\delta} \\
&= F_1(\omega)(e^{-j\omega\delta} - e^{j\omega\delta}) \\
&= F_1(\omega)(-2j\sin\omega\delta) \\
&= \frac{-4j}{\omega}\sin^2\omega\delta
\end{aligned}
$$

1.5.3　频移性质

设

$$f(t) \leftrightarrow F(\omega)$$

则

$$e^{j\omega_0 t}f(t) \leftrightarrow F(\omega - \omega_0)$$
$$e^{-j\omega_0 t}f(t) \leftrightarrow F(\omega + \omega_0)$$

这个性质表明：频谱函数 $F(\omega)$沿频率轴正向移动 ω_0，相当于原信号 $f(t)$乘一个复谐波信号 $e^{j\omega_0 t}$，而若是反向移动 ω_0，则相当于乘 $e^{-j\omega_0 t}$。

利用这个性质，可以直接求取 $f(t)\cos\omega_0 t$ 和 $f(t)\sin\omega_0 t$ 这类信号的频谱。这是因为

$$
\begin{aligned}
f(t)\cdot\cos\omega_0 t &= \frac{1}{2}f(t)[e^{j\omega_0 t} + e^{-j\omega_0 t}] \\
&= \frac{1}{2}[f(t)e^{j\omega_0 t} + f(t)e^{-j\omega_0 t}]
\end{aligned}
$$

利用频移性质和线性叠加性质，则有

$$f(t)\cdot\cos\omega_0 t \leftrightarrow \frac{1}{2}[F(\omega - \omega_0) + F(\omega + \omega_0)]$$

同理，可以推出

$$f(t)\cdot\sin\omega_0 t \leftrightarrow \frac{1}{2j}[F(\omega - \omega_0) - F(\omega + \omega_0)]$$

工程上一般将由 $f(t) \to f(t)\cos\omega_0 t$ 的过程叫作以余弦信号对信号 $f(t)$进行调制的过程，因此，频移性质也叫作调制定理。

例 1.5　已知理想低通滤波器(图 1.31)的频率特性为

$$H(\omega) = \begin{cases} 1, & |\omega| < \delta \\ 0, & |\omega| \geqslant \delta \end{cases}$$

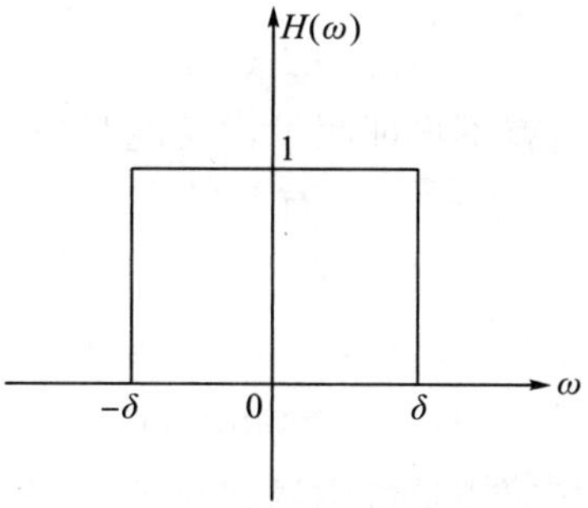

图 1.31　理想低通滤波器

其对应的滤波因子 $h(t)$ 为

$$h(t)=\frac{\sin\delta t}{\pi t}$$

现要求理想带通滤波器(图 1.32)对应的滤波因子 $h_1(t)$。

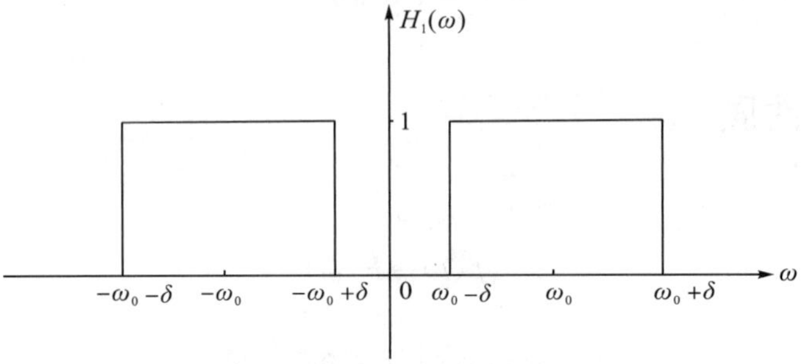

图 1.32 理想带通滤波器

解：由图 1.32 可知，理想带通滤波器的频率特性为

$$H_1(\omega)=\begin{cases}1, & |\omega\pm\omega_0|<\delta\\ 0, & \text{其他}\end{cases}$$

而它和理想低通滤波器之间显然存在关系

$$H_1(\omega)=H(\omega-\omega_0)+H(\omega+\omega_0)$$

即理想带通滤波器的频率特性是理想低通滤波器的 $H(\omega)$ 在频率轴上移动的结果。根据频移性质可推知

$$\begin{aligned}h_1(t)&=h(t)e^{j\omega_0 t}+h(t)e^{-j\omega_0 t}\\&=\frac{\sin\delta t}{\pi t}\left[e^{j\omega_0 t}+e^{-j\omega_0 t}\right]\\&=\frac{2}{\pi t}\sin\delta t\cos\omega_0 t\end{aligned}$$

1.5.4 共轭性质

若

$$f(t)\leftrightarrow F(\omega)$$

则

$$\overline{f(t)}\leftrightarrow\overline{F(-\omega)}$$

这在上一节中已讲过，这里就不再证明了，仅说明当 $f(t)$ 是实信号时的情况。

当 $f(t)$ 是实信号，即 $f(t)=\overline{f(t)}$ 时，有

$$F(\omega)=\overline{F(-\omega)}\quad\text{或}\quad F(-\omega)=\overline{F(\omega)}$$

这正是前一节所述的实信号频谱共轭对称，这时显然有

$$|F(\omega)|=|F(-\omega)|,\quad \arctan F(\omega)=-\arctan F(-\omega)$$

即实信号的振幅谱是偶函数，相位谱是奇函数。

这个性质告诉我们，对于实信号 $f(t)$ 的频谱 $F(\omega)$，只需要知道 $\omega\geqslant0$ 时的值就行

了，因为当 $\omega<0$ 时，其振幅谱 $F(\omega)=F(-\omega)$ （注意：这时 $-\omega>0$）。

1.5.5　奇偶虚实性质

在上述的性质中已经知道实信号频谱是共轭对称的，现要问：对于奇信号或偶信号的频谱，有什么规律可使我们简化一定的计算步骤和作图程序？

结论：若信号 $f(t)$ 为实奇（或偶）信号，则其频谱 $F(\omega)$ 为奇（或偶）函数，并且是纯虚（或实）函数；若 $f(t)$ 为一虚奇（或偶）信号，则频谱 $F(\omega)$ 就是一奇（或偶）函数，并且是实（或纯虚）函数。

上述结论用记号表示：

实奇信号↔虚奇频谱；

实偶信号↔实偶频谱；

虚奇信号↔实奇频谱；

虚偶信号↔虚偶频谱。

这里仅证明实奇信号↔虚奇频谱。

证明：

因为
$$f(t)=-f(-t)$$

所以
$$\begin{aligned}F(\omega)&=\int_{-\infty}^{+\infty}f(t)\mathrm{e}^{-\mathrm{j}\omega t}\,\mathrm{d}t\\&=\int_{-\infty}^{+\infty}f(t)[\cos\omega t-\mathrm{j}\sin\omega t]\mathrm{d}t\\&=\int_{-\infty}^{+\infty}f(t)\cos\omega t\,\mathrm{d}t-\mathrm{j}\int_{-\infty}^{+\infty}f(t)\sin\omega t\,\mathrm{d}t\\&=-\mathrm{j}\int_{-\infty}^{+\infty}f(t)\sin\omega t\,\mathrm{d}t\end{aligned}$$

此为纯虚函数（利用奇函数×偶函数 ＝ 奇函数，而奇函数在对称区间上积分为零这一定积分规则）。

而
$$\begin{aligned}F(-\omega)&=-\mathrm{j}\int_{-\infty}^{+\infty}f(t)\sin(-\omega)t\,\mathrm{d}t\\&=\mathrm{j}\int_{-\infty}^{+\infty}f(t)\sin\omega t\,\mathrm{d}t\\&=-F(\omega)\end{aligned}$$

即
$$F(-\omega)=-F(\omega)$$

为奇函数。所以实奇信号↔虚奇频谱。

用一些简单的符号来代表信号的奇、偶、虚、实与其傅氏变换之间的关系，就可以得到

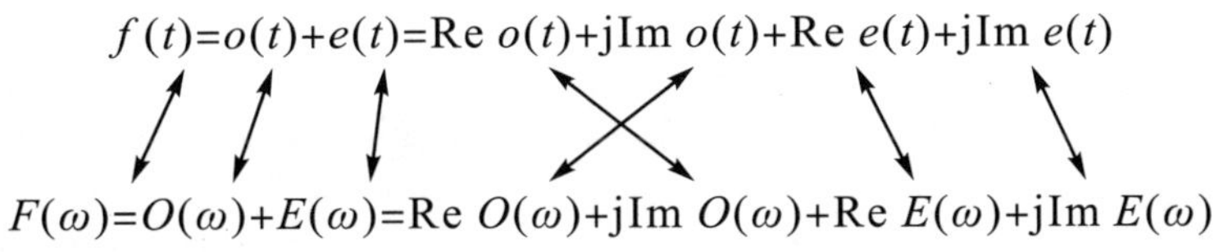

其中，$o(t)$、$e(t)$分别表示 $f(t)$的奇部(odd)和偶部(even)；$O(\omega)$、$E(\omega)$则表示 $F(\omega)$的奇部和偶部。

这个性质可以用来检验我们求得的结果正确与否：如果求得的频谱或信号不满足这些关系，那一定是某步出了错，就应仔细检查，这个性质和其他性质相结合，也可以帮助我们简化运算。

例 1.6 求实偶信号

$$f_1(t)=\begin{cases}e^{\alpha t}, & t\leqslant 0\\ e^{-\alpha t}, & t>0\end{cases}\quad(\alpha>0)$$

的频谱。

解：

$$\begin{aligned}F_1(\omega)&=\int_{-\infty}^{0}e^{\alpha t}e^{-j\omega t}dt+\int_{0}^{\infty}e^{-\alpha t}e^{-j\omega t}dt\\&=\frac{1}{\alpha-j\omega}e^{(\alpha-j\omega)t}\Big|_{-\infty}^{0}+\frac{-1}{\alpha+j\omega}e^{-(\alpha+j\omega)t}\Big|_{0}^{\infty}\\&=\frac{1}{\alpha-j\omega}+\frac{1}{\alpha+j\omega}=\frac{2\alpha}{\alpha^2+\omega^2}\end{aligned}$$

此处 $F_1(\omega)$是 ω 的实偶函数(图 1.33)。

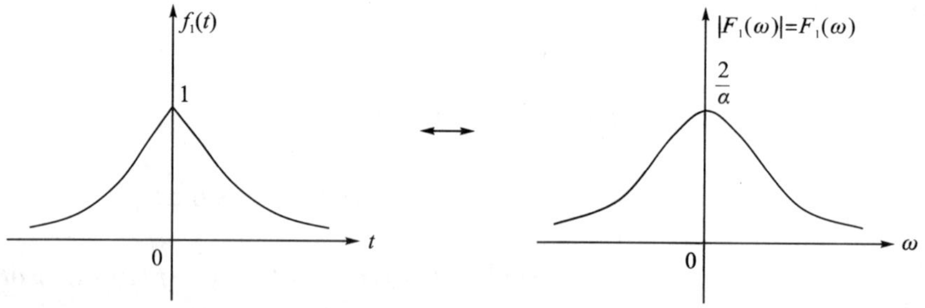

图 1.33 实偶信号及其频谱

例 1.7 求实奇信号

$$f_2(t)=\begin{cases}-e^{\alpha t}, & t\leqslant 0\\ +e^{-\alpha t}, & t>0\end{cases}\quad(\alpha>0)$$

的频谱。

解：

$$\begin{aligned}F_2(\omega)&=\int_{-\infty}^{0}-e^{\alpha t}e^{-j\omega t}dt+\int_{0}^{\infty}e^{-\alpha t}e^{-j\omega t}dt\\&=-\frac{1}{\alpha-j\omega}+\frac{1}{\alpha+j\omega}\\&=\frac{-2j\omega}{\alpha^2+\omega^2}=-jX(\omega)\end{aligned}$$

这里 $F_2(\omega)$是 ω 的虚奇函数(图 1.34)。

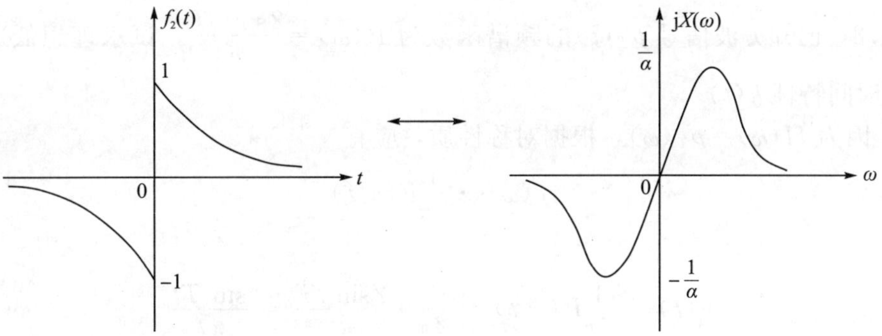

图 1.34 实奇信号及其频谱

1.5.6 对称性质

若

$$f(t)\leftrightarrow F(\omega)$$

则
$$F(t)\leftrightarrow 2\pi f(-\omega)$$

或
$$f(\omega)\leftrightarrow \frac{1}{2\pi}F(-t)$$

因为
$$F(\omega)=\int_{-\infty}^{+\infty}f(t)e^{-j\omega t}dt \tag{1.62}$$

$$f(t)=\frac{1}{2\pi}\int_{-\infty}^{+\infty}F(\omega)e^{j\omega t}d\omega \tag{1.63}$$

将式(1.62)和式(1.63)中的 ω 与 t 对换，则

$$F(t)=\int_{-\infty}^{+\infty}f(\omega)e^{-j\omega t}d\omega=2\pi\left[\frac{1}{2\pi}\int_{-\infty}^{+\infty}f(\omega)e^{j(-\omega)t}d\omega\right]$$

$$f(\omega)=\frac{1}{2\pi}\int_{-\infty}^{+\infty}F(t)e^{j\omega t}dt=\frac{1}{2\pi}\int_{-\infty}^{+\infty}F(t)e^{-j\omega(-t)}dt$$

即
$$F(t)\leftrightarrow 2\pi f(-\omega)$$

$$f(\omega)\leftrightarrow \frac{1}{2\pi}F(-t)$$

对于实偶信号 $f(t)$，因为 $f(t)=f(-t)$，其谱也是实偶频谱 $F(\omega)=F(-\omega)$，所以对于实偶信号，若

$$f(t)\leftrightarrow F(\omega)$$

则
$$F(t)\leftrightarrow 2\pi f(\omega)$$

或
$$f(\omega)\leftrightarrow \frac{1}{2\pi}F(t)$$

这个性质告诉我们，如果已知某信号 $f(t)$ 的频谱 $F(\omega)$ 与另一信号函数形式相同，那么后一信号的频谱就可以直接利用对称性质推知而不必去计算，或者若另一信号的频谱与前一信号本身的函数形式相同，那么后一信号本身也可以由对称性质直接推出。

例 1.8 已知方波信号 $p_T(t)$ 的频谱函数为 $P(\omega)=\dfrac{2\sin\omega T}{\omega}$，试求理想低通滤波器 $H(\omega)$ 的时间特性 $h(t)$。

解：因为 $H(\omega)=p_T(\omega)$，根据对称性质，应有

$$f(\omega)\leftrightarrow \frac{1}{2\pi}F(-t)$$

则

$$h(t)=\frac{1}{2\pi}P(-t)=\frac{1}{2\pi}\cdot\frac{2\sin tT}{t}=\frac{\sin Tt}{\pi t}$$

例 1.9 用对称性质确定 $f_\alpha(t)=\dfrac{\alpha^2}{\alpha^2+t^2}(\alpha>0)$ 的频谱。

解：根据例 1.6，已知 $f_1(t)=\begin{cases}e^{\alpha t}, & t\leqslant 0\\ e^{-\alpha t}, & t>0\end{cases}\quad(\alpha>0)$ 的频谱 $F_1(\omega)=\dfrac{2\alpha}{\alpha^2+\omega^2}$，显然 $f_\alpha(t)=\dfrac{\alpha}{2}\cdot F_1(t)$。

则由性质：$F(t)\leftrightarrow 2\pi f(-\omega)$ 可推知

$$F_\alpha(\omega)=\frac{\alpha}{2}\cdot 2\pi f_1(-\omega)$$

$$=\alpha\pi f_1(\omega)=\begin{cases}\alpha\pi e^{\alpha\omega}, & \omega\leqslant 0\\ \alpha\pi e^{-\alpha\omega}, & \omega>0\end{cases}\quad(\alpha>0)$$

通过例题可以看到，对称性质的应用必须建立在已知某些信号及其频谱的基础上。因此，希望读者能牢记一些常见的基本信号和它们的频谱。

1.5.7 反转性质

首先搞清楚什么是信号 $f(t)$ 的反转信号。如连续信号记为 $f(t)$，$f(-t)$ 就称为 $f(t)$ 的反转信号。对于实信号来说，反转信号 $f(-t)$ 的图形就是 $f(t)$ 的图形按纵轴翻转而得到的图形，即把纵轴右边的图形翻到左边，左边的翻至右边，其示意图如图 1.35 所示。

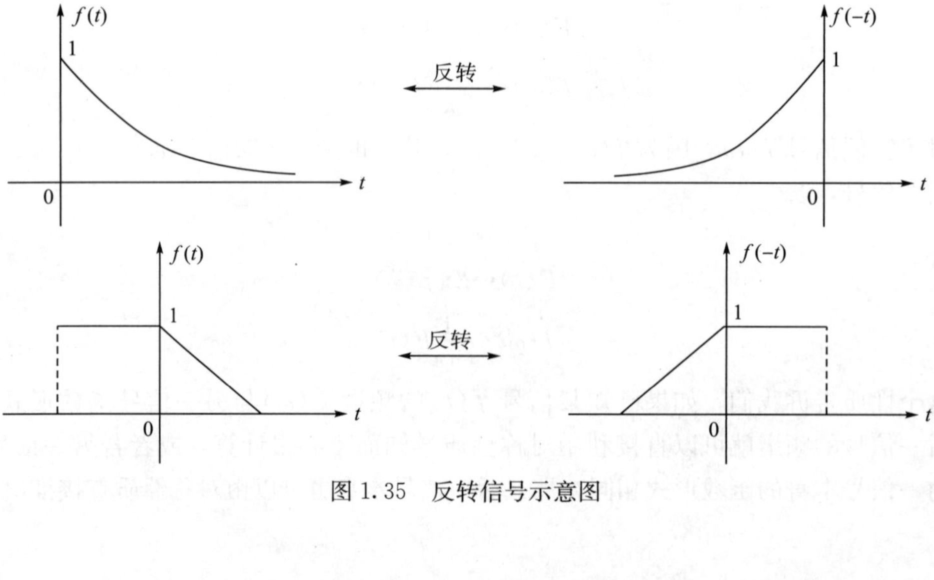

图 1.35 反转信号示意图

设

$$f(t) \leftrightarrow F(\omega)$$

则有

$$f(-t) \leftrightarrow F(-\omega)$$

这个性质表明：信号 $f(t)$的反转信号的频谱就是原信号频谱的反转。

证明　因为

$$F(\omega) = \int_{-\infty}^{+\infty} f(t) e^{-j\omega t} dt$$

而

$$F[f(-t)] = \int_{-\infty}^{+\infty} f(-t) e^{-j\omega t} dt$$

令

$$t = -u$$

则

$$\int_{-\infty}^{+\infty} f(-t) e^{-j\omega t} dt = \int_{-\infty}^{+\infty} f(u) e^{-j(-\omega)u} du = F(-\omega)$$

例 1.10　求反向指数衰减信号 $x = e^{\alpha t}$，$t \leqslant 0$　($\alpha > 0$)的频谱 $X(\omega)$。

解：由图 1.36 可知，$x(t)$是 1.3 小节中提到的单边指数衰减信号 $f(t)$的反转信号，即 $x(t) = f(-t)$，根据性质有

$$X(\omega) = F(-\omega) = \frac{1}{\alpha + j(-\omega)} = \frac{1}{\alpha - j\omega}$$

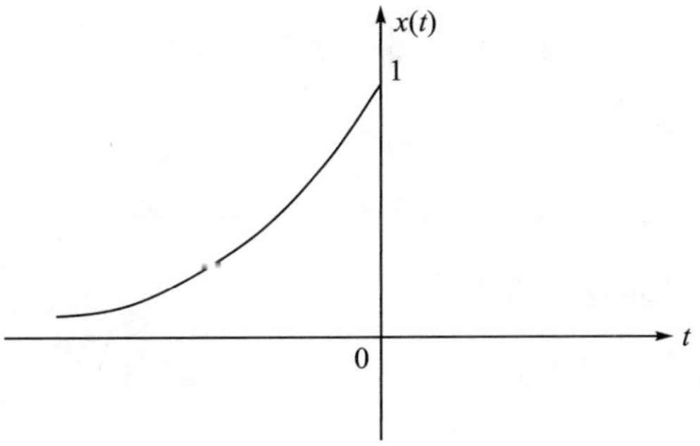

图 1.36　反向指数衰减信号

1.5.8　尺度展缩性质

若时间信号 $f(t)$的波形沿时间轴压缩 a 倍，变为 $f(at)$，则 $f(at)$的谱就比 $f(t)$的谱 $F(\omega)$沿频率轴扩大 a 倍，而其幅度却减小 a 倍。即若

$$f(t) \leftrightarrow F(\omega)$$

则

$$f(at) \leftrightarrow \frac{1}{|a|} F\left(\frac{\omega}{a}\right)$$

或

$$f\left(\frac{t}{a}\right) \leftrightarrow |a| F(a\omega)$$

式中，a 为实数(图 1.37)。

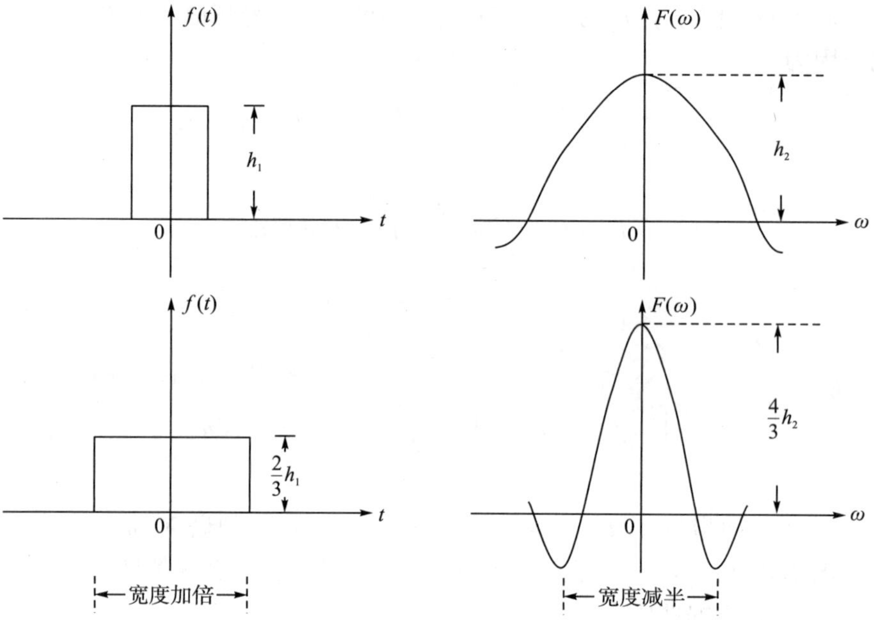

图 1.37 尺度展缩性质

证明：已知 $f(t)$的频谱为

$$F(\omega) = \int_{-\infty}^{+\infty} f(t) e^{-j\omega t} dt$$

压缩 a 倍后，$f(at)$的谱为

$$F_a(\omega) = \int_{-\infty}^{+\infty} f(at) e^{-j\omega t} dt$$

令 $at = u$，$t = u/a$，$dt = du/a$，于是

$$F_a(\omega) = \int_{-\infty}^{+\infty} f(u) e^{-j\omega \frac{u}{a}} d\left(\frac{u}{a}\right)$$

当 $a > 0$ 时

$$F_a(\omega) = \frac{1}{a}\int_{-\infty}^{+\infty} f(u) e^{-j\frac{\omega}{a}u} du$$
$$= \frac{1}{a} F\left(\frac{\omega}{a}\right)$$

当 $a < 0$ 时，积分上下限要发生变化：

$$F_a(\omega) = \frac{1}{a}\int_{+\infty}^{-\infty} f(u) e^{-j\frac{\omega}{a}u} du$$
$$= -\frac{1}{a}\int_{-\infty}^{+\infty} f(u) e^{-j\frac{\omega}{a}u} du$$
$$= -\frac{1}{a} F\left(\frac{\omega}{a}\right)$$

所以

$$F_a(\omega)=\frac{1}{|a|}F\left(\frac{\omega}{a}\right)$$

由时间展缩性质可知，信号越宽，其所占频带范围越窄；反之，信号越窄，其所占的频带范围越宽。在极限情况下，幅度为 1 的直流信号的频谱函数为 $2\pi\delta(\omega)$；单位冲激函数的频谱为 1。

对应地，也存在一个频率展缩性质。

若

$$f(t)\leftrightarrow F(\omega)$$

则

$$F(k\omega)\leftrightarrow\frac{1}{|k|}f\left(\frac{t}{k}\right)$$

这两个性质只需要记住一个就行了。它们告诉我们：频率尺度的扩展，将导致时间尺度的压缩；反之，时间尺度的扩展，也将使频率尺度压缩。这些性质主要用于作图或进行图的比较。

1.5.9　乘积性质

若对于实信号 $f_1(t)$、$f_2(t)$，有

$$f_1(t)\leftrightarrow F_1(\omega),\quad f_2(t)\leftrightarrow F_2(\omega)$$

则

$$\begin{aligned}\int_{-\infty}^{+\infty}f_1(t)\cdot f_2(t)\mathrm{d}t&=\frac{1}{2\pi}\int_{-\infty}^{+\infty}F_1(\omega)\cdot\overline{F_2(\omega)}\mathrm{d}\omega\\&=\frac{1}{2\pi}\int_{-\infty}^{+\infty}\overline{F_1(\omega)}\cdot F_2(\omega)\mathrm{d}\omega\end{aligned}$$

这就是说：实信号 $f_1(t)$和 $f_2(t)$的乘积对所有时间的积分等于它们的频谱 $F_1(\omega)$本身和 $F_2(\omega)$的共轭或 $F_2(\omega)$本身和 $F_1(\omega)$的共轭之乘积对所有频率的积分。

证明：因为

$$\begin{aligned}\int_{-\infty}^{+\infty}f_1(t)f_2(t)\mathrm{d}t&=\int_{-\infty}^{+\infty}f_1(t)\cdot\left[\frac{1}{2\pi}\int_{-\infty}^{+\infty}F_2(\omega)\mathrm{e}^{\mathrm{j}\omega t}\mathrm{d}\omega\right]\mathrm{d}t\\&=\frac{1}{2\pi}\int_{-\infty}^{+\infty}F_2(\omega)\mathrm{d}\omega\int_{-\infty}^{+\infty}f_1(t)\mathrm{e}^{\mathrm{j}\omega t}\mathrm{d}t\end{aligned}$$

又因为 $\mathrm{e}^{\mathrm{j}\omega t}=\overline{\mathrm{e}^{-\mathrm{j}\omega t}}$，而 $f_1(t)$是时间 t 的实函数，所以

$$f_1(t)\mathrm{e}^{\mathrm{j}\omega t}=\overline{f_1(t)\mathrm{e}^{-\mathrm{j}\omega t}}$$

于是

$$\begin{aligned}\int_{-\infty}^{+\infty}f_1(t)f_2(t)\mathrm{d}t&=\frac{1}{2\pi}\int_{-\infty}^{+\infty}F_2(\omega)\left[\int_{-\infty}^{+\infty}\overline{f_1(t)\mathrm{e}^{-\mathrm{j}\omega t}\mathrm{d}t}\right]\mathrm{d}\omega\\&=\frac{1}{2\pi}\int_{-\infty}^{+\infty}\overline{F_1(\omega)}F_2(\omega)\mathrm{d}\omega\end{aligned}$$

同理可证：

$$\int_{-\infty}^{+\infty} f_1(t) f_2(t) \mathrm{d}t = \frac{1}{2\pi} \int_{-\infty}^{+\infty} F_1(\omega) \overline{F_2(\omega)} \mathrm{d}\omega$$

当 $f_1(t)=f_2(t)=f(t)$ 时，上面式子变成

$$\int_{-\infty}^{+\infty} [f(t)]^2 \mathrm{d}t = \frac{1}{2\pi} \int_{-\infty}^{+\infty} F(\omega) \cdot \overline{F(\omega)} \mathrm{d}\omega$$

$$= \frac{1}{2\pi} \int_{-\infty}^{+\infty} |F(\omega)|^2 \mathrm{d}\omega$$

其中，$|F(\omega)|^2=F(\omega)\overline{F(\omega)}$ 被称作能谱密度，记为 $S(\omega)$，则有

$$\int_{-\infty}^{+\infty} [f(t)]^2 \mathrm{d}t = \frac{1}{2\pi} \int_{-\infty}^{+\infty} S(\omega) \mathrm{d}\omega$$

这个等式就是著名的帕斯瓦尔等式(Parseval equation)。它告诉我们：信号 $f(t)$ 在时间域的总能量 $\int_{-\infty}^{+\infty} f^2(t)\mathrm{d}t$ 等于信号的各个频率分量的能量 $S(\omega)\mathrm{d}\omega$ 总和，即时域总能量＝频域总能量，这充分体现了能量守恒定律。

这个等式很重要，它在本书的后续章节中还会不断出现和被引用，主要是在理论推导过程中，可以随时把左边的时域形式转化成右边的频域形式，反之亦然。这样就可使频域和时域之间能很方便地转化，使推导简单化、明了化。

1.5.10 褶积性质

在介绍性质之前，首先复习一下在“高等数学”的积分变换中学过的有关褶积的概念。

数学上，一般将函数 $f_1(t)$ 和 $f_2(t)$ 组成的积分公式

$$f(t) = \int_{-\infty}^{+\infty} f_1(\tau) f_2(t-\tau) \mathrm{d}\tau$$

称为 $f_1(t)$ 和 $f_2(t)$ 的褶积(或卷积 convolution)，记作

$$f(t) = f_1(t) * f_2(t)$$

1. 褶积具有以下三种基本代数运算规律

(1)服从交换律，即

$$f_1(t) * f_2(t) = f_2(t) * f_1(t)$$

(2)服从结合律，即

$$f_1(t) * [f_2(t) * f_3(t)] = [f_1(t) * f_2(t)] * f_3(t)$$

(3)服从分配律，即

$$f_1(t) * [f_2(t) + f_3(t)] = f_1(t) * f_2(t) + f_1(t) * f_3(t)$$

2. 褶积性质

时域褶积性质即为，若

$$f_1(t) \leftrightarrow F_1(\omega), \quad f_2(t) \leftrightarrow F_2(\omega)$$

则

$$f_1(t) * f_2(t) \leftrightarrow F_1(\omega) \cdot F_2(\omega)$$

证明：因为

$$f_1(t) * f_2(t) = \int_{-\infty}^{+\infty} f_1(\tau) f_2(t-\tau) \mathrm{d}\tau$$

所以

$$\begin{aligned} F[f_1(t) * f_2(t)] &= \int_{-\infty}^{+\infty} [f_1(t) * f_2(t)] \mathrm{e}^{-\mathrm{j}\omega t} \mathrm{d}t \\ &= \int_{-\infty}^{+\infty} \left[\int_{-\infty}^{+\infty} f_1(\tau) f_2(t-\tau) \mathrm{d}\tau\right] \mathrm{e}^{-\mathrm{j}\omega t} \mathrm{d}t \\ &= \int_{-\infty}^{+\infty} f_1(\tau) \left[\int_{-\infty}^{+\infty} f_2(t-\tau) \mathrm{e}^{-\mathrm{j}\omega(t-\tau)} \mathrm{d}t\right] \mathrm{e}^{-\mathrm{j}\omega\tau} \mathrm{d}\tau \\ &= \int_{-\infty}^{+\infty} f_1(\tau) F_2(\omega) \mathrm{e}^{-\mathrm{j}\omega\tau} \mathrm{d}\tau \\ &= F_1(\omega) \cdot F_2(\omega) \end{aligned}$$

所以

$$f_1(t) * f_2(t) \leftrightarrow F_1(\omega) \cdot F_2(\omega)$$

同理可证：

$$f_1(t) \cdot f_2(t) \leftrightarrow \frac{1}{2\pi}[F_1(\omega) * F_2(\omega)]$$

为频域褶积性质。

这个性质告诉我们：对于连续信号来说，两信号在时域上的褶积，必对应于它们频谱的乘积；反之，若在时域是乘积关系，对应的频域就一定是两信号频谱的褶积关系。这种时域与频域之间的褶积和乘积的对应关系，仅对于连续信号是严格成立的，而对于离散信号来说就不那么严格了，这在后面章节中将会给予说明。

例 1.11　已知两个方波信号的褶积结果为三角波[图 1.38，其中方波为 $p_{T/2}(t)$，三角波的宽度为 $2T$]，试用时域褶积性质求三角波的频谱 $Q(\omega)$。

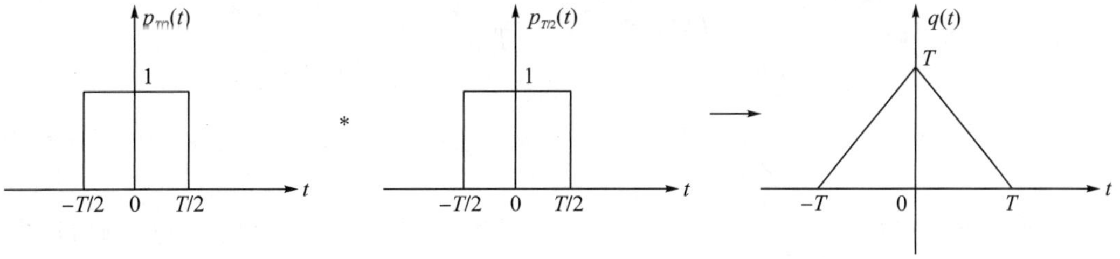

图 1.38　时域褶积图

解：已知方波信号 $p_{T/2}(t)$ 的谱为

$$F(\omega) = \frac{2\sin\dfrac{\omega T}{2}}{\omega}$$

所以

$$Q(\omega) = F(\omega) \cdot F(\omega) = \left[\frac{2\sin\dfrac{\omega T}{2}}{\omega}\right]^2 = \frac{4\left(\sin\dfrac{\omega T}{2}\right)^2}{\omega^2}$$

习　题

1. 试将锯齿波 $f(t)=t$，　$0<t<2\pi$ 展开成三角函数形式的傅氏级数，并画出其振幅谱和相位谱。

2. 试将方波 $f(t)=\begin{cases}1, & 0<t<\dfrac{T}{2}\\ -1, & -\dfrac{T}{2}<t<0\end{cases}$ 展开成复指数形式的傅氏级数，并画出其振幅谱和相位谱。

3. 试将正弦周期脉冲波 $f(t)=A|\sin t|$　$(0\leqslant t\leqslant\pi)$展开成傅氏级数，并画出其振幅谱和相位谱。

4. 试画出余弦周期脉冲波 $f(t)=\begin{cases}0, & -\dfrac{T}{2}<t<-\dfrac{T}{4}\\ \cos\omega_0 t, & -\dfrac{T}{4}\leqslant t\leqslant\dfrac{T}{4}\\ 0, & \dfrac{T}{4}<t<\dfrac{T}{2}\end{cases}$ 的振幅谱和相位谱。

5. 令 $f_1(t)=\begin{cases}A, & |t|<2\\ 0, & |t|\geqslant 2\end{cases}$　$f_2(t)=\begin{cases}-A, & |t|<1\\ 0, & |t|\geqslant 1\end{cases}$，画出 $f_1(t)$、$f_2(t)$和$f_1(t)-f_2(t)$的图，并用线性叠加性质求 $f_1(t)-f_2(t)$的傅氏变换。

6. 用对称性质确定 $f(t)$的傅氏变换。

$$f(t)=T_0\left[\frac{\sin\dfrac{T_0 t}{2}}{\dfrac{T_0 t}{2}}\right]^2$$

7. 假设有 $f(t)=\begin{cases}1-\dfrac{2}{\tau}|t|, & |t|<\dfrac{\tau}{2}\\ 0, & |t|\geqslant\dfrac{\tau}{2}\end{cases}$，画出 $f(2t)$、$f(4t)$和 $f(8t)$的傅氏变换图形。

8. 由时移性质求下列信号的频谱。

①$f(t)=\dfrac{A\sin[\omega_0(t-t_0)]}{\pi(t-t_0)}$

②$f(t)=\begin{cases}1-\dfrac{2}{\tau}|t-t_0|, & |t-t_0|<\dfrac{\tau}{2}\\ 0, & |t-t_0|\geqslant\dfrac{\tau}{2}\end{cases}$

9. 证明：$f(\alpha t-\beta)\leftrightarrow\frac{1}{|\alpha|}\mathrm{e}^{-\mathrm{j}\omega\frac{\beta}{\alpha}}F\left(\frac{\omega}{\alpha}\right)$，其中 α、β 均为常数。

10. 利用频移性质求下列频谱对应的信号。

①$F(\omega)=\frac{2A\sin[(\omega-\omega_0)T]}{\omega-\omega_0}$

②$F(\omega)=\frac{\alpha^2}{\alpha^2+(\omega+\omega_0)^2}$

③$F(\omega)=\frac{4\sin^2[(\omega-\omega_0)T]}{(\omega-\omega_0)^2}$

11. 证明频域褶积性质

$$f_1(t)\cdot f_2(t)\leftrightarrow\frac{1}{2\pi}[F_1(\omega)*F_2(\omega)]$$

12. 利用性质计算图 1.39 所示信号的频谱。

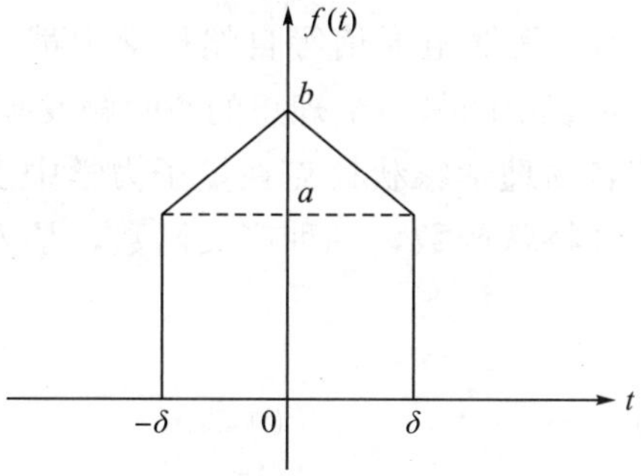

图 1.39　信号示意图

第 2 章　一种广义函数——δ 函数

2.1　δ　函　数

δ 函数在数学、近代物理、无线电通信等自然科学中都有着广泛的用途，在信号分析中也是一个有力的工具。它表示的是一个理想的瞬时触发脉冲，又称为冲击函数(或脉冲信号)，它是 1930 年由著名物理学家狄拉克在量子力学中引进的，从数学上讲，它已不是一种普通函数，而是一种特殊函数，一种广义函数，是人为地定义出来的一种分析工具。

2.1.1　δ 函数的引入

设一个单位面积的触发方波，如果其幅度为 $1/\varepsilon$，宽度为 $\varepsilon/2$，则其函数表达式为

$$f_{\varepsilon/2}(t)=\begin{cases}1/\varepsilon, & |t|<\varepsilon/2\\ 0, & |t|\geqslant\varepsilon/2\end{cases}\tag{2.1}$$

如图 2.1 所示，当 ε 越变越小时，方波的宽度越变越小，而其幅度越变越大，当 $\varepsilon\to0$时，把这种方波的极限称为 δ 函数，记为 $\delta(t)$。

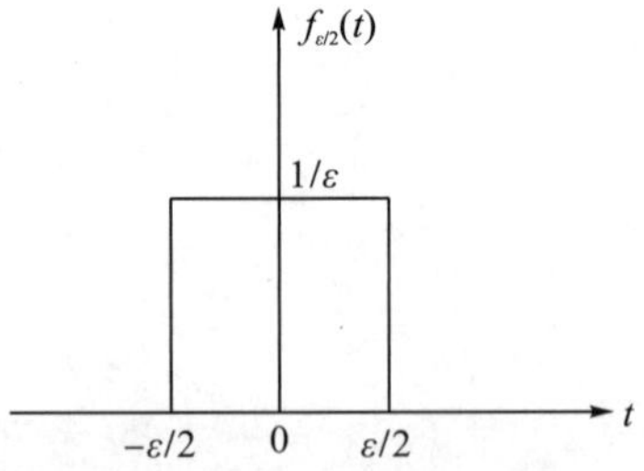

图 2.1　单位面积的触发方波

2.1.2　δ 函数的特点

δ 函数具有下述特点：

(1)从函数极限角度看，$\delta(t)$为

$$\delta(t)=\begin{cases}+\infty, & t=0\\ 0, & t\neq 0\end{cases} \tag{2.2}$$

(2)从面积角度看，则有

$$\int_{-\infty}^{+\infty}\delta(t)\mathrm{d}t=\lim_{\varepsilon\to 0}\int_{-\infty}^{+\infty}f_{\varepsilon/2}(t)\mathrm{d}t=\lim_{\varepsilon\to 0}\int_{-\varepsilon/2}^{\varepsilon/2}\frac{1}{\varepsilon}\mathrm{d}t=1 \tag{2.3}$$

2.1.3　δ 函数的严格数学定义

从 δ 函数的这两个特点出发，可以将 δ 函数定义成满足以下条件

(1)$\delta(t)=\begin{cases}+\infty, & t=0\\ 0, & t\neq 0\end{cases}$

(2)$\int_{-\infty}^{+\infty}\delta(t)\mathrm{d}t=1$

的函数，其图形如图 2.2 所示。它表明，δ 函数是一个定义在$(-\infty, +\infty)$内的广义函数，只在 $t=0$ 处有一个“冲激”，在除 $t=0$以外各处，函数值都是零。

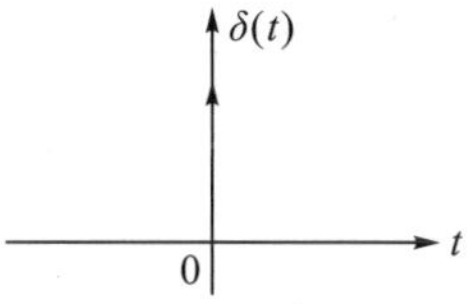

图 2.2　δ 函数

在工程上，有时把这样的函数，即

$$\delta(t)=\begin{cases}1, & t=0\\ 0, & t\neq 0\end{cases} \tag{2.4}$$

称为单位脉冲函数。它与 δ 函数的区别就在于它有一个量的概念，但在具体应用中二者常常是不加区别的。

2.2　δ 函数的基本性质及 δ 函数的频谱

2.2.1　δ 函数的基本性质

δ 函数有一些重要而有趣的性质，它能帮助我们进一步认识 $\delta(t)$的特殊性和有用性。

(1)对于任何在 $t=t_0$ 处连续的函数 $\varphi(t)$，有

$$\int_{-\infty}^{+\infty}\varphi(t)\delta(t-t_0)\mathrm{d}t=\varphi(t_0) \tag{2.5}$$

特别是，当 $t_0=0$ 时，有

$$\int_{-\infty}^{+\infty}\varphi(t)\delta(t)\mathrm{d}t=\varphi(0) \tag{2.6}$$

证明：设有一个特殊的含连续参数 ε 的函数 $\delta_\varepsilon(t)$：

$$\delta_\varepsilon(t)=\begin{cases}\dfrac{1}{\varepsilon}, & 0\leqslant t\leqslant\varepsilon\\ 0, & \text{其他}\end{cases}$$

容易证明$\lim\limits_{\varepsilon\to 0}\delta_\varepsilon(t)=\delta(t)$。这样自然有

$$\begin{aligned}\int_{-\infty}^{+\infty}\varphi(t)\delta(t)\mathrm{d}t &= \lim_{\varepsilon\to 0}\int_{-\infty}^{+\infty}\varphi(t)\delta_\varepsilon(t)\mathrm{d}t\\ &= \lim_{\varepsilon\to 0}\int_0^{\varepsilon}\frac{1}{\varepsilon}\varphi(t)\mathrm{d}t\\ &= \lim_{\varepsilon\to 0}\frac{1}{\varepsilon}\int_0^{\varepsilon}\varphi(t)\mathrm{d}t\end{aligned}$$

因为 $\varphi(t)$在 $t=0$ 处是连续的，所以当 ε 充分小时，$\varphi(t)\approx\varphi(0)$，于是有

$$\int_0^{\varepsilon}\varphi(t)\delta(t)\mathrm{d}t = \lim_{\varepsilon\to 0}\frac{1}{\varepsilon}\varphi(0)\int_0^{\varepsilon}\mathrm{d}t = \varphi(0)$$

(2)δ 函数是一偶函数，即

$$\delta(t)=\delta(-t) \tag{2.7}$$

证明：

①令 $t=-t'$，则

$$\begin{aligned}&\int_{-\infty}^{+\infty}\delta(-t)\varphi(t)\mathrm{d}t\\ =&\int_{-\infty}^{+\infty}\delta(t')\varphi(-t')\mathrm{d}t'\\ =&\ \varphi(0)\end{aligned}$$

由于 $\delta(t)$和 $\delta(-t)$的作用一样，所以必有 $\delta(t)=\delta(-t)$。

②设 $f(t)$为任一在 $t=0$ 处连续的奇函数，由式(2.6)知

$$\int_{-\infty}^{+\infty}f(t)\delta(t)\mathrm{d}t = f(0) = 0$$

因为奇函数在原点处的值为 0，所以上述积分为 0。另一方面表明，被积函数 $f(t)\cdot\delta(t)$是一奇函数(只有奇函数在对称区间内的积分才为零)，由此推知 $\delta(t)$必为偶函数。

(3)$t\delta(t)=0$ (2.8)

(4)对于任何在 $t=t_0$ 处连续的函数 $q(t)$，有

$$q(t)\delta(t-t_0)=q(t_0)\delta(t-t_0) \tag{2.9}$$

式(2.8)和式(2.9)表述的这两个性质都可以利用性质(1)给予证明，这里就不证明了。

2.2.2 δ 函数的频谱

利用傅氏变换公式和 δ 函数的性质(1)，就可以很容易算出

$$F[\delta(t)]=\int_{-\infty}^{+\infty}\delta(t)\mathrm{e}^{-\mathrm{j}\omega t}\mathrm{d}t = \mathrm{e}^{-\mathrm{j}\omega 0} = 1$$

这就是说

$$\delta(t)\leftrightarrow 1$$

这表明：δ 函数是由无数个幅值恒为 1、初相恒为零的谐波分量合成的，如图 2.3

所示。

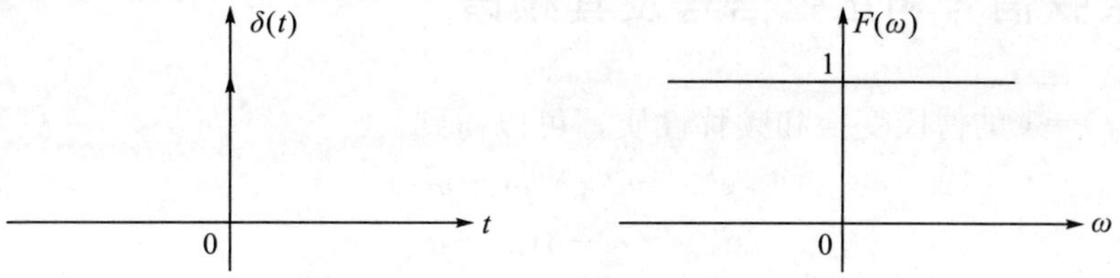

图 2.3　δ 函数及其频谱

同理，由定义知

$$\int_{-\infty}^{+\infty}\delta(t\pm t_0)\mathrm{e}^{-\mathrm{j}\omega t}\mathrm{d}t = \int_{-\infty}^{+\infty}\delta(t)\mathrm{e}^{-\mathrm{j}\omega(t\mp t_0)}\mathrm{d}t$$

$$= \mathrm{e}^{\pm\mathrm{j}\omega t_0}\int_{-\infty}^{+\infty}\delta(t)\mathrm{e}^{-\mathrm{j}\omega t}\mathrm{d}t$$

$$= \mathrm{e}^{\pm\mathrm{j}\omega t_0}$$

即

$$\delta(t-t_0)\leftrightarrow \mathrm{e}^{-\mathrm{j}\omega t_0}$$

$$\delta(t+t_0)\leftrightarrow \mathrm{e}^{\mathrm{j}\omega t_0}$$

利用时移性质也可以得到相同的结论。

2.3　几个特殊信号的频谱

2.3.1　直流信号及其频谱

设

$$f(t)=1,(-\infty<t<+\infty)$$

由于 $x(t)=\delta(t)\leftrightarrow X(\omega)=1$，现在 $f(t)=1=X(t)$，则由对称性质知

$$F(\omega)=2\pi x(-\omega)=2\pi\delta(\omega)$$

即

$$1\leftrightarrow 2\pi\delta(\omega)$$

其图形如图 2.4 所示。[注：如果频域用 f 表示，则 $1\leftrightarrow\delta(f)$]

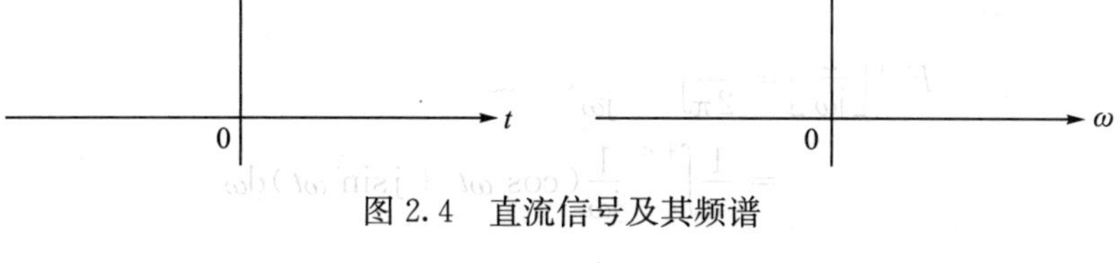

图 2.4　直流信号及其频谱

2.3.2 余弦信号和正弦信号及其频谱

利用 $f(t)=1$ 的傅氏变换和频移性质，可以得到

$$e^{j\omega_0 t} \leftrightarrow 2\pi\delta(\omega-\omega_0)$$

$$e^{-j\omega_0 t} \leftrightarrow 2\pi\delta(\omega+\omega_0)$$

所以

$$\cos\omega_0 t=\frac{1}{2}(e^{j\omega_0 t}+e^{-j\omega_0 t}) \leftrightarrow \pi[\delta(\omega-\omega_0)+\delta(\omega+\omega_0)]$$

$$\begin{aligned}\sin\omega_0 t=\frac{1}{2j}(e^{j\omega_0 t}-e^{-j\omega_0 t}) &\leftrightarrow \frac{\pi}{j}[\delta(\omega-\omega_0)-\delta(\omega+\omega_0)]\\ &=-j\pi[\delta(\omega-\omega_0)-\delta(\omega+\omega_0)]\\ &=-jX(\omega)\end{aligned}$$

其图形如图 2.5 和图 2.6 所示。

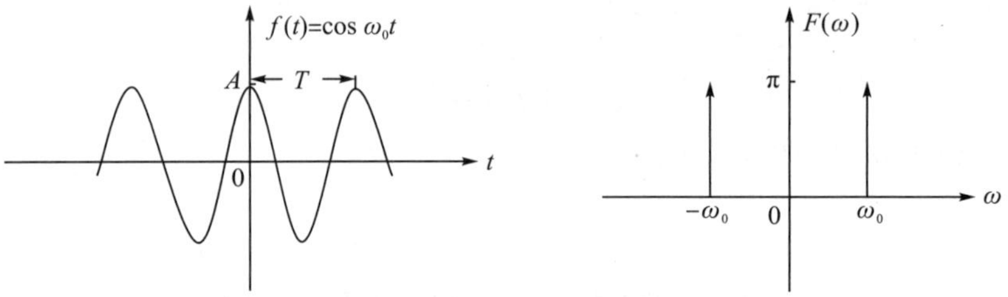

图 2.5　余弦信号及其频谱

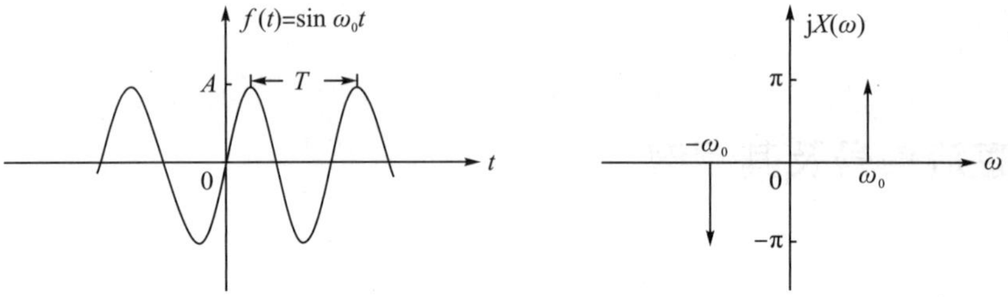

图 2.6　正弦信号及其频谱

2.3.3 符号函数及其频谱

符号函数 sgn(t)的时域表示式见式(1.16)，有

$$\operatorname{sgn}(t) \leftrightarrow \frac{2}{j\omega}$$

证明：

(1)应用傅氏变换公式(1.41)，则有

$$\begin{aligned}F^{-1}\left[\frac{2}{j\omega}\right]&=\frac{1}{2\pi}\int_{-\infty}^{+\infty}\frac{2}{j\omega}e^{j\omega t}d\omega\\ &=\frac{1}{\pi}\int_{-\infty}^{+\infty}\frac{1}{j\omega}(\cos\omega t+j\sin\omega t)d\omega\end{aligned}$$

$$= \frac{1}{\pi}\int_{-\infty}^{+\infty} \frac{\cos \omega t}{\mathrm{j}\omega}\mathrm{d}\omega + \frac{1}{\pi}\int_{-\infty}^{+\infty} \frac{\sin \omega t}{\omega}\mathrm{d}\omega$$

上式中，第一项积分中被积函数是奇函数，在对称区间积分为 0；第二项积分及其结果应是 t 的函数。利用定积分公式：

$$\int_{-\infty}^{+\infty} \frac{\sin ax}{x}\mathrm{d}x = \begin{cases} \pi, & a > 0 \\ 0, & a = 0 \\ -\pi, & a < 0 \end{cases}$$

可得上述第二项积分结果：

$$\frac{1}{\pi}\int_{-\infty}^{+\infty} \frac{\sin \omega t}{\omega}\mathrm{d}\omega = \begin{cases} 1, & t > 0 \\ 0, & t = 0 \\ -1, & t < 0 \end{cases}$$

$$= \mathrm{sgn}(t)$$

(2)因为 sgn(t)为实奇函数，所以它的傅氏变换实部为 0，虚部为一奇函数：

$$F_{\mathrm{Im}}(\omega) = -2\mathrm{j}\int_{0}^{\infty} \sin \omega t\,\mathrm{d}t$$

而

$$\int_{0}^{\infty} \sin \omega t\,\mathrm{d}t = \frac{1}{\omega}\lim_{T\to\infty}\int_{0}^{T}\mathrm{d}(-\cos \omega t)$$

$$= \frac{1}{\omega}\lim_{T\to\infty}(1 - \cos \omega T)$$

$$= \frac{1}{\omega}$$

这里利用了广义极限

$$\lim_{t\to\infty}\sin \omega t = 0, \qquad \lim_{t\to\infty}\cos \omega t = 0$$

代入 $F_{\mathrm{Im}}(\omega)$中，有

$$F_{\mathrm{Im}}(\omega) = -\frac{2\mathrm{j}}{\omega} = \frac{2}{\mathrm{j}\omega}$$

所以

$$\mathrm{sgn}(t) \leftrightarrow \frac{2}{\mathrm{j}\omega}$$

其图形如图 2.7 所示。

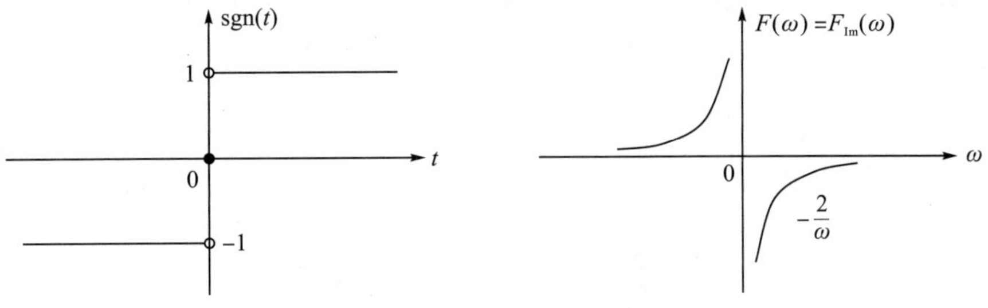

图 2.7　符号函数及其频谱

2.3.4 单位阶跃信号及其频谱

单位阶跃信号的时域表达式见式(1.15)，它可以看作是$\frac{1}{2}$和$\frac{1}{2}\mathrm{sgn}(t)$叠加的结果，即

$$u(t)=\frac{1}{2}+\frac{1}{2}\mathrm{sgn}(t)$$

利用傅氏变换的线性叠加性质，就有

$$\begin{aligned}V(\omega)&=\pi\delta(\omega)+\frac{1}{\mathrm{j}\omega}\\&=\pi\delta(\omega)-\frac{\mathrm{j}}{\omega}\end{aligned}$$

其图形如图 2.8 所示。

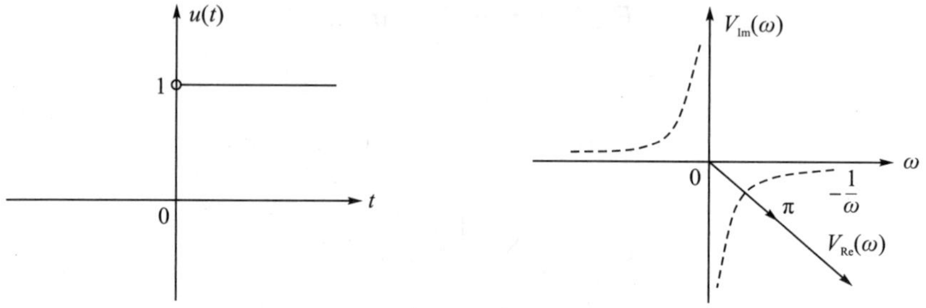

图 2.8 单位阶跃信号及其频谱

2.4 δ 函数的两个重要性质

2.4.1 δ 函数与任一函数的褶积

任何一函数 $f(t)$与 δ 函数的褶积，结果就是函数 $f(t)$本身，即

$$f(t)*\delta(t)=\delta(t)*f(t)=f(t)\tag{2.10}$$

证明：

因为

$$\delta(t)=\delta(-t)$$

$$\int_{-\infty}^{+\infty}f(t)\delta(t-t_0)\mathrm{d}t=f(t_0)$$

所以

$$f(t)*\delta(t)=\int_{-\infty}^{+\infty}f(\tau)\delta(t-\tau)\mathrm{d}\tau$$

$$= \int_{-\infty}^{+\infty} f(\tau)\delta(\tau - t)\mathrm{d}\tau$$
$$= f(t)$$

这是一个很有用的公式，为了帮助大家快速掌握，再用图解方式来阐述两函数的褶积过程。

函数 $h(t)$的图形如图 2.9 所示，计算它与 $\delta(t-t_0)$的褶积(假定 $h(t)$在 $t=t_0$ 处连续)。记

$$\begin{aligned} g(t) &= h(t) * \delta(t - t_0) \\ &= \int_{-\infty}^{+\infty} h(\tau)\delta(t - t_0 - \tau)\mathrm{d}\tau \\ &= \int_{-\infty}^{+\infty} h(\tau)\delta[\tau - (t - t_0)]\mathrm{d}\tau \\ &= h(t - t_0) \end{aligned}$$

即

$$g(t) = h(t) * \delta(t - t_0) = h(t - t_0)$$

下面用图解方式说明这个褶积过程，如图 2.10 所示。

由图 2.10 可以看出：

(1)褶积一般具有：褶迭、时移、对应项相乘相加。

(2)$h(t)$与 $\delta(t-t_0)$褶积，只需要在 $t=t_0$ 处重新画出 $h(t)$的图形(当然是以 $t=t_0$ 处为原点)即可。

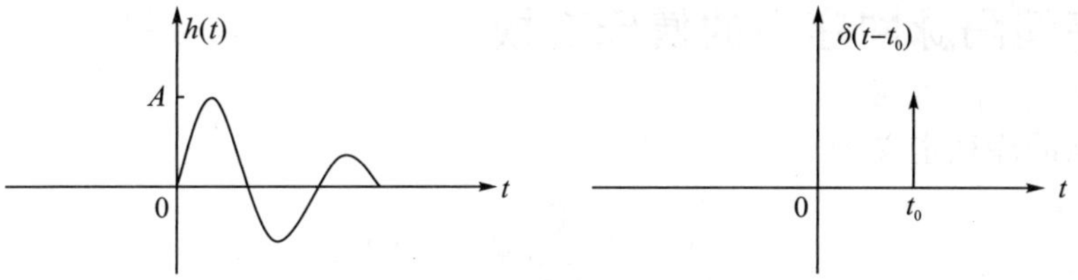

图 2.9　函数 $h(t)$和 $\delta(t-t_0)$的图形

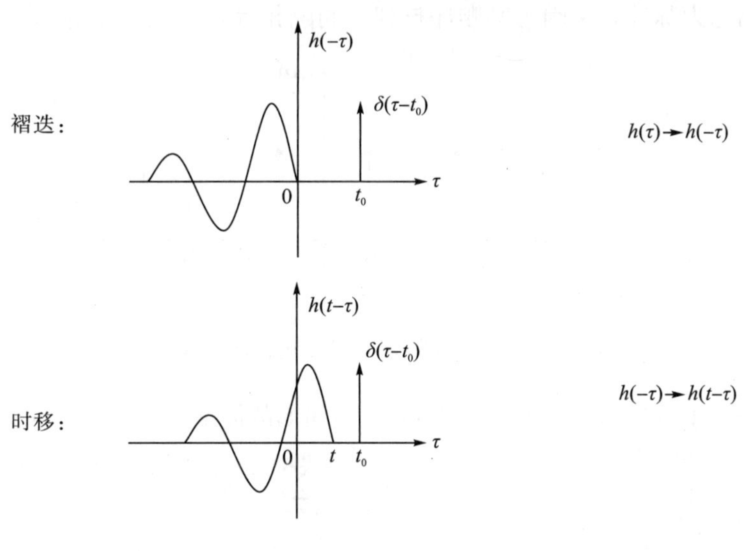

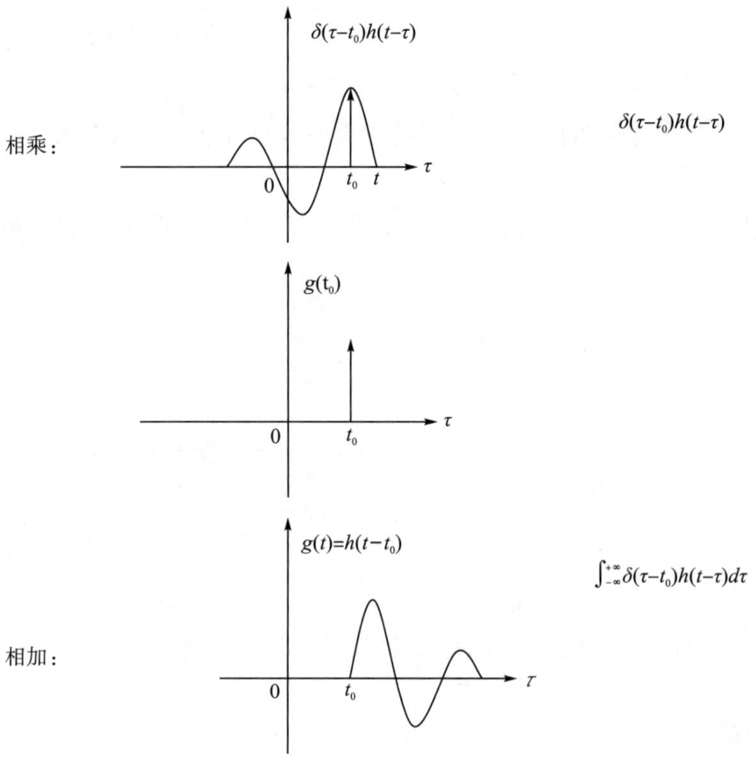

图 2.10　褶积过程示意图

2.4.2　等间隔脉冲序列的傅氏变换

等间隔脉冲序列定义为

$$x_T(t)=\sum_{n=-\infty}^{+\infty}\delta(t-nT) \tag{2.11}$$

式中，T 为脉冲间的间隔，其图形如图 2.11 所示。由图可知，这个信号的值都是离散的，故而称为脉冲，又因为其顺序排列，间隔相等，所以叫作等间隔脉冲序列。

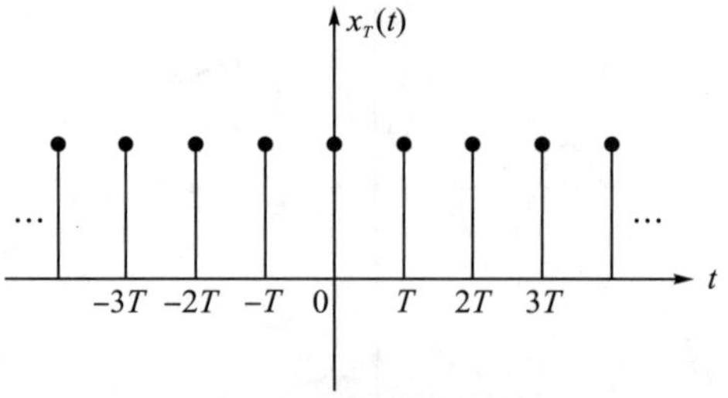

图 2.11　等间隔脉冲序列

由图 2.11 可知，$x_T(t)$是一个以 T 为周期的周期连续信号，可以展开成傅氏级数

$$x_T(t)=\sum_{n=-\infty}^{+\infty}C_n\mathrm{e}^{\mathrm{j}n\omega_0 t} \tag{2.12}$$

式中，$\omega_0=\dfrac{2\pi}{T}$。

根据

$$\delta(t)=\begin{cases}1, & t=0\\ 0, & t\neq 0\end{cases}$$

$$\begin{aligned}C_n&=\frac{1}{T}\int_{-T/2}^{T/2}x_T(t)\mathrm{e}^{-\mathrm{j}n\omega_0 t}\mathrm{d}t\\&=\frac{1}{T}\int_{-T/2}^{T/2}\delta(t)\mathrm{e}^{-\mathrm{j}n\omega_0 t}\mathrm{d}t\\&=\frac{1}{T}\end{aligned}\tag{2.13}$$

所以

$$\begin{aligned}x_T(t)&=\frac{1}{T}\sum_{n=-\infty}^{+\infty}\mathrm{e}^{\mathrm{j}n\omega_0 t}\\&=\frac{1}{T}[1+\mathrm{e}^{\mathrm{j}\omega_0 t}+\mathrm{e}^{-\mathrm{j}\omega_0 t}+\mathrm{e}^{\mathrm{j}2\omega_0 t}+\cdots]\end{aligned}\tag{2.14}$$

对式(2.14)两边求傅氏变换，有

$$\begin{aligned}X_{\frac{2\pi}{T}}(\omega)&=\frac{1}{T}[2\pi\delta(\omega)+2\pi\delta(\omega-\omega_0)+2\pi\delta(\omega+\omega_0)+2\pi\delta(\omega-2\omega_0)+\cdots]\\&=\frac{2\pi}{T}\sum_{k=-\infty}^{+\infty}\delta(\omega-k\omega_0)\\&=\frac{2\pi}{T}\sum_{k=-\infty}^{+\infty}\delta\left(\omega-\frac{2k\pi}{T}\right)\end{aligned}$$

即

$$x_T(t)=\sum_{n=-\infty}^{+\infty}\delta(t-nT)\leftrightarrow X_{\frac{2\pi}{T}}(\omega)=\frac{2\pi}{T}\sum_{k=-\infty}^{+\infty}\delta\left(\omega-\frac{2k\pi}{T}\right)\tag{2.15}$$

[注：如果频域用 f 表示，则 $x_T(t)=\sum_{n=-\infty}^{+\infty}\delta(t-nT)\leftrightarrow X_{\frac{1}{T}}(f)=\frac{1}{T}\sum_{k=-\infty}^{+\infty}\delta\left(f-\frac{k}{T}\right)$]

这表明：一个等间隔脉冲序列的傅氏变换也是一等间隔脉冲序列。不过，如果信号的时间间隔为 T 的话，频谱的频率间隔则为 $2\pi/T$(或 $1/T$)，图形如图 2.12 所示。

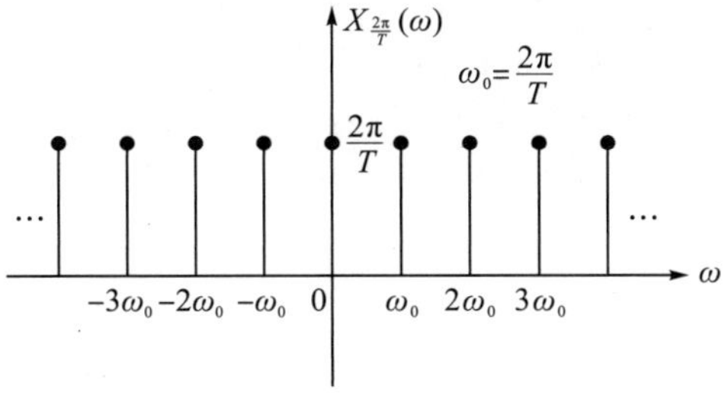

图 2.12　等间隔脉冲序列的傅氏变换

因为在讲离散信号及其频谱时要用到式(2.15)，应注意其所表达的含义。

习　　题

1. 利用性质计算下列信号的频谱。

①$f(t)=\begin{cases}\cos\dfrac{\pi t}{2\delta}, & |t|<\delta \\ 0, & |t|\geqslant\delta\end{cases}\quad(\delta>0)$

②$f(t)=\begin{cases}e^{-\alpha t}\sin 2\pi f_0 t, & t\geqslant 0 \\ 0, & t<0\end{cases}\quad(\alpha>0)$

③$f(t)=e^{-\beta^2 t^2}\cos\omega_0 t\quad(\beta>0)$

2. 计算下列信号的频谱。

①$f(t)=[u(t+2)-u(t-2)]\cos\omega_0 t$

②$f(t)=\sum\limits_{n=-2}^{2}\delta(t-nT)$

3. 用图解法求图 2.13 中两个奇函数 $x(t)$ 和 $h(t)$ 的褶积，并说明两个奇函数的褶积是偶函数。

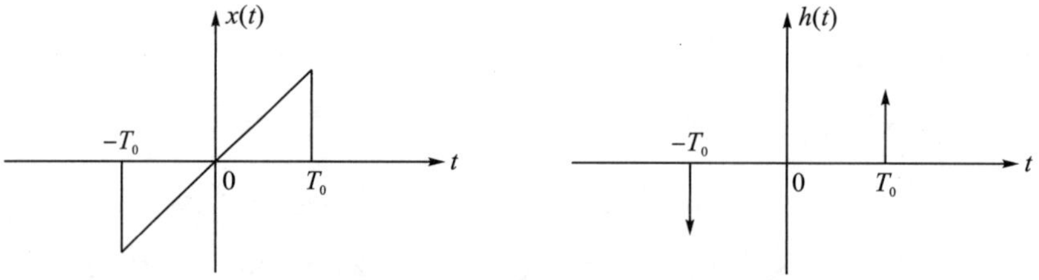

图 2.13　函数 $x(t)$ 与 $h(t)$ 示意图

第3章　离散时间信号和系统

3.1　离散时间信号

前面讨论了连续时间信号的分析方法，从本章开始讨论离散时间信号的分析方法。在1.1小节中已经提到离散时间信号的定义、特点及分类，在不考虑量化误差的前提下，离散时间信号和数字信号是等同的，统称为离散信号，因此，离散时间信号可以用数学上的序列来表示。

数学上的序列通常定义为：一个变量x，当其变动时，取得一系列有顺序的值

$$x_1, x_2, x_3, \cdots, x_m, \cdots, x_n, \cdots$$

这些值是按其下标1，2，3，…，m，…，n…依次增大的顺序排列的，像这样一列数叫作数列。其中每一个数叫作数列的项，x_n叫作数列的一般项。当把n的取值范围从全体正整数推广到全体整数(正整数、负整数和零)时，数列就演变成为序列

$$x = \{x(n)\} \quad (-\infty < n < +\infty)$$

一般都直接记作$x(n)$。注意：这里$x(n)$仅对整数n才有定义，对于非整数的n把$x(n)$想象为零是不正确的，$x(n)$对于非整数的n值是无意义的。

例如，以采样间隔Δ对连续信号$f(t)$(图3.1)进行采样，得到序列$f(n)$：

$$f(n) = \{f_0, f_1, f_2, \cdots\}$$

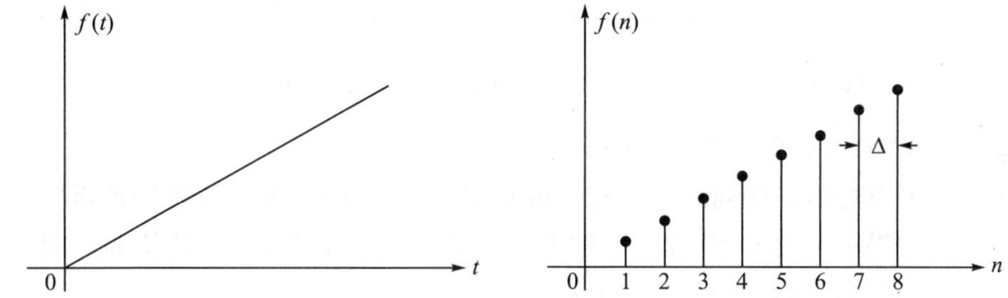

图3.1　连续信号及其采样序列示意图

由图3.1可看出，如果$f(n)$代表一时间信号，脚标n实质上则是$t=n\Delta$的简单记法(其中Δ为采样间隔)，这就是为什么要把n扩展到负整数域的原因。

序列不仅可以表示离散时间信号，也可以代表其他的离散物理量，如每天记载的定

时测取的天气变化数据。为了便于理解，本书统一把序列假定为离散时间信号的表示。

3.1.1 序列的运算法则

在离散信号分析中，常用到序列的运算，其运算法则有

1. 序列之和

序列之和指在同一时间序号上的值之和所组成的序列。用公式表示为

$$x+y=\{x(n)+y(n)\} \tag{3.1}$$

2. 序列与常数相乘

序列与常数相乘指序列各项乘该常数。用公式表示为

$$ax=\{ax(n)\} \tag{3.2}$$

3. 序列相乘

序列相乘指在同一时间序号上的值相乘组成的序列。用公式表示为

$$x\cdot y=\{x(n)\cdot y(n)\} \tag{3.3}$$

例 3.1 已知 $x(n)=\{\overset{n=0}{1},2,4,8,16\}$，$y(n)=\{5,\overset{n=0}{4},3,2,1\}$

求：$x(n)+2y(n)$；$x(n)\cdot y(n)$

解：要求 $x(n)+2y(n)$，需先求出 $2y(n)$，利用式(3.2)，有

$$\begin{aligned}2y(n)&=\{5\times 2,\overset{n=0}{4}\times 2,3\times 2,2\times 2,1\times 2\}\\&=\{10,\overset{n=0}{8},6,4,2\}\end{aligned}$$

x 序列与它相加，应是对应项相加，故必须找准位置，这只需把 $n=0$ 处的点对齐即可，因此有

$$\begin{array}{ll}x(n): & \{0,\overset{n=0}{1},2,4,8,16\}\\ +2y(n): & \{10,8,6,4,2,0\}\\ \hline x(n)+2y(n)= & \{10,\overset{n=0}{9},8,8,10,16\}\end{array}$$

同理，$x(n)\cdot y(n)=\{0,\overset{n=0}{4},6,8,8,0\}$。

从例 3.1 可以看出，序列对应项相乘或相加，找准 $n=0$ 处的位置特别重要。因此人们一般约定，如果不标明 $n=0$ 在什么地方，则表示序列是以 $n=0$ 开始的，而如果序列不是从 $n=0$ 处开始，则必须指明 $n=0$ 处的位置。

4. 序列的时移(延迟)

(1)时延：原序列的时间序号向后顺延所构成的序列，叫作原序列的时延。用公式表示为

$$y(n)=x(n-n_0)$$

(2)超前：原序列的时间序号向前顺延所构成的序列，叫作原序列的超前。用公式表示为

$$y(n) = x(n + n_0)$$

例 3.2　已知 $x(n) = \{1, 7, 2, 3, 5\}$，请写出其延迟序列 $y_1(n) = x(n-2)$ 及 $y_2(n) = x(n+3)$，并画出相应的图形。

解：$y_1(n) = x(n-2) = \{\overset{n=0}{0}, 0, 1, 7, 2, 3, 5\}$

$y_2(n) = x(n+3) = \{1, 7, 2, \overset{n=0}{3}, 5\}$

其图形如图 3.2 所示。

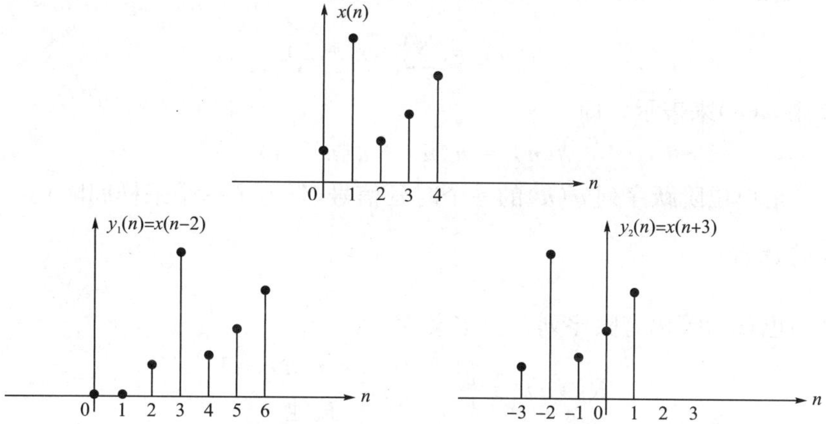

图 3.2　序列及其延迟序列示意图

3.1.2　几种常见的典型时间序列

序列的种类很多，这里仅介绍几种常见的序列。

1. 单位取样序列

单位取样序列定义为如下取值的序列

$$\delta(n) = \begin{cases} 1, & n = 0 \\ 0, & n \neq 0 \end{cases} \tag{3.4}$$

这个序列在离散信号分析中的作用与在连续信号分析中的 $\delta(t)$ 函数的作用是一样的，不同之处在于单位取样序列是一个脉冲信号，而 δ 函数只是在广义函数意义下定义的一个函数。单位取样序列的图形如图 3.3 所示。

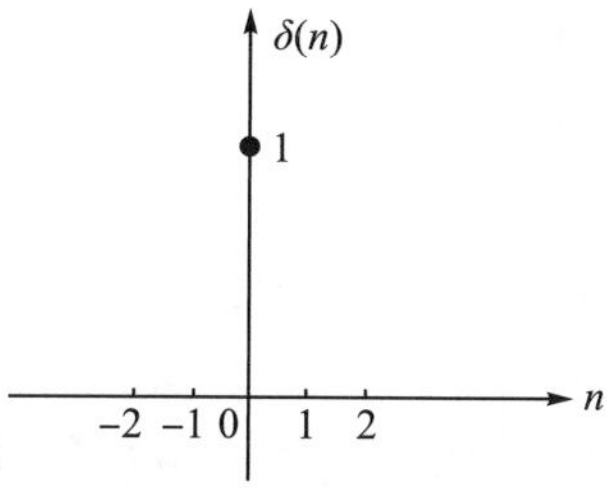

图 3.3　单位取样序列

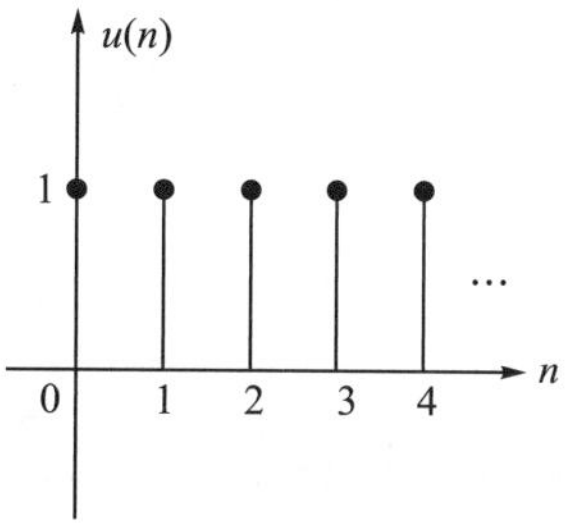

图 3.4　单位阶跃序列

2. 单位阶跃序列

单位阶跃序列定义为

$$u(n)=\begin{cases}1, & n\geqslant 0\\ 0, & n<0\end{cases} \tag{3.5}$$

其图形如图 3.4 所示。

由图 3.4 可以看出，单位阶跃序列 $u(n)$与单位取样序列 $\delta(n)$之间存在一定关系：$u(n)$可以看作是由不同位置上的 $\delta(n)$组合叠加而成，即

$$u(n)=\sum_{k=0}^{\infty}\delta(n-k) \tag{3.6}$$

$\delta(n)$也可以用 $u(n)$来表示，即

$$\delta(n)=u(n)-u(n-1) \tag{3.7}$$

其中 $u(n-1)$是单位阶跃序列 $u(n)$的一个时延信号(延迟了一个采样间隔)。

3. 矩形序列

矩形序列也称为等幅有限序列，其定义为

$$R_N(n)=\begin{cases}1, & 0\leqslant n\leqslant N-1\\ 0, & \text{其他}\end{cases} \tag{3.8}$$

其图形如图 3.5 所示。显然

$$R_N(n)=u(n)-u(n-N)$$

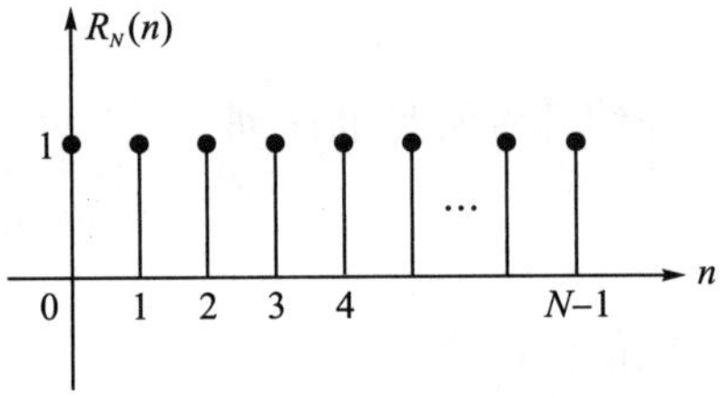

图 3.5 等幅有限序列

4. 实指数序列

具有 a^n 形式的序列，称为指数序列，当 a 为实常数时，$f(n)=a^n(n\geqslant 0)$为实指数序列

$$f(n)=\begin{cases}a^n, & n\geqslant 0\\ 0, & n<0\end{cases} \tag{3.9}$$

其图形如图 3.6 所示。显然

$$f(n)=a^n u(n)$$

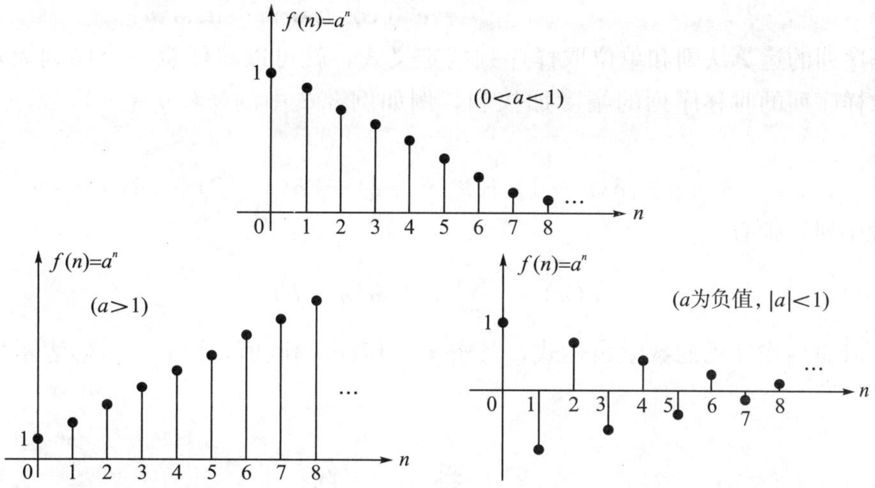

图 3.6　实指数序列

5. 周期性序列

如果序列 $f(n)$满足

$$f(n)=f(n+mN) \tag{3.10}$$

式中，$m=0$，±1，±2，…，N 为一个正整数，则称 $f(n)$是一个周期性序列，N 代表周期，其实质是在一个周期内的采样点个数。如图 3.7 所示。

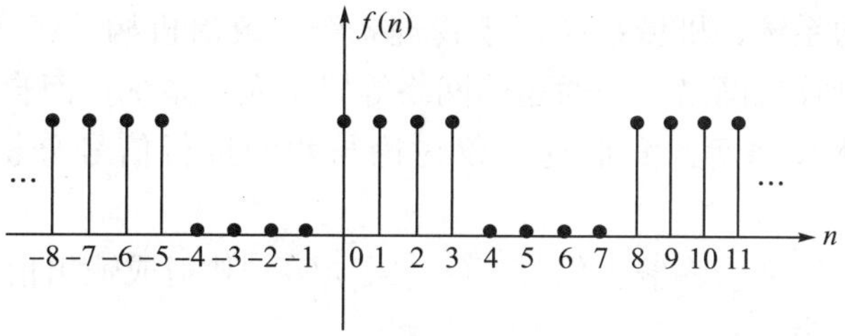

图 3.7　周期性序列

例 3.3　判断 $\cos\frac{n\pi}{3}$，$\cos\left(\frac{n\pi}{4}+\varphi_0\right)$，$\sin\frac{n\pi}{6}$，$\cos\frac{4\pi n}{11}$及 $\sin\frac{1}{2}n$ 是否为周期性序列，并求其周期。

解　根据周期性序列的定义可知 $\cos\frac{n\pi}{3}$，$\cos\left(\frac{n\pi}{4}+\varphi_0\right)$，$\sin\frac{n\pi}{6}$，$\cos\frac{4\pi n}{11}$均为周期性序列，其中第一个序列的周期为 6，第二个序列的周期为 8，第三个序列的周期为 12，第四个序列的周期为 11，而 $\sin\frac{1}{2}n$ 为非周期性序列。

6. 复指数序列

具有 $e^{(\sigma+j\omega_0)n}$形式的序列，叫作复指数序列，其中 σ、ω_0 均为实常数。利用欧拉公式展开则有

$$e^{(\sigma+j\omega_0)n}=e^{\sigma n}\cdot e^{j\omega_0 n}$$

$$= e^{\sigma n}(\cos\omega_0 n + j\sin\omega_0 n) \tag{3.11}$$

依据序列的运算法则和单位取样序列的定义式，就可以将任意一个序列表示成一系列单位取样序列的时移序列的幅度加权和，例如例 3.2 中的 $x(n)=\{1,7,2,3,5\}$ 可以写成

$$x(n)=\delta(n)+7\delta(n-1)+2\delta(n-2)+3\delta(n-3)+5\delta(n-4)$$

对于一般序列，则有

$$x(n)=\sum_{k=-\infty}^{+\infty}x(k)\delta(n-k) \tag{3.12}$$

式(3.12)称作序列的数学表达式，其中 $x(k)$ 表示幅度值，而 $\delta(n-k)$ 表示位置。

3.2 系　　统

3.2.1 系统的定义

所谓“系统”就是指由若干组成部分相互联系在一起完成某种功能的有机整体。系统所涉及的范围十分广泛，应当包括各种物理系统和非物理系统、人工系统以及自然系统。通信系统、电力系统、机械系统属于物理系统；政治机构、经济组织、生产管理等属于非物理系统。计算机网络、交通运输网络等属于人工系统；而自然系统就更为广泛，小至原子核，大至太阳系等。我们这里仅讨论与我们进行信号分析、处理有关的人工系统。

数学上，把系统定义为将输入信号 $f(t)$[或 $f(n)$]映射成输出信号 $y(t)$[或 $y(n)$]的唯一变换或运算，记为

$$y(t)=T[f(t)] \tag{3.13}$$

或

$$y(n)=T[f(n)]$$

如图 3.8 所示。

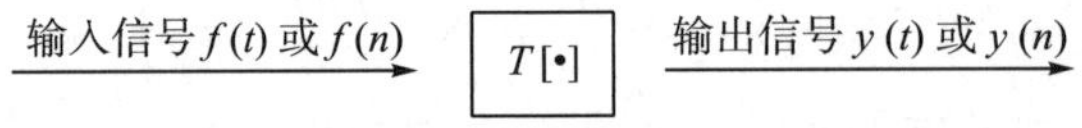

图 3.8　系统

3.2.2 系统的分类及特性

系统的分类方法与信号的分类方法类似，且也有很多，也可以从不同的角度对其进行分类。

按照输入、输出信号的类型划分，有连续系统、离散系统、数字系统和混合系统。

按照输入与输出信号之间的关系划分，则有：线性系统、非线性系统；时变系统、非时变系统；因果系统、非因果系统；稳定系统、非稳定系统。下面就按照这种分类法简单介绍一下各种系统的输入、输出之间的关系以及系统的特点。

1. 线性系统和非线性系统

满足线性叠加原理的系统就称为线性系统。如用数学式子来表示，则

如果

$$y_1(n)=T[x_1(n)],\quad y_2(n)=T[x_2(n)]$$

当且仅当

$$\begin{aligned}T[ax_1(n)+bx_2(n)]&=aT[x_1(n)]+bT[x_2(n)]\\&=ay_1(n)+by_2(n)\end{aligned}\tag{3.14}$$

时，系统才是线性的，其中 a、b 为任意常数。

反之，不满足线性叠加原理的系统就叫作非线性系统。

2. 非时变系统和时变系统

非时变系统又称为时不变(或移不变)系统，其主要特点是系统输出信号的形式不随输入信号时间的变化而改变。用数学式描述

如果

$$y(n)=T[x(n)]$$

则

$$y(n-n_0)=T[x(n-n_0)]\tag{3.15}$$

用图表示见图 3.9。

这就表明：当输入信号发生时移(或延迟)时，输出信号并不因此改变形状，而仅仅是产生同样的时移。例如，放大器就是一个非时变系统的例子，它的输出信号永远是输入信号的 k 倍，并不因为输入信号加载的时间不同而有任何形式上的改变。

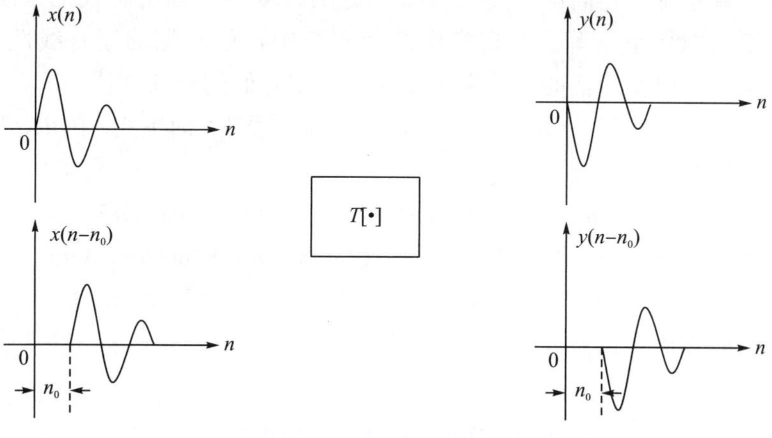

图 3.9　时不变系统

反之，若输出信号随输入信号起始时间的改变而变化，则称为时变系统，它在数学

上通常是用一个变系数的微分方程来表示的，这种方程往往不可能求出其解析解，所以分析时变系统是很困难的。

3. 因果系统和非因果系统

因果系统是指这样一种系统：它在没有输入信号之前不会有输出信号。系统的这种特性称作物理可实现性，该系统又被称作物理可实现系统。用数学式表示则应为

如果

$$n < n_0 \text{ 时}, \quad x_1(n) = x_2(n)$$

则

$$n < n_0 \text{ 时}, \quad y_1(n) = y_2(n) \tag{3.16}$$

其中

$$y_1(n) = T[x_1(n)], \quad y_2(n) = T[x_2(n)]$$

由此可看出，对于因果系统来说，任何指定的输入信号只能产生对应的唯一的输出信号。

非因果系统也就是物理不可实现系统，它的输入、输出之间不存在唯一的对应关系，这是一种在实际生产和生活中并不存在的系统，但在数字化的今天，它已广泛地用于各种数字处理和系统分析之中。

4. 稳定系统和非稳定系统

一个稳定系统是指：只要输入是有界的，输出必定也是有界的。用数学式表示则有

若$|x(n)| \leqslant M$，则对所有的n必有

$$|y(n)| = |T[x(n)]| \leqslant N \tag{3.17}$$

这里N和M都是某个大常数。

反之，若输入有界，但输出无界，则称为非稳定系统。振荡器就是非稳定系统的一个很好的例子。

对于上述八种系统，它们可以交叉构成具有两种或两种以上特性的系统，如：线性非时变系统、稳定因果系统等。在现实生产和研究中，最常见的还是线性非时变系统，它们最容易表征，所以在后面的章节中还要专门介绍它们的有关性质。

例 3.4 判断$y(n)=T[x(n)]=g(n)x(n)$是否为线性、时不变、因果、稳定系统。

解：根据线性的定义，有

$$\begin{aligned} T[ax_1(n)+bx_2(n)] &= g(n)[ax_1(n)+bx_2(n)] \\ &= ag(n)x_1(n)+bg(n)x_2(n) \\ &= aT[x_1(n)]+bT[x_2(n)] \end{aligned}$$

即系统满足线性叠加原理，所以是个线性系统。

再由

$$T[x(n-n_0)] = g(n)x(n-n_0)$$

$$y(n-n_0) = g(n-n_0)x(n-n_0)$$

所以

$$T[x(n-n_0)] \neq y(n-n_0)$$

即系统不满足时不变性质，所以是个时变系统。

再根据，若

$$y_1(n)=g(n)x_1(n),\quad y_2(n)=g(n)x_2(n)$$

当 $n<n_0$ 时，

$$x_1(n)=x_2(n)$$

则 $n<n_0$ 时，

$$y_1(n)=y_2(n)$$

这说明系统满足因果性质，所以是个因果系统。

设 $|x(n)|\leqslant M$，$n\in R$

则

$$|y(n)|=|g(n)\cdot x(n)|=|g(n)|\cdot|x(n)|\leqslant|g(n)|\cdot M$$

此式表明，若 $g(n)$ 有界，则输出有界。此时系统满足稳定性质，是个稳定系统。

综合在一起可知：当 $g(n)$ 有界时，该系统是一个线性时变因果的稳定系统。

3.3　离散时间信号的傅氏变换

3.3.1　离散时间信号傅氏正变换的引入

在前面已经提到，离散时间信号可以用序列来表示。由于序列号 n 多代表时间上的采样点个数，所以可以说序列就是离散时间信号的时域表示，那么在频率域，它又如何表示呢?

在 1.3 小节中已经知道，一个时域连续信号 $f(t)$ 可以用它的频谱 $F(\omega)$ 来表示：

$$F(\omega)=\int_{-\infty}^{+\infty}f(t)\mathrm{e}^{-\mathrm{j}\omega t}\mathrm{d}t$$

$$f(t)=\frac{1}{2\pi}\int_{-\infty}^{+\infty}F(\omega)\mathrm{e}^{\mathrm{j}\omega t}\mathrm{d}\omega \tag{3.18}$$

这里时域函数 $f(t)$ 和频域函数 $F(\omega)$ 都是 t 或 ω 的连续函数。

对于离散时间信号 $f(n)$（n 只能取整数），类比式(3.18)，可以定义 $f(n)$ 的傅氏变换为

$$F(\mathrm{e}^{\mathrm{j}\omega})=\sum_{n=-\infty}^{+\infty}f(n)\mathrm{e}^{-\mathrm{j}\omega n} \tag{3.19}$$

式(3.19)右边是一级数，此级数收敛与否，将取决于 $f(n)$ 是否稳定。如果 $f(n)$ 是稳定的，它就可绝对求和，即 $\sum\limits_{n=-\infty}^{+\infty}|f(n)|<\infty$，那么级数是绝对收敛的，且是均匀收敛于 ω 的连续函数。因此可知稳定序列的傅氏变换总是存在的。

3.3.2 离散时间信号的频谱特性

式(3.19)中的 $F(e^{j\omega})$ 是一个以 2π 为周期的 ω 的连续周期函数。

证明：

因为

$$F(e^{j\omega}) = \sum_{n=-\infty}^{+\infty} f(n)e^{-j\omega n}$$

所以

$$\begin{aligned} F[e^{j(\omega+2k\pi)}] &= \sum_{n=-\infty}^{+\infty} f(n)e^{-j(\omega+2k\pi)n} \\ &= \sum_{n=-\infty}^{+\infty} f(n)e^{-j\omega n} \cdot e^{-j2k\pi n} \\ &= \sum_{n=-\infty}^{+\infty} f(n)e^{-j\omega n} \quad (\text{因 } e^{-j2\pi kn} \equiv 1) \\ &= F(e^{j\omega}) \end{aligned}$$

即

$$F(e^{j\omega}) = F[e^{j(\omega+2k\pi)}]$$

3.3.3 离散时间信号傅氏逆变换

因为 $F(e^{j\omega})$ 是 ω 的周期连续函数，根据 1.2 小节可以知道，它可以展开成傅氏级数，不过这里是针对 ω 进行傅氏级数展开的(而在 1.2 小节中是针对 t 展开)，由此可得到 $F(e^{j\omega})$ 的“傅氏系数” C_n：

$$C_n = \frac{1}{2\pi}\int_{-\pi}^{\pi} F(e^{j\omega})e^{j\omega n}d\omega \tag{3.20}$$

由于 $F(e^{j\omega})$ 本身的表示式(3.19)中取的是 $e^{-j\omega n}$，所以这里应取 $e^{j\omega n}$，与通常的傅氏系数公式差一符号。于是 $F(e^{j\omega})$ 的傅氏级数展开式则为

$$F(e^{j\omega}) = \sum_{n=-\infty}^{+\infty} C_n e^{-j\omega n} \tag{3.21}$$

与式(3.19)对比，显然有 $f(n)=C_n$，所以有

$$f(n) = \frac{1}{2\pi}\int_{-\pi}^{\pi} F(e^{j\omega})e^{j\omega n}d\omega \tag{3.22}$$

式(3.19)与式(3.22)构成一对傅氏变换，称为离散时间傅氏变换，它们一个为级数形式，一个为积分形式。

式(3.22)表明：信号 $f(n)$ 是由分布在 $[-\pi, \pi]$ 区间上的复指数序列 $F(e^{j\omega})e^{j\omega n}$ 叠加而成的，这些复指数序列在其频率 ω 附近 $d\omega$ 小区间上的复振幅为 $\frac{1}{2\pi}F(e^{j\omega})$。这表明 $F(e^{j\omega})$ 虽是人为规定的，但仍具有频谱概念。一般来说 $F(e^{j\omega})$ 是复数，可用其实部和虚部来表示，即

$$F(e^{j\omega}) = F_R(e^{j\omega}) + jF_I(e^{j\omega}) = |F(e^{j\omega})| e^{j\arctan[F(e^{j\omega})]} \tag{3.23}$$

其中，$|F(e^{j\omega})|$叫作序列 $f(n)$的振幅谱，$\arctan[F(e^{j\omega})]$ 叫作序列 $f(n)$的相位谱，二者均是以 2π 为周期的 ω 的连续周期函数。

迄今为止，我们已学了三种信号的频谱：

周期连续信号↔离散谱

非周期连续信号↔连续谱

离散时间信号↔周期连续谱

对比第一、第三种信号及其频谱可以看到：信号是周期的，其频谱是离散的；反之，信号是离散的，则对应于一周期性频谱。这表明在时域和频域之间，这种周期性和离散性总是对应出现的。有关周期离散信号的频谱特点将在第 4 章中详细介绍。

例 3.5　试求等幅有限序列

$$x(n)=R_N(n)=\begin{cases}1, & 0\leqslant n\leqslant N-1\\ 0, & \text{其他}\end{cases}$$

的傅氏变换。

解：$X(e^{j\omega})=\sum_{n=0}^{N-1}e^{-j\omega n}=\frac{1-e^{-j\omega N}}{1-e^{-j\omega}}=\frac{\sin(N\omega/2)}{\sin(\omega/2)}e^{-j\frac{(N-1)}{2}\omega}$

由此可知，$x(n)$的振幅谱$|X(e^{j\omega})|=\left|\frac{\sin(N\omega/2)}{\sin(\omega/2)}\right|$，相位谱$\varphi(e^{j\omega})=-\frac{N-1}{2}\omega+k\pi(k=0,\pm1,\pm2,\cdots)$，其图形如图 3.10 所示。

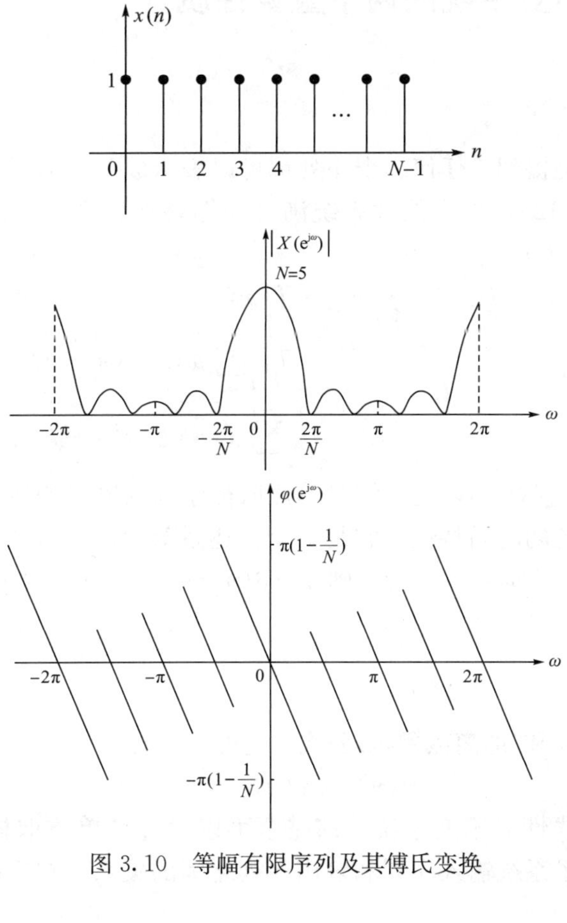

图 3.10　等幅有限序列及其傅氏变换

3.4 线性时不变系统

在3.2小节中已介绍了系统的分类及特性，提到了线性时不变系统，由于这种系统在信号和系统的分析中最常见，也最容易表征，所以在此再加以论述。

线性时不变系统，顾名思义就是满足线性叠加原理和时不变性质的系统。用数学式表示则有

(1)满足 $T[ax_1(n)+bx_2(n)]=aT[x_1(n)]+bT[x_2(n)]$；

(2)若 $y(n)=T[x(n)]$，满足 $T[x(n-n_0)]=y(n-n_0)$。

在信号数字处理中用到的各种常规数字滤波方法，都是线性时不变的。那么，如何才能判断一个系统是否为线性的、非时变的呢？由例3.4可知，如果知道一个系统输入和输出之间的显式表示式，则可以直接根据定义来判断这个系统是否是线性的和时不变的。但是在现实生活中，有些系统的输入和输出之间是不易写出显式表示式的，当然也无法根据定义来判断其性质，这时如何判断系统的属性呢？

3.4.1 线性时不变系统的两个重要性质

1. 褶积性质

在3.1小节中已经提到，任何一个序列都可以表示成单位取样序列的时移序列的幅度加权和。根据式(3.12)，结合线性系统满足线性叠加原理这一定义，当系统输入为 $x(n)$时，其输出响应 $y(n)$为

$$\begin{aligned} y(n) &= T[x(n)] \\ &= T\left[\sum_{k=-\infty}^{+\infty} x(k)\delta(n-k)\right] \\ &= \sum_{k=-\infty}^{+\infty} x(k)T[\delta(n-k)] \end{aligned} \tag{3.24}$$

如果令 $h(n)=T[\delta(n)]$，是系统对单位取样序列的输出响应，简称为系统的单位取样响应，又叫作系统的时间特性，它是一个描述系部内部与时间有关的属性的内部函数。那么再根据系统具有时不变性质，则 $T[\delta(n-k)]=h(n-k)$，因此式(3.24)可以写成

$$y(n) = \sum_{k=-\infty}^{+\infty} x(k)h(n-k) \tag{3.25}$$

式(3.25)通常称作褶积和(即离散褶积)公式，它可以写成

$$y(n) = x(n) * h(n) \tag{3.26}$$

这就是说，任何线性时不变系统，都完全可以通过其单位取样响应 $h(n)$来表征。式(3.26)从时域刻画了系统输入序列和输出序列之间的关系。它表明：系统的输出序列

等于系统的输入序列和系统的时间特性的褶积和。这种系统的输入、输出和时间特性之间的褶积关系，对于连续型的线性时不变系统也是成立的，不过求和变成了积分：

$$y(t)=\int_{-\infty}^{+\infty}x(\tau)h(t-\tau)\mathrm{d}\tau=x(t)*h(t) \tag{3.27}$$

式(3.26)或式(3.27)说明线性时不变系统的一个重要性质：褶积性质。它可以作为判断线性时不变系统的充分必要条件，这也就是说：任何线性时不变系统必满足式(3.26)或式(3.27)；反之，满足这个式子的系统则一定是线性时不变系统。

2. 乘积性质

根据褶积性质，对于线性时不变系统，在时间域系统的输出序列 $y(n)$、输入序列 $x(n)$和时间特性 $h(n)$可表示成

$$y(n)=x(n)*h(n)=\sum_{k=-\infty}^{+\infty}x(k)\cdot h(n-k)=\sum_{k=-\infty}^{+\infty}h(k)\cdot x(n-k) \tag{3.28}$$

式(3.28)是从时间域来考虑问题，根据式(3.19)，系统的输出序列 $y(n)$的傅氏变换也可以表示成

$$Y(\mathrm{e}^{\mathrm{j}\omega})=\sum_{n=-\infty}^{+\infty}y(n)\mathrm{e}^{-\mathrm{j}\omega n}$$

把式(3.28)代入，则有

$$Y(\mathrm{e}^{\mathrm{j}\omega})=\sum_{n=-\infty}^{+\infty}\left[\sum_{k=-\infty}^{+\infty}h(k)x(n-k)\right]\mathrm{e}^{-\mathrm{j}\omega n}$$

令 $m=n-k$，有

$$Y(\mathrm{e}^{\mathrm{j}\omega})=\sum_{m=-\infty}^{+\infty}\sum_{k=-\infty}^{+\infty}x(m)h(k)\mathrm{e}^{-\mathrm{j}\omega m}\mathrm{e}^{-\mathrm{j}\omega k}$$

交换求和次序，则有

$$\begin{aligned}Y(\mathrm{e}^{\mathrm{j}\omega})&=\sum_{m=-\infty}^{+\infty}x(m)\mathrm{e}^{-\mathrm{j}\omega m}\sum_{k=-\infty}^{+\infty}h(k)\mathrm{e}^{-\mathrm{j}\omega k}\\&=X(\mathrm{e}^{\mathrm{j}\omega})\cdot H(\mathrm{e}^{\mathrm{j}\omega})\end{aligned} \tag{3.29}$$

式中，$X(\mathrm{e}^{\mathrm{j}\omega})$为系统的输入序列 $x(n)$的傅氏变换；而 $H(\mathrm{e}^{\mathrm{j}\omega})$称为系统的频率特性(或系统的频率响应)，它是系统时间特性 $h(n)$的傅氏变换，是描述系部内部与频率有关的属性的内部函数。一般来说 $H(\mathrm{e}^{\mathrm{j}\omega})$也是复数，也可用其实部和虚部来表示：

$$\begin{aligned}H(\mathrm{e}^{\mathrm{j}\omega})&=H_R(\mathrm{e}^{\mathrm{j}\omega})+\mathrm{j}H_I(\mathrm{e}^{\mathrm{j}\omega})\\&=\left|H(\mathrm{e}^{\mathrm{j}\omega})\right|\mathrm{e}^{\mathrm{j}\arctan[H(\mathrm{e}^{\mathrm{j}\omega})]}\end{aligned} \tag{3.30}$$

其中，$\left|H(\mathrm{e}^{\mathrm{j}\omega})\right|$叫作系统的振幅频率特性；$\arctan\left[H(\mathrm{e}^{\mathrm{j}\omega})\right]$叫作系统的相位频率特性。

式(3.29)从频率域刻画了系统输入和输出之间的关系。它表明：系统输出序列的频谱等于系统输入序列的频谱和系统的频率特性的乘积。这种系统的输出序列的频谱、输入序列的频谱和系统的频率特性的乘积关系，对于连续型的线性时不变系统也是成立的，即

$$Y(\omega)=X(\omega)\cdot H(\omega) \tag{3.31}$$

式(3.29)或式(3.31)说明线性时不变系统的另一个重要性质：乘积性质。它也可以作为判断线性时不变系统的充分必要条件，也就是说：任何线性时不变系统必满足式(3.29)或式(3.31)；反之，满足这个式子的系统则一定是线性时不变系统。

式(3.26)或式(3.27)和式(3.29)或式(3.31)，分别从时域或频域刻画了系统输入和输出之间的关系。在实际应用中，时域公式和频域公式，哪个方便就使用哪个，彼此也可以借助于傅氏变换的一一对应关系来相互转换。

3.4.2 线性时不变系统的因果性和稳定性

一个线性时不变系统的因果性，是指这个系统的输出 $y(n)$，只取决于 n 时刻及 n 时刻以前的输入：$x(n)$，$x(n-1)$，$x(n-2)$，…，而与 n 时刻以后的输入：$x(n+1)$，$x(n+2)$，$x(n+3)$，…无关，即系统只在有输入后才产生输出，这种系统就称为因果系统。如果系统的输出不仅取决于 $x(n)$，$x(n-1)$，$x(n-2)$，…，而且还取决于 $x(n+1)$，$x(n+2)$，$x(n+3)$，…，即系统的输出不仅取决于当前及过去的输入，而且还取决于未来的输入，这样在时间上就违背了因果关系，因而是非因果系统，即物理不可实现的系统。

由褶积公式(3.25)可以看到，线性非时变系统是因果系统的充分必要条件：

$$h(n)=0 \quad (n<0) \tag{3.32}$$

我们知道，许多重要的网络，如理想低通滤波器等都是非因果的物理不可实现系统。但在数字信号处理中，往往是非实时的，即便是实时处理，也允许有很大的时延。这时对于某一个输出 $y(n)$来说，已有大量的“未来”输入 $x(n+1)$，$x(n+2)$，…，记录在存储器中可被调用，因而可以很接近于实现这些非因果系统。也就是说，可以用具有很大时延的因果系统，去逼近非因果系统，这正是数字系统优于模拟系统的特点之一。因而数字系统可以比模拟系统更能获得接近理想的特性。

前面已提到，只要输入是有界的，输出必定也是有界的系统，即稳定系统。对于线性时不变系统来讲，其稳定性的充分必要条件是

$$\sum_{n=-\infty}^{+\infty}|h(n)|<\infty \tag{3.33}$$

即系统的单位取样响应绝对可求和。证明如下：

先看必要条件。如果 $h(n)$不满足式(3.33)，即

$$\sum_{n=-\infty}^{+\infty}|h(n)|=\infty$$

则当输入一个如下形式的有界信号时

$$x(n)=\frac{\overline{h(-n)}}{|h(-n)|}$$

那么输出 $y(n)$在 $n=0$ 点上的值就将是

$$y(0)=\sum_{m=-\infty}^{+\infty}x(m)h(-m)=\sum_{m=-\infty}^{+\infty}|h(m)|=\infty$$

也就是说 $y(0)$将是无界的，因此式(3.33)是系统稳定的必要条件。

再看充分条件。如果式(3.33)被满足，则任意一个有界输入

$$|x(n)| \leqslant M$$

其输出

$$y(n) = \left|\sum_{m=-\infty}^{+\infty} x(m)h(n-m)\right| \leqslant \sum_{m=-\infty}^{+\infty} |x(m)||h(n-m)|$$
$$\leqslant M \sum_{m=-\infty}^{+\infty} |h(n-m)| < \infty$$

输出总是有界的，因而系统是稳定的。

有了这两个充分必要条件，只要知道系统的 $h(n)$，就可以很容易地判断它是否是稳定或因果的。

例 3.6　判断一单位取样响应 $h(n)=a^n u(n)$ 的线性时不变系统的因果性和稳定性。

解　因为 $n<0$ 时，$u(n)=0$，故

$$h(n) = 0 \qquad (n < 0)$$

所以系统是因果的。

而

$$S = \sum_{n=-\infty}^{+\infty} |h(n)| = \sum_{n=0}^{\infty} |a|^n$$

这是一个等比级数，当 $|a|<1$ 时，级数收敛，$S=\frac{1}{1-|a|}$；当 $|a|\geqslant 1$ 时级数发散。所以该系统只有在 $|a|<1$ 时才是稳定的。

由例 3.6 可知，已知 $h(n)$ 判断系统的稳定性和因果性是很容易的，不过这里有两个问题：①这两个充分必要条件是否对所有的系统都适用？为什么？②如果不知道系统的 $h(n)$，应如何判断系统的稳定性和因果性？请读者思考。

既满足稳定条件，又满足因果条件的线性时不变系统，称为稳定因果的线性时不变系统，它们是现实生活中最主要的系统，这种系统的单位取样响应既是单边的，又是有界的，即有

$$h(n) = \begin{cases} h(n), & n \geqslant 0 \\ 0, & n < 0 \end{cases}$$

和

$$\sum_{n=-\infty}^{+\infty} |h(n)| < \infty$$

这种稳定因果系统，既是可实现的又是稳定工作的，因此是一般数字系统设计的目标。

3.4.3　离散褶积的计算

既然褶积在线性时不变系统的表征中具有很重要的作用，就有必要把褶积的计算弄清楚，下面就通过一些具体的实例来说明其计算过程。

根据式(3.25)可知

$$y(n) = x(n) * h(n) = \sum_{m=-\infty}^{+\infty} x(m)h(n-m)$$

仍然是包括褶迭、时移、对应项相乘相加三大步骤。

例 3.7 已知 $x(n) = \{1, 2, 3, 4\}$，$h(n) = \{2, 3, 2\}$，求 $y(n) = x(n) * h(n)$。

解：首先看公式法

由于 $x(n) = \{x_0, x_1, x_2, x_3\}$， $h(n) = \{h_0, h_1, h_2\}$

则

$$y(n) = \sum_{m=-\infty}^{+\infty} x(m)h(n-m) = \sum_{m=0}^{3} x(m)h(n-m)$$

$n=0$：
$$y(0) = \sum_{m=0}^{3} x(m)h(0-m) = x_0h_0 + x_1h_{-1} + x_2h_{-2} + x_3h_{-3} = x_0h_0 = 1\times 2 = 2$$

$n=1$：
$$y(1) = \sum_{m=0}^{3} x(m)h(1-m) = x_0h_1 + x_1h_0 = 1\times 3 + 2\times 2 = 7$$

$n=2$：
$$y(2) = \sum_{m=0}^{3} x(m)h(2-m) = x_0h_2 + x_1h_1 + x_2h_0 = 1\times 2 + 2\times 3 + 3\times 2 = 14$$

$n=3$：
$$y(3) = \sum_{m=0}^{3} x(m)h(3-m) = x_0h_3 + x_1h_2 + x_2h_1 + x_3h_0 = x_1h_2 + x_2h_1 + x_3h_0 = 2\times 2 + 3\times 3 + 4\times 2 = 21$$

$n=4$：
$$y(4) = \sum_{m=0}^{3} x(m)h(4-m) = h_2x_2 + h_1x_3 = 2\times 3 + 3\times 4 = 18$$

$n=5$：
$$y(5) = \sum_{m=0}^{3} x(m)h(5-m) = x_3h_2 = 4\times 2 = 8$$

所以

$$y(n) = \{2,7,14,21,18,8\}$$

这里 $x(n)$有 4 个点，$h(n)$有 3 个点，$y(n)$则有 $4+3-1=6$ 个点。

下面再用图解法说明褶积的过程(图 3.11)。

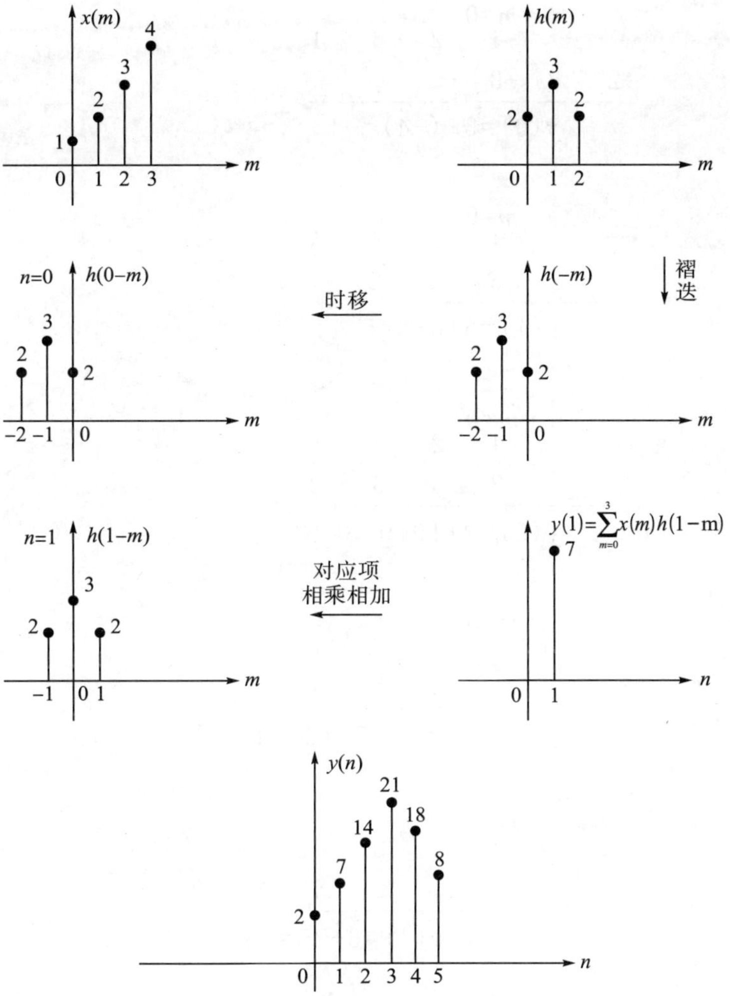

图 3.11　离散褶积过程的图例

根据图解法可知：离散信号求褶积仍包括三个步骤：褶迭、线性时移、对应项相乘相加。下面再通过一个例子介绍求褶积的另一种直观方式。

例 3.8　已知 $x(n)=\{-2,\underset{}{\overset{n=0}{3}},5,2\}$，$h(n)=\{1,2,3,4\}$，求 $y(n)=x(n)*h(n)$。

解：因为褶积满足交换律，所以有

$$
\begin{aligned}
y(n) &= x(n)*h(n) = h(n)*x(n) \\
&= \sum_{m=0}^{3} h(m)x(n-m)
\end{aligned}
$$

这里注意：由于 $x(n)$ 是 $x(n-m)$，这表示是将 $x(n)$ 褶迭，根据图解法的提示，可以直接写出

$$x(-m)=\{2,5,\overset{n=0}{3},-2\}$$

这里 $x(-m)$ 是将 $x(m)$ 以纵坐标为中心两边对调，即完成了褶迭。

$n=0$ 时

$$\begin{array}{cccccc} & & m=0 & & & \\ & & 1 & 2 & 3 & 4 \\ 2 & 5 & 3 & -2 & & \\ \hline \end{array}$$

$$y(0)=3+(-4)=-1$$

$n=1$ 时

$$\begin{array}{ccccc} & m=0 & & & \\ & 1 & 2 & 3 & 4 \\ 2 & 5 & 3 & -2 & \\ \hline \end{array}$$

$$y(1)=5+6-6=5$$

$n=2$ 时

$$\begin{array}{cccc} m=0 & & & \\ 1 & 2 & 3 & 4 \\ 2 & 5 & 3 & -2 \\ \hline \end{array}$$

$$y(2)=2+10+9-8=13$$

$n=3$ 时

$$\begin{array}{ccccc} m=0 & & & & \\ 1 & 2 & 3 & 4 & \\ & 2 & 5 & 3 & -2 \\ \hline \end{array}$$

$$y(3)=4+15+12=31$$

$n=4$ 时

$$\begin{array}{cccccc} m=0 & & & & & \\ 1 & 2 & 3 & 4 & & \\ & & 2 & 5 & 3 & -2 \\ \hline \end{array}$$

$$y(4)=6+20=26$$

$n=5$ 时

$$\begin{array}{ccccccc} m=0 & & & & & & \\ 1 & 2 & 3 & 4 & & & \\ & & & 2 & 5 & 3 & -2 \\ \hline \end{array}$$

$$y(5)=8$$

由于 $x(n)$ 不是从 $n=0$ 开始的，所以还应有

$n=-1$ 时

$$\begin{array}{ccccccc} & & & 1 & 2 & 3 & 4 \\ 2 & 5 & 3 & -2 & & & \\ \hline \end{array}$$

$$y(-1)=-2$$

再往左移，两序列不存在对应项相乘，所以其他 $n<-1$ 的 $y(n)$ 值为零。

最后得：$y(n)=\{-2,\overset{n=0}{-1},5,13,31,26,8\}$ 仍是 $4+4-1=7$ 个点。所以可推知，若 $x(n)$ 的长度为 N 个样点，$h(n)$ 的长度为 M 个样点，则它们的褶积 $y(n)=x(n)*h(n)$ 有 $N+M-1$ 个样点。

例 3.8 告诉我们，求两个序列的褶积，只要将其中一个序列相对固定不动，另一个

序列褶迭后作线性时移(每次移动一个样点，$n>0$ 时向右移，$n<0$ 时向左移)，然后对应项相乘相加，即可得到相对应的 $y(n)$ 值，时移应在两个序列没有任何样点重合的情况下结束。应该注意的是：当时移量 $n=0$ 时，$x(m)$ 和 $h(-m)$ 或 $h(m)$ 和 $x(-m)$ 的零点必须对齐，特别是当其中一个序列为非因果序列时[如例 3.8 中的 $x(n)$]。读者可自己算一算，如果 $x(m)$ 固定不动，$h(-m)$ 做相对时移，其结果等于多少？和例题相同吗？

3.5　连续信号的离散化——抽样定理

在信号的数字处理工作中，处理前和处理后的信号一般是以连续信号的形式显示。为了能用计算机对这些信号进行处理，必须对时域连续信号进行离散化，即按一定的时间间隔 Δ 对连续信号进行抽样，获得离散信号，对该信号作一定的数学处理后，又以连续信号的形式显示出来。

这样就存在两个环节：①连续信号离散化；②离散信号再连续化。一般来说，连续信号离散化是容易实现的。问题在于离散化后的序列还能完全正确地恢复为原来的连续信号吗？要使抽样后的离散信号正确无误地恢复为原来的连续信号，对抽样间隔 Δ 的选择是否有什么要求？这些就是本节要讨论的问题。

3.5.1　连续信号的离散化

由 1.2 小节和 1.3 小节的内容知道，任何一种连续信号(无论是周期的还是非周期的)都可以分解为无数多个正弦信号的叠加，所以我们首先讨论正弦信号的离散化问题。

1. 正弦波的离散化

已知任何一个谐波都取决于振幅 A、频率 f、初相 φ 这三个参数，只要这三个参数定了，谐波的波形就确定了。

现在要讨论的是：如何进行抽样，才能使抽样后得到的离散谐波序列能够唯一地确定这三个参数，从而达到准确地恢复原来连续形式谐波的目的。

设正弦波为

$$x(t) = A\sin\,(2\pi ft+\varphi) \tag{3.34}$$

式中，A 表示正弦波振幅；f 表示频率(>0)；φ 表示初相。

以抽样间隔 Δ 对正弦波进行抽样，得其离散信号：

$$x(n\Delta) = A\sin\,(2\pi fn\Delta+\varphi) \tag{3.35}$$

现要考察的就是由 $x(n\Delta)$ 能否正确地恢复出原来的 $x(t)$ 形式。要恢复 $x(t)$，必须由 $x(n\Delta)$ 唯一地确定 A、f、φ 这三个参数，而这中间最主要地是取决于正弦波周期 $T=\dfrac{1}{f}$ 和抽样间隔 Δ 的关系(即取决于在一个周期内抽取了几个样点)。下面就按 Δ 和 T 的关系，分三种情况讨论。

1)抽样间隔 Δ 等于正弦波的半个周期

$$\Delta = \frac{T}{2} = \frac{1}{2f} \Rightarrow f = \frac{1}{2\Delta}$$

这时，$x(t)$的离散信号 $x(n\Delta)$为

$$\begin{aligned} x(n\Delta) &= A\sin\left(2\pi\frac{1}{2\Delta}\cdot n\Delta + \varphi\right) \\ &= A\sin(n\pi + \varphi) \\ &= (-1)^n A\sin\varphi \end{aligned}$$

由此可推出

$$x(0) = A\sin\varphi$$

我们可以任意取一组 A_1、φ_1，使

$$A_1\sin\varphi_1 = A\sin\varphi = x(0)$$

这就说明 $x_1(t) = A\sin(2\pi ft + \varphi_1)$的离散信号为

$$\begin{aligned} x_1(n\Delta) &= A_1\sin(2\pi\frac{1}{2\Delta}n\Delta + \varphi_1) \\ &= A_1\sin(n\pi + \varphi_1) \\ &= (-1)^n A_1\sin\varphi_1 \\ &= (-1)^n A\sin\varphi = x(n\Delta) \end{aligned}$$

即：两个不同振幅($A_1 \neq A$)、不同初相($\varphi_1 \neq \varphi$)的同周期信号 $x(t)$和 $x_1(t)$的离散信号 $x(n\Delta)$和 $x_1(n\Delta)$在 $\Delta = T/2$ 时是相同的(各个样值均相同)。这样就无法由离散信号唯一地确定 A、φ，因而也就不能唯一地恢复原来的连续信号。

结论：$\Delta = T/2$ 时，由 $x(n\Delta)$不能唯一地确定 $x(t)$。

例 3.9 已知正弦信号 $x(t) = A\sin(50\pi t + \varphi)$，试问：当抽样间隔 Δ 取 $T/2$ 时，由离散信号 $x(n\Delta)$能否恢复原来的连续信号？

解：取 $A = 2$，$\varphi = \frac{\pi}{6}$，有

$$x(t) = 2\sin\left(50\pi t + \frac{\pi}{6}\right)$$

取 $\Delta = \frac{1}{2f} = 0.02\text{s} = 20\text{ms}$，有

$$x(n\Delta) = 2\sin\left(n\pi + \frac{\pi}{6}\right) = (-1)^n \cdot 2\sin\frac{\pi}{6} = (-1)^n$$

现设 $A_1 = \sqrt{2}$，$\varphi_1 = \frac{\pi}{4}$，则有

$$x_1(t) = \sqrt{2}\sin\left(50\pi t + \frac{\pi}{4}\right)$$

取 $\Delta = \frac{1}{2f} = 20\text{ms}$，则

$$x_1(n\Delta) = (-1)^n\sqrt{2}\cdot\sin\frac{\pi}{4} = (-1)^n$$

显然

$$x_1(n\Delta) = x(n\Delta)$$

但是

$$x(t) \neq x_1(t)$$

这表明：当抽样间隔 Δ 为半个周期(表示在一个周期内恰好有两个样点)时，无法由离散信号恢复原来的连续信号。

2)当抽样间隔 Δ 大于正弦波的半个周期

$$\Delta > \frac{T}{2} = \frac{1}{2f} \Rightarrow f > \frac{1}{2\Delta}$$

在这种情况下，我们总可以找到大于$\frac{1}{2\Delta}$或小于$\frac{1}{2\Delta}$的频率 f_1，如取 $f_1 = f \pm \frac{\mu}{\Delta}$($\mu$ 为大于零的正整数)，使得正弦波 $x_1(t) = A\sin(2\pi f_1 t + \varphi)$的离散信号 $x_1(n\Delta)$与 $x(t) = A\sin(2\pi f t + \varphi)$的离散信号 $x(n\Delta)$相同。

证明：由于 $f > \frac{1}{2\Delta}$，总可以找到一个整数 $m(m \geqslant 1)$使$-\frac{1}{2\Delta} + \frac{m}{\Delta} < f < \frac{m}{\Delta} + \frac{1}{2\Delta}$成立，则有

$$-\frac{1}{2\Delta} < f - \frac{m}{\Delta} < \frac{1}{2\Delta}$$

当 $f - \frac{m}{\Delta} \geqslant 0$ 时，取 $f_1 = f - \frac{m}{\Delta}$，$\varphi_1 = \varphi$，则 $x_1(t) = A\sin(2\pi f_1 t + \varphi_1)$的离散信号为

$$\begin{aligned} x_1(n\Delta) &= A\sin\left[2\pi\left(f - \frac{m}{\Delta}\right)n\Delta + \varphi_1\right] \\ &= A\sin[2\pi f n\Delta + \varphi - 2\pi mn] \end{aligned}$$

由于 m、n 都是整数，利用三角函数公式有

$$\sin(2k\pi + \varphi) = \sin\varphi$$

所以

$$x_1(n\Delta) = A\sin(2\pi f n\Delta + \varphi) = x(n\Delta)$$

即 $x_1(t)$和 $x(t)$的离散信号是相同的。

当 $f - \frac{m}{\Delta} < 0$ 时，取 $f_1 = \frac{m}{\Delta} - f$，$\varphi_1 = \pi - \varphi$，由于$-\frac{1}{2\Delta} < f - \frac{m}{\Delta} < \frac{1}{2\Delta}$，所以$\frac{1}{2\Delta} > \frac{m}{\Delta} - f > 0$，即$\frac{1}{2\Delta} > f_1 > 0$。所以，正弦波 $x_1(t) = A\sin(2\pi f_1 t + \varphi_1)$的离散信号为

$$\begin{aligned} x_1(n\Delta) &= A\sin(2\pi f_1 n\Delta + \pi - \varphi) \\ &= A\sin\left[2\pi\left(\frac{m}{\Delta} - f\right)n\Delta + \pi - \varphi\right] \\ &= A\sin(2\pi mn - 2\pi f n\Delta + \pi - \varphi) \\ &= A\sin[\pi - (2\pi f n\Delta + \varphi)] \\ &= A\sin(2\pi f n\Delta + \varphi) \quad [\text{利用} \sin(\pi - \varphi) = \sin\varphi] \end{aligned}$$

即 $x_1(t)$的离散信号和 $x(t)$的离散信号是相同的。

这个证明过程表明：两个不同频率($f_1 \neq f$)、同初相(或互为补角)的同振幅正弦波的离散信号在 $\Delta > T/2$ 时是相等的。这样利用离散信号就不能唯一地确定出 f 来，从而无法恢复原来的正弦波波形。

结论：$\Delta > T/2$ 时，由 $x(n\Delta)$无法恢复 $x(t)$。

例 3.10 已知正弦信号 $x(t) = A\sin(2\pi ft + \varphi)$，试问：当抽样间隔 Δ 取大于 $T/2$ 时，由离散信号 $x(n\Delta)$能否恢复原来的连续信号？

解：取 $f = 25\text{Hz}$，则$\dfrac{1}{2f} = 0.02\text{s} = 20\text{ms}$

现取 $\Delta = 0.025\text{s} = 25\text{ms}\left(>\dfrac{1}{2f}\right)$，有

$$f_1 = f + \frac{1}{\Delta} = 25 + \frac{1}{0.025} = 65\text{Hz}$$

$$\begin{aligned} x(n\Delta) &= A\sin\left(2\pi \cdot 25 \cdot n \cdot \frac{25}{1000} + \varphi\right) \\ &= A\sin\left(\frac{25}{20}n\pi + \varphi\right) \\ &= A\sin\left(\frac{5}{4}n\pi + \varphi\right) \end{aligned}$$

$$\begin{aligned} x_1(n\Delta) &= A\sin\left(2\pi \cdot 65 \cdot n \cdot \frac{25}{1000} + \varphi\right) \\ &= A\sin\left(\frac{13}{4}n\pi + \varphi\right) \\ &= A\sin\left(2n\pi + \frac{5}{4}n\pi + \varphi\right) \\ &= A\sin\left(\frac{5}{4}n\pi + \varphi\right) = x(n\Delta) \end{aligned}$$

虽然

$$x_1(n\Delta) = x(n\Delta)$$

但

$$x_1(t) \neq x(t) \qquad \text{(二者频率不同)}$$

这说明，当 $\Delta > T/2$ 时，由于一个周期内抽样点数不足两个，致使虽然 $x(t)$和 $x_1(t)$在各个抽样点处幅值相等，但在其他 t 处却不相等，因此用离散信号 $x(n\Delta)$不能唯一地恢复成原来的连续信号 $x(t)$。

3)抽样间隔 Δ 小于正弦波的半个周期

$$\Delta < \frac{T}{2} = \frac{1}{2f} \Rightarrow f < \frac{1}{2\Delta}$$

在这样的条件下，由离散信号 $x(n\Delta)$可以唯一地确定正弦波连续信号 $x(t)$。

现讨论 $0 < 2\pi f\Delta < \pi$ 的情况：

由

$$x(n\Delta) = A\sin(2\pi fn\Delta + \varphi)$$

得

$$x(0)=A\sin\varphi$$

$$\begin{aligned}x(n\Delta)&=A\sin 2\pi fn\Delta\cos\varphi+A\cos 2\pi fn\Delta\sin\varphi\\&=A\sin 2\pi fn\Delta\cos\varphi+x(0)\cos 2\pi fn\Delta\end{aligned}$$

①当 $x(0)\neq 0$ 时，由

$$\begin{aligned}x(\Delta)&=A\sin 2\pi f\Delta\cos\varphi+x(0)\cos 2\pi f\Delta\\x(-\Delta)&=A\sin 2\pi f(-\Delta)\cos\varphi+x(0)\cos 2\pi f(-\Delta)\\&=-A\sin 2\pi f\Delta\cos\varphi+x(0)\cos 2\pi f\Delta\end{aligned}$$

可以得到

$$x(\Delta)+x(-\Delta)=2x(0)\cos 2\pi f\Delta$$

即有

$$\cos 2\pi f\Delta=\frac{x(\Delta)+x(-\Delta)}{2x(0)}$$

因此，可以唯一地确定 $2\pi f\Delta$(因为 $0<2\pi f\Delta<\pi$)，从而也就唯一地确定了 f。

再由 $x(\Delta)-x(-\Delta)=2A\sin 2\pi f\Delta\cos\varphi$，可推出

$$A\cos\varphi=\frac{x(\Delta)-x(-\Delta)}{2\sin 2\pi f\Delta}$$

与 $x(0)=A\sin\varphi$ 相配合，就可唯一地确定 A、φ。这就是说，当 $x(0)\neq 0$ 时，通过 $x(0)$、$x(\Delta)$和 $x(-\Delta)$这三个样点的值就可以唯一地确定 A、f、φ，从而得到 $x(t)$的表达式。

②当 $x(0)=0$ 时

$$x(0)=A\sin\varphi=0\Rightarrow\varphi=0\text{ 或 }\pi$$

由

$$\begin{aligned}x(\Delta)&=A\sin 2\pi f\Delta\cos\varphi+x(0)\cos 2\pi f\Delta\\&=A\sin 2\pi f\Delta\cos\varphi\end{aligned}$$

知，由于 $0<2\pi f\Delta<\pi$，故 $\sin 2\pi f\Delta>0$。所以如果 $x(\Delta)$为正值则表明 $\varphi=0$，而如果 $x(\Delta)$为负值则表示 $\varphi=\pi$。

又由于

$$\begin{aligned}x(2\Delta)&=A\sin 4\pi f\Delta\cos\varphi\\&=2A\sin 2\pi f\Delta\cos 2\pi f\Delta\cdot\cos\varphi\\&=2x(\Delta)\cos 2\pi f\Delta\end{aligned}$$

则可由

$$\cos 2\pi f\Delta=\frac{x(2\Delta)}{2x(\Delta)}$$

唯一地确定 f。当 φ 和 f 都已确定后，再由 $x(\Delta)=A\sin 2\pi f\Delta\cos\varphi$ 就可唯一地确定 A。这就是说，当 $x(0)=0$ 时，可以由 $x(0)$、$x(\Delta)$、$x(2\Delta)$这三点唯一地确定连续信号 $x(t)$。

例 3.11　已知 $x(t)=\sin(100\pi t+\frac{\pi}{6})$，试问：当抽样间隔 Δ 取小于 $T/2$ 时，由离散

信号 $x(n\Delta)$能否恢复原来的连续信号？

解：因为

$f=50\text{Hz}$　则$\frac{T}{2}=\frac{1}{2\times 50}=0.01=10\text{ms}$

现取 $\Delta=8\text{ms}$ 采样后得：$x(0)=0.5$，$x(\Delta)=0.1045$，$x(-\Delta)=-0.9135$。

由

$$\cos 2\pi f\Delta=\frac{x(\Delta)+x(-\Delta)}{2x(0)}=-0.809\Rightarrow 2\pi f\Delta=144^\circ$$

$$f=\frac{144}{2\times 180\times\frac{1}{125}}=50\text{Hz}$$

再由

$$A\cos\varphi=\frac{x(\Delta)-x(-\Delta)}{2\sin 2\pi f\Delta}=\frac{0.1045+0.9135}{1.1756}=0.8659$$

$$A\sin\varphi=x(0)=0.5$$

可推知

$$A^2=(0.8059)^2+(0.5)^2\approx 1\Rightarrow A=1$$

由此知

$$\varphi=\arcsin(0.5)=\frac{\pi}{6}$$

这说明，当一个周期内有两个以上样点时，由连续信号的有限个样点值就可以唯一地确定 A、f、φ，从而恢复出原来的连续信号。

把上面三点讨论综合在一起，就得到正弦波抽样定理：对正弦波 $x(t)=A\sin(2\pi ft+\varphi)$ $(f>0)$，按抽样间隔 Δ 抽样，得到离散信号 $x(n\Delta)$。当 $\Delta<\frac{1}{2f}$时，由离散信号 $x(n\Delta)$可以唯一地确定正弦波 $x(t)$，当 $\Delta\geqslant\frac{1}{2f}$时，由 $x(n\Delta)$不能正确地恢复原来的正弦波信号。

由傅氏分析知道，任何一种连续信号都可以表示为无数个正弦信号的叠加，现在有了正弦波的抽样定理，就不难把结论推广到任意连续信号中去了。

2. 任意连续信号的离散化

由上面关于正弦波的讨论已经知道，由离散信号恢复为连续信号，抽样间隔 Δ 和正弦波频率 f 之间必须满足 $\Delta<\frac{1}{2f}$。只有满足这个关系，才能把正弦信号的离散取样 $x(n\Delta)$恢复为原来的连续信号 $x(t)$。现在要讨论的是：对于一个任意的连续信号 $f(t)$，由它的离散取样——离散时间信号 $f(n\Delta)=f(t)|_{t=n\Delta}$能否唯一地确定原来的信号 $f(t)$？如果能，其抽样间隔 Δ 应满足什么条件？

要解决上述问题，必须利用 1.3 小节的有关内容。由 1.3 小节的傅氏变换理论我们了解到，任何一个非周期连续信号 $f(t)$，都可以表示成无限多个谐波的叠加，其中频率为 f 的谐波分量的振幅和初相可以由频谱 $F(f)$来表示，信号 $f(t)$和频谱 $F(f)$之间的具体关系就是式(3.36)和式(3.37)这对傅氏变换公式：

$$f(t)=\int_{-\infty}^{+\infty}F(f)\mathrm{e}^{\mathrm{j}2\pi ft}\mathrm{d}f \tag{3.36}$$

$$F(f)=\int_{-\infty}^{+\infty}f(t)\mathrm{e}^{-\mathrm{j}2\pi ft}\mathrm{d}t \tag{3.37}$$

从这对傅氏变换公式可以看到：对于一个固定的频率，例如 $f=f_0$，当 $F(f_0)\neq 0$ 时，就表示 $f(t)$中含有频率为 f_0 的谐波成分；当 $F(f_0)=0$ 时，说明 $f(t)$中不含频率为 f_0 的谐波。如果由离散信号 $f(n\Delta)$能够恢复出原始连续信号 $f(t)$，就意味着 $f(t)$所包含的所有谐波 $F(f)\mathrm{e}^{\mathrm{j}2\pi ft}$都可以由 $f(n\Delta)$所包含的离散谐波(抽样间隔均为 Δ)唯一地恢复出来。而根据正弦波抽样定理知，f_0 和 Δ 之间必须满足 $f_0<\frac{1}{2\Delta}$。这就是说，对于某个固定频率 f_0，只要 $F(f_0)\neq 0$，且 $\Delta<\frac{1}{2f_0}$，则 $f(n\Delta)$中该频率分量对应的离散谐波 $F(f_0)\mathrm{e}^{\mathrm{j}2\pi f_0 n\Delta}$就可以唯一地确定 $f(t)$中的谐波分量 $F(f_0)\mathrm{e}^{\mathrm{j}2\pi f_0 t}$。如果组成 $f(t)$的每一个谐波分量都能够恢复的话，它们的叠加 $f(t)$也就可以由那些离散谐波的叠加 $f(n\Delta)$恢复出来了。

在式(3.36)中，频率是从$-\infty$变化到$+\infty$的，那么在实际问题中，连续信号 $f(t)$中是否能够包含任意频率的谐波分量呢？如果不对信号进行离散取样，似乎还不用考虑这个问题，但如果进行离散化，就必须考虑它。因为如果 $f(t)$中含有 $f\to\infty$的频率分量(尽管其在整个信号中所占比重可能很小)，那么这个 f 所对应的$\frac{1}{2f}\to 0$，而关系式 $\Delta<\frac{1}{2f}$ 又必须满足，这样势必得出 $\Delta=0$ 的结论。而 $\Delta=0$ 就意味着不对连续信号进行抽样，这在我们这节的讨论中是无意义的。由此可见，当使 $F(f)\neq 0$ 的频率 f 任意大时，连续信号 $f(t)$不可能由其离散形式 $f(n\Delta)$完全恢复出来，换句话说，要使 $f(n\Delta)$能够完全恢复出 $f(t)$，就必须对 $f(t)$的频谱 $F(f)$作一定的限制。把对频谱 $F(f)$和抽样间隔 Δ 的限制条件综合在一起，就得到任意连续信号的抽样定理。

要由离散信号 $f(n\Delta)$唯一地确定原来的连续信号 $f(t)$，必须满足：

(1)连续信号 $f(t)$的频谱为 $F(f)$，且

$$F(f)=\begin{cases}F(f), & |f|<f_c\\ 0, & |f|\geqslant f_c\end{cases} \tag{3.38}$$

(2)抽样间隔 Δ 满足

$$\Delta\leqslant\frac{1}{2f_c}\quad\text{或}\quad f_c\leqslant\frac{1}{2\Delta} \tag{3.39}$$

该定理的物理意义是：信号 $f(t)$的频率范围是有限的，只包含低于 f_c 的频率成分；抽样间隔 Δ 不能超过信号最小周期 $T_c=\frac{1}{f_c}$的一半。这里 f_c 通常称为截频，它表示连续信号 $f(t)$只含有 $0\leqslant f<f_c$ 范围内的频率的谐波分量。

3.5.2　离散信号的连续化

在满足式(3.38)、式(3.39)的前提下，如何由离散信号 $f(n\Delta)$恢复连续信号 $f(t)$。

首先，假定式(3.38)、式(3.39)得到满足，即 $F(f)=0\left(|f|\geqslant\frac{1}{2\Delta}>f_c\right)$时，这时式(3.36)就可写成

$$f(t)=\int_{-\frac{1}{2\Delta}}^{\frac{1}{2\Delta}}F(f)\mathrm{e}^{\mathrm{j}2\pi ft}\mathrm{d}f \tag{3.40}$$

而离散信号 $f(n\Delta)$可以表示成

$$f(n\Delta)=f(t)\big|_{t=n\Delta}=\int_{-\frac{1}{2\Delta}}^{\frac{1}{2\Delta}}F(f)\mathrm{e}^{\mathrm{j}2\pi fn\Delta}\mathrm{d}f \tag{3.41}$$

当$|f|\geqslant\frac{1}{2\Delta}$时，$F(f)=0$，$F(f)$完全由$\left[-\frac{1}{2\Delta},\ \frac{1}{2\Delta}\right]$上的值确定。在$\left[-\frac{1}{2\Delta},\ \frac{1}{2\Delta}\right]$上，把 $F(f)$展开成傅氏级数

$$F(f)=\sum_{n=-\infty}^{+\infty}C_n\mathrm{e}^{-\mathrm{j}2\pi fn\Delta} \tag{3.42}$$

其中

$$C_n=\Delta\int_{-\frac{1}{2\Delta}}^{\frac{1}{2\Delta}}F(f)\mathrm{e}^{\mathrm{j}2\pi fn\Delta}\mathrm{d}f \tag{3.43}$$

与式(3.41)比较，有

$$C_n=\Delta f(n\Delta)$$

所以

$$F(f)=\sum_{n=-\infty}^{+\infty}\Delta f(n\Delta)\mathrm{e}^{-\mathrm{j}2\pi fn\Delta}\quad\left(f\in\left[-\frac{1}{2\Delta},\frac{1}{2\Delta}\right]\right) \tag{3.44}$$

式(3.44)说明连续信号的频谱 $F(f)$完全可以由离散信号 $f(n\Delta)$来确定，而 $F(f)$与$f(t)$之间是一一对应关系，因此由 $f(n\Delta)$也可以确定 $f(t)$。

把式(3.44)代入式(3.40)中，有

$$\begin{aligned}f(t)&=\int_{-\frac{1}{2\Delta}}^{\frac{1}{2\Delta}}\left[\Delta\sum_{n=-\infty}^{+\infty}f(n\Delta)\mathrm{e}^{-\mathrm{j}2\pi fn\Delta}\right]\mathrm{e}^{\mathrm{j}2\pi ft}\mathrm{d}f\\&=\Delta\sum_{n=-\infty}^{+\infty}f(n\Delta)\int_{-\frac{1}{2\Delta}}^{\frac{1}{2\Delta}}\mathrm{e}^{\mathrm{j}2\pi f(t-n\Delta)}\mathrm{d}f\end{aligned}$$

因为

$$\begin{aligned}&\int_{-\frac{1}{2\Delta}}^{\frac{1}{2\Delta}}\mathrm{e}^{\mathrm{j}2\pi f(t-n\Delta)}\mathrm{d}f\\&=\frac{1}{\mathrm{j}2\pi(t-n\Delta)}\left[\mathrm{e}^{\mathrm{j}2\pi(t-n\Delta)\cdot\frac{1}{2\Delta}}-\mathrm{e}^{-\mathrm{j}2\pi(t-n\Delta)\cdot\frac{1}{2\Delta}}\right]\\&=\frac{\sin\frac{\pi}{\Delta}(t-n\Delta)}{\pi(t-n\Delta)}\end{aligned}$$

所以有

$$f(t)=\sum_{n=-\infty}^{+\infty}\frac{\sin\frac{\pi}{\Delta}(t-n\Delta)}{\frac{\pi}{\Delta}(t-n\Delta)}\cdot f(n\Delta) \tag{3.45}$$

式(3.45)叫作抽样内插公式。它表明信号 $f(t)$在满足式(3.38)和式(3.39)的条件下能够完全由其离散信号 $f(n\Delta)$所恢复。

上面的讨论都是在满足抽样定理的两个条件的假设前提下进行的，如若两个条件中任何一个(或两个都)不被满足，会出现什么现象呢？可以肯定，由 $f(n\Delta)$不能准确无误地恢复出原来的连续信号 $f(t)$，但 $f(n\Delta)$的频谱与 $f(t)$的频谱又由于 $f(n\Delta)$是 $f(t)$的离散取样而必定存在某种关系。这种关系是什么呢？这就是下面要讨论的问题。

3.5.3 频域混叠现象

根据 2.4 小节可知，离散信号 $f(n\Delta)$可以看作是连续信号 $f(t)$与一个无限长的等间隔脉冲序列 $p_\Delta(t)$相乘的结果，即

$$f(n\Delta) = f(t) \cdot p_\Delta(t) \tag{3.46}$$

这里

$$p_\Delta(t) = \sum_{n=-\infty}^{+\infty} \delta(t - n\Delta)$$

一般称作抽样信号，Δ 是相邻两个脉冲间的间隔，也就是对 $f(t)$进行抽样的抽样间隔。

根据“等间隔脉冲序列的傅氏变换仍是一等间隔脉冲序列”，可知有

$$p_\Delta(t) = \sum_{n=-\infty}^{+\infty} \delta(t - n\Delta) \leftrightarrow \frac{1}{\Delta}\sum_{k=-\infty}^{+\infty} \delta\left(f - \frac{k}{\Delta}\right) = P_{1/\Delta}(f) \tag{3.47}$$

再根据“时域信号的乘积↔频域频谱的褶积”可推知：

因为

$$f(n\Delta) = f(t) \cdot p_\Delta(t)$$

所以

$$F_\Delta(f) = F(f) * P_{1/\Delta}(f)$$

其中，$F_\Delta(f)$为离散信号 $f(n\Delta)$的频谱，而 $F(f)$为连续信号的频谱。把 $P_{1/\Delta}(f)$的具体表示形式代入，则有

$$F_\Delta(f) = F(f) * \frac{1}{\Delta}\sum_{k=-\infty}^{+\infty} \delta\left(f - \frac{k}{\Delta}\right)$$

利用 $x(t) * \delta(t - t_0) = x(t - t_0)$及褶积满足分配律，则

$$\begin{aligned} F_\Delta(f) &= \frac{1}{\Delta}\sum_{k=-\infty}^{+\infty} F(f) * \delta\left(f - \frac{k}{\Delta}\right) \\ &= \frac{1}{\Delta}\sum_{k=-\infty}^{+\infty} F\left(f - \frac{k}{\Delta}\right) \end{aligned} \tag{3.48}$$

这就是离散信号频谱与连续信号频谱的关系式。该式表明：离散信号 $f(n\Delta)$的频谱 $F_\Delta(f)$是由原连续信号 $f(t)$的频谱 $F(f)$和它的一系列平移频谱 $F(f-1/\Delta)$、$F(f+1/\Delta)$、$F(f-2/\Delta)$，…，组合而成的，其幅度是原频谱 $F(f)$的 $1/\Delta$ 倍。由此可知，$F_\Delta(f)$是周期连续函数，其周期就是 $1/\Delta$。图 3.12 用图形形式展示了上述过程。

从图 3.12 中可看到，离散信号的频谱 $F_\Delta(f)$，除含有原连续信号的频谱 $F(f)$外，还包含了无限多个经过平移的 $F(f)$。平移的频率等于采样频率 $f_s = 1/\Delta$ 的整数倍，与式(3.48)是相吻合的。离散信号频谱的这种周期性质，无疑是因为对 $f(t)$按时间间隔 Δ

进行抽样而引起的。

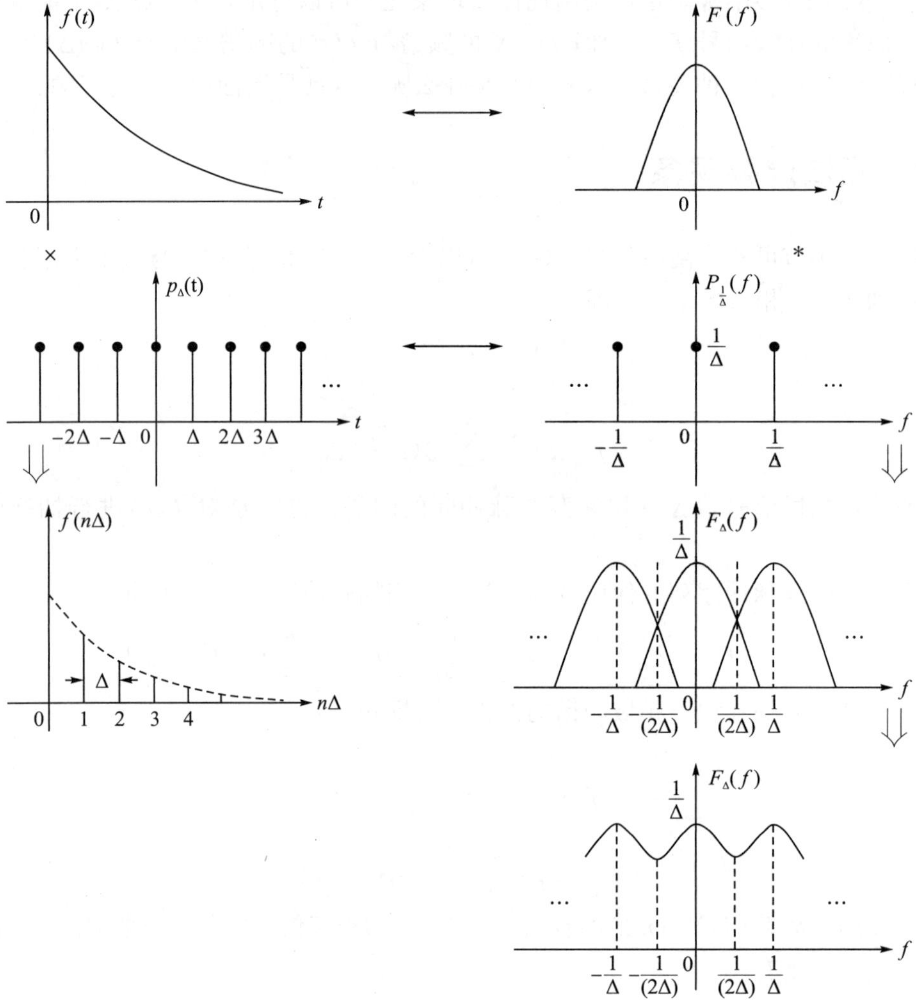

图 3.12　离散信号频谱形成示意图

下面就具体来看看：当 Δ 不满足 $\Delta\leqslant\frac{1}{2f_c}$ 这个条件时，由 $f(n\Delta)$ 恢复出来的连续信号 $f'(t)$ 的频谱会出现什么现象？换句话说，$f'(t)$ 与 $f(t)$ 之间会存在什么差异？

首先想一想如何能由 $f(n\Delta)$ 恢复 $f(t)$ 呢？由于 $F_\Delta(f)$ 是一个周期函数，根据周期函数的特点，只需在区间 $[-1/(2\Delta),\ 1/(2\Delta)]$ 上研究、分析 $F_\Delta(f)$ 就可以弄清楚 $F_\Delta(f)$ 的各种特点了。可以想象到，如果在这个区间上 $F_\Delta(f)$ 完全等同于 $F(f)$，我们就可以通过令其他区间上的 $F_\Delta(f)=0$ 来获得 $F(f)=F_\Delta(f)(f\in[-1/(2\Delta),\ 1/(2\Delta)])$，再根据 $F(f)$ 与 $f(t)$ 的一一对应关系求得连续信号 $f(t)$。在这个分析中，区间 $[-1/(2\Delta),\ 1/(2\Delta)]$ 上的离散信号频谱 $F_\Delta(f)=F(f)$ 是问题的关键，这也就提出一个新的问题：在什么情况下，该区间内的 $F_\Delta(f)$ 才等同于 $F(f)$ 呢？图 3.13 给出了一个频谱有限的连续信号离散采样后，得到的在不同抽样间隔 Δ 情况下 $F_\Delta(f)$ 的图形。

图 3.13(b)表示 Δ 很小时的情况(取的是 $\Delta<1/(2f_c)$，即 $1/\Delta>2f_c$)。这时，由于

满足抽样定理，在区间[$-1/(2\Delta)$，$1/(2\Delta)$]上的离散信号频谱 $F_\Delta(f)$ 与原连续信号的频谱 $F(f)$ 完全相同(仅相差一定幅度)，这时，由 $F_\Delta(f)=F(f)\rightarrow f(t)$，则可由离散信号完全恢复原来的连续信号。

图 3.13(d)表示的是 Δ 取相对较大的情况[取的是 $\Delta>1/(2f_c)$，即 $1/\Delta<2f_c$]。这表明不满足抽样定理。由图可看到，$F_\Delta(f)$ 的图形中出现相邻频谱谱线相互重迭的现象，这时在区间[$-1/(2\Delta)$，$1/(2\Delta)$]上，$F_\Delta(f)$ 已不再与原来连续信号的频谱 $F(f)$ 相等了，而是 $F(f)$ 及其平移函数 $F(f-1/\Delta)$、$F(f+1/\Delta)$ 在该区间上的叠加[图 3.13(e)]。离散信号频谱的这种畸变称为混叠现象——由于抽样间隔 Δ 选取不当，而造成离散信号的频谱中高频部分与低频部分的混合重迭现象。这种混叠现象又叫作假频(alias)现象。由于混叠效应的影响而发生变化的那部分频率(在振幅或初相上发生变化)称作假频，显然，假频是在 $1/\Delta-f_c\sim1/(2\Delta)$ 这个范围内(为什么？请读者仔细思考)。

图 3.13(c)表示的是抽样间隔 Δ 恰好等于 $1/(2f_c)$ 的情况[取的是 $\Delta=1/(2f_c)$，即 $1/\Delta=2f_c$]。由图可知，这时在区间[$-1/(2\Delta)$，$1/(2\Delta)$]上的 $F_\Delta(f)$ 与连续信号的频谱 $F(f)$ 也是等同的。由此可知，$f_s=1/\Delta=2f_c$ 是能够恢复原始连续信号的最小采样频率；或者说，是出现混叠现象而不能恢复原始信号的最大采样频率[即当 $f_s=1/\Delta$ 更小时——比 $2f_c$ 更小，$F_\Delta(f)$ 就不能恢复出原来的连续信号 $f(t)$，而当 f_s 比 $2f_c$ 更大时，则不会出现混叠效应，可以恢复原始信号]。因此人们把 $f_s=1/\Delta=2f_c$ 称作奈奎斯特(Nyquist)采样频率。

由图 3.13(e)可以看到，由于采样频率取得不合适，使得原频谱 $F(f)$ 中大于 $1/(2\Delta)=f_s/2$ 的高频信息都以 $f_s/2$ 为中心对称折迭再叠加到小于 $f_s/2$ 的低频部分的频谱上了，所以 $1/(2\Delta)=f_s/2$ 又叫作折迭频率。由抽样定理 $\Delta\leqslant1/(2f_c)\Rightarrow f_c\leqslant1/(2\Delta)=f_s/2$ 知，折迭频率就是利用抽样间隔 Δ 对连续信号进行离散取样时，离散信号所包含的最高频率。

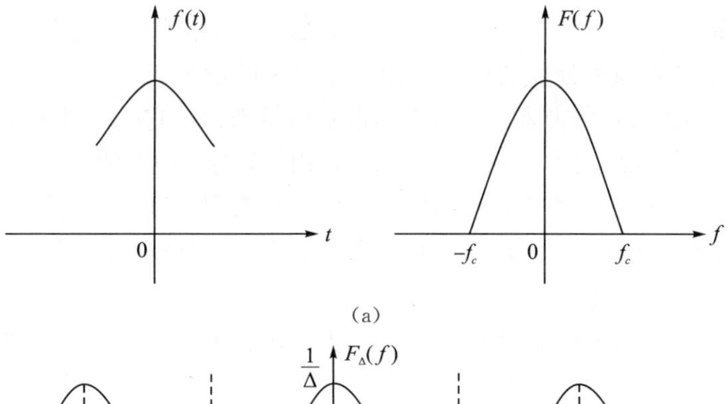

(a)

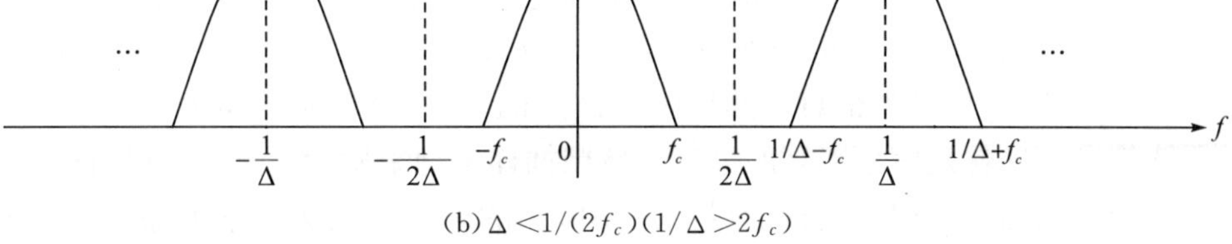

(b) $\Delta<1/(2f_c)(1/\Delta>2f_c)$

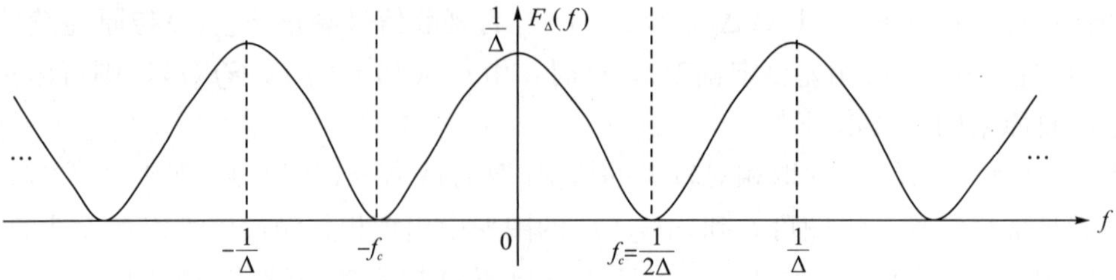

(c) $\Delta=1/(2f_c)(1/\Delta=2f_c)$

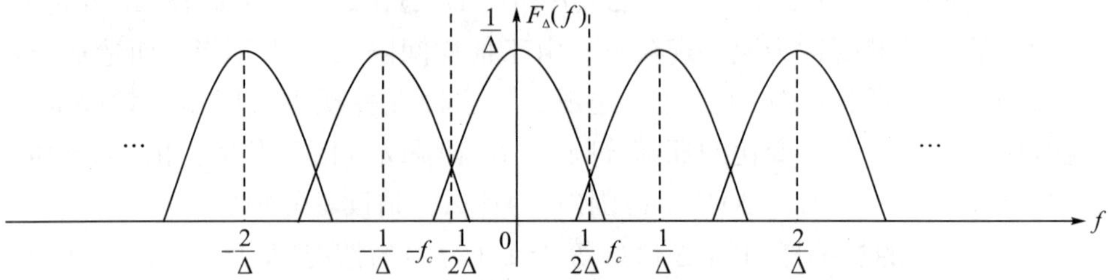

(d) $\Delta>1/(2f_c)(1/\Delta<2f_c)$

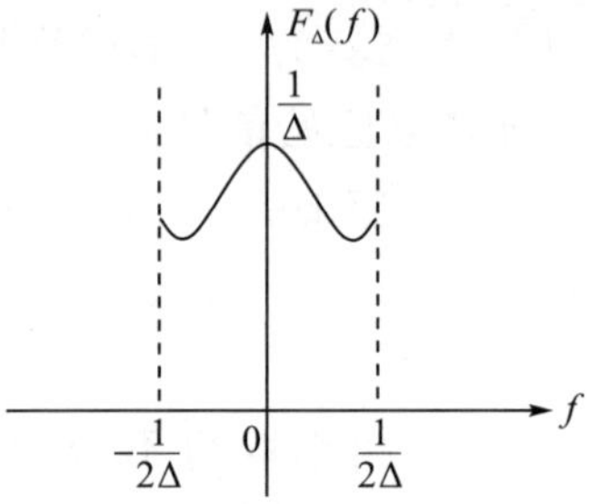

(e)

图 3.13 $F_{\Delta}(f)$的几种情况

由上面的讨论可以知道，要想从离散信号恢复原来的连续信号，必须正确地选择抽样间隔 Δ。如果 Δ 的选取不合适，就会产生所谓的混叠现象。这时，如果用已发生畸变的离散信号的频谱 $F_{\Delta}(f)$($f\in[-1/(2\Delta),1/(2\Delta)]$)当作 $F(f)$去恢复连续信号，得到的只能是含有若干虚假频率分量的信号，而不是原来的信号。

假频现象是信号离散化所带来的，对于非带限信号来说，它是一种无法避免的影响，只能尽量减小其影响，但无法根本消除。遗憾的是，由于数字处理的另一个特性：有限性的存在，我们在生活或生产中遇到的要处理的信号都应该是有限长度的，这就必然对应无限频带宽度，所以假频现象在数字处理中是必不可免的。为了减小高频混叠，常用的方法是

① 选用尽可能小的抽样间隔 Δ；

②信号处理前，先通过仪器对其进行频率滤波，滤掉不需要的高频部分(目前数字地震仪中都设计有这种“去假频”电路)。

由此可知，要从离散信号 $f(n\Delta)$恢复出原来的连续信号 $f(t)$，首先必须按照抽样定理合理地选择抽样间隔 Δ，再对处理后的 $f(n\Delta)$的频谱 $F_{\Delta}(f)$进行滤波，滤掉$[-1/(2\Delta),1/(2\Delta)]$以外的信息，然后将滤波后的 $F_{\Delta}(f)$转换成连续信号，就能得到原来的连续信号。这就是信号恢复的过程，按照抽样定理来检验，是一定可行的。

如果不能满足抽样定理，则只能尽力减小假频的影响，无法根本消除，这是值得我

们注意的问题。

例 3.12　某工区内地震波的频率范围为 15～55Hz，为了保证离散处理后的信号能恢复原来的性质，试问选择什么样的 Δ 最合适？［要求 $\Delta = 2^n$(ms)］。

解：因为

$$f_c = 55\text{Hz}$$

所以

$$\Delta \leqslant \frac{1}{2f_c} = \frac{1}{2\times 55} \approx 0.009(\text{s})$$

因此，结合地震勘探要求，Δ 取 8ms、4ms、2ms 或 1ms 均可以，但本题最好取 8ms。

习　题

1. 对于下列每一个系统，判断它是否为线性、时不变、因果、稳定系统。

①$y(n) = T[x(n)] = ax(n) + b$

②$y(n) = T[x(n)] = \sum_{k=n_0}^{n} x(k)$

③$y(n) = T[x(n)] = \sum_{k=n-n_0}^{n+n_0} x(k)$

④$y(n) = T[x(n)] = x(n-n_0)$

⑤$y(n) = T[x(n)] = e^{x(n)}$

2. 讨论一个输入为 $x(n)$、输出为 $y(n)$ 的系统，系统的输入-输出关系由下列两个性质确定

(a) $y(n) - ay(n-1) = x(n)$；(b) $y(0) = 1$

①判断该系统是否为非时变的；

②判断该系统是否为线性的；

③假设性质(a)保持不变但规定 $y(0) = 0$，①或②的答案是否改变？

3. 试求下列各序列的傅氏变换。

①$x(n) = \delta(n-3)$

②$x(n) = \frac{1}{2}\delta(n+1) + \delta(n) + \frac{1}{2}\delta(n-1)$

③$x(n) = a^n u(n)$　$(0 < a < 1)$

④$x(n) = u(n+3) - u(n-4)$

4. 已知 $x(n)$ 的傅氏变换为 $X(e^{j\omega})$，试求下列各序列的傅氏变换 $Y(e^{j\omega})$。

①$y(n) = kx(n)$　　（k 为常数）

②$y(n) = x(n-n_0)$　　（n_0 为常数）

③$y(n) = nx(n)$

5. 试确定以下序列中哪些具有收敛的傅氏变换。

①$x(n)=2^n u(n)$

②$x(n)=2^n u(-n)$

③$x(n)=\left(\frac{1}{2}\right)^n u(n)$

④$x(n)=u(n)$

6. 对于图 3.14 中的每一组序列，试用离散褶积求线性非时变系统(单位取样响应为 $h(n)$)对于输入 $x(n)$的响应。

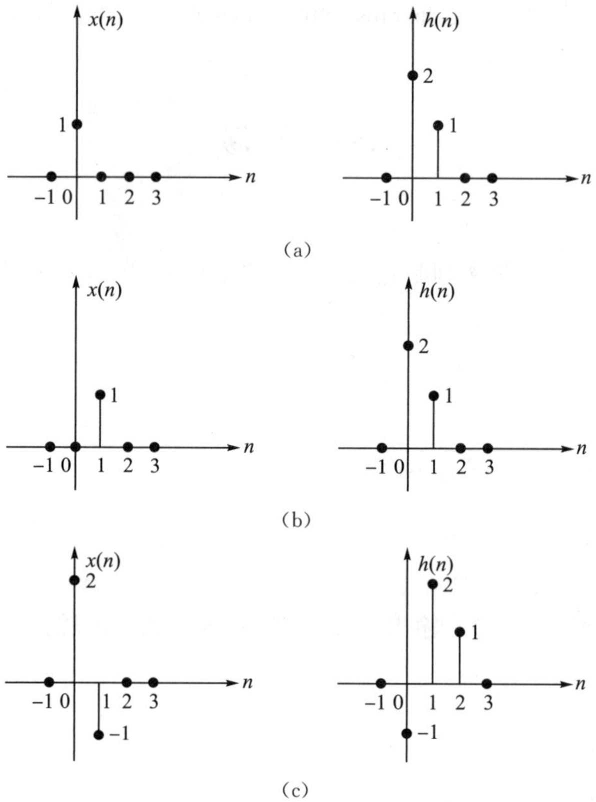

图 3.14 函数序列图

7. 直接计算褶积和，求序列

$$h(n)=\begin{cases}\alpha^n, & 0\leqslant n<N\\ 0, & \text{其他}\end{cases}$$

$$x(n)=\begin{cases}\beta^{n-n_0}, & n_0\leqslant n\\ 0, & n<n_0\end{cases}$$

的褶积 $y(n)=x(n)*h(n)$，并用公式表示。

8. 设 $e(n)$为一指数序列

$$e(n)=\alpha^n \quad (\text{对于所有的 } n)$$

又设 $x(n)$和 $y(n)$表示两个任意序列。试证明：

$$[e(n)x(n)]*[e(n)y(n)]=e(n)[x(n)*y(n)]$$

9．讨论一个单位取样响应为 $h(n)$ 的时域离散线性非时变系统，如果输入 $x(n)$ 是周期为 N 的周期序列，即 $x(n)=x(n+kN)(k=0,\ \pm1,\ \pm2,\ \cdots)$，证明输出 $y(n)$ 也是周期为 N 的周期序列。

10．(1)已知一线性非时变系统的单位脉冲响应为 $h(n)=a^n u(n)$，$0<a<1$，如果输入为 $x(n)=\beta^n u(n)$，$0<|\beta|<1$，试直接计算其褶积和，求出 $y(n)$，并表示成如下形式：

$$y(n)=(k_1\beta^n+k_2\alpha^n)u(n)$$

(2)分别计算 $x(n)$、$h(n)$ 和 $y(n)$ 的傅氏变换 $X(e^{j\omega})$、$H(e^{j\omega})$ 和 $Y(e^{j\omega})$，证明

$$Y(e^{j\omega})=X(e^{j\omega})\cdot H(e^{j\omega})$$

第 4 章　离散傅氏级数和离散傅氏变换

在第 1 章中，引入了傅氏级数和傅氏积分来分析连续信号和系统；在第 3 章中，又介绍了离散时间信号及其傅氏变换的定义。至此，是否已完成了傅氏分析——这一信号分析与处理的重要组成部分的讲述了呢？是否能够在计算机或其他数字设备上对信号进行频谱分析或傅氏变换了呢？这就得依据信号数字处理的两大特点：有限性和离散性来考察。通过分析可以发现，还存在两个问题没有解决：

第一，在第 3 章中介绍的离散时间信号 $f(n)$是无限长的，而实际中计算机只能对有限长的离散时间序列进行处理，也就是说时域信号的有限性还没解决。

第二，所定义的离散信号的频谱(或傅氏变换)$F(e^{j\omega})$是 ω 的周期连续函数，而计算机只允许输入、输出离散值，也就是说如果把离散时间序列 $f(n)$输入计算机进行频谱分析，输出的只可能是离散的频谱序列。这样就提出一个问题：在什么条件下允许对离散信号的傅氏变换进行离散采样，所得到的离散频谱序列恢复成连续形式时不至于因为采样而丢失某些原始信息？这样看来，频域的离散性问题也还未解决。

要解决这两个问题，就必须再引入一个新的概念，也是傅氏分析中一个最重要的部分——离散傅氏变换(DFT，discrete fourier transform)，其全称应为：有限长离散时间信号傅氏变换的有限采样。它是解决频谱离散化的有效途径，是实际处理数据时所使用的数学工具。

关于离散傅氏变换，通常有两种途径来讨论：一种是直接定义，即首先给出 DFT 的公式定义，然后再赋予它物理意义；另一种是首先讨论一个周期离散时间序列的离散傅氏级数(DFS，discrete fourier series)，然后再利用周期离散时间序列与有限长离散时间序列之间的关系，利用已有知识得出相应的结论。两种途径各有利弊，此处，采用第二种讨论途径来引入 DFT 的概念。

4.1　离散傅氏级数

4.1.1　周期离散时间序列及其频谱

设有一持续时间有限的非周期连续信号 $f(t)$，其持续时间为 NT(注意：这里的 T 没有周期的含义，仅是人为规定的一个时间量，引入它的目的当然是为了后面的内容讲起来方便一些)，$F(\omega)$为该信号所对应的频谱，它是一个无限带宽的连续频谱函数(图 4.1)。

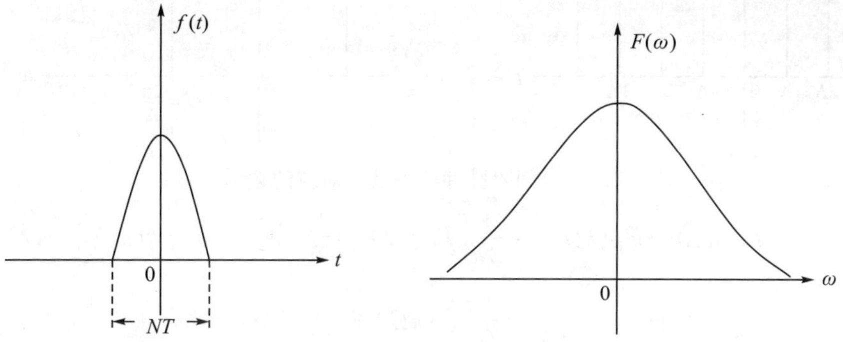

图 4.1　持续时间有限的非周期连续信号及其对应频谱

如果以 NT 为周期将 $f(t)$向两边延拓，则可得到一个以 NT 为周期的周期连续信号 $f_p(t)$(图 4.2)。根据傅氏级数知识可知，$f_p(t)$的频谱是离散频谱，记作 $F(k\Omega)$(在第 1 章中记作 c_n)，其中 k 表示谱线数，$\Omega=\dfrac{2\pi}{NT}$ 是基频，也是谱线间距，则有以下对应关系

$$f_p(t) \longleftrightarrow F(k\Omega)$$

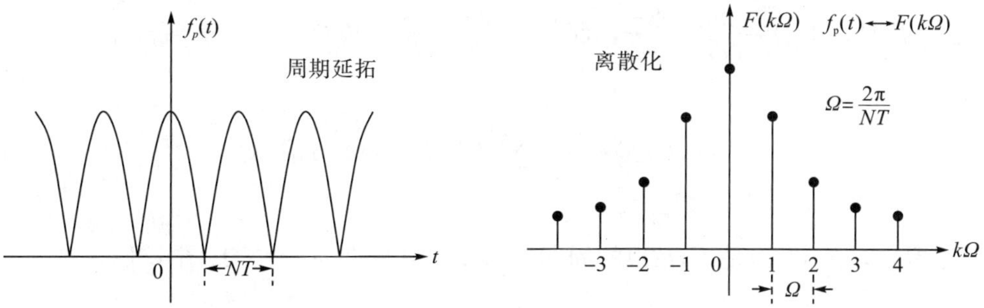

图 4.2　周期信号 $f_p(t)$及其对应的离散频谱 $F(k\Omega)$

现在用采样间隔 Δ 对周期信号 $f_p(t)$进行离散采样，则得到周期性的离散序列 $f_p(n\Delta)$，由式(3.46)可知，这个过程可以看作 $f_p(n\Delta)$是由周期连续信号 $f_p(t)$与一个等间隔脉冲序列 $\sum\limits_{n=-\infty}^{+\infty}\delta(t-n\Delta)$ 相乘，即

$$f_p(n\Delta) = f_p(t)\cdot\sum_{n=-\infty}^{+\infty}\delta(t-n\Delta) \tag{4.1}$$

再根据式(2.15)可知“一个等间隔脉冲序列的傅氏变换仍然是一个等间隔脉冲序列”(图 4.3)，即

$$\sum_{n=-\infty}^{+\infty}\delta(t-n\Delta)\leftrightarrow\frac{2\pi}{\Delta}\sum_{m=-\infty}^{+\infty}\delta\left(\omega-m\frac{2\pi}{\Delta}\right)=\frac{2\pi}{\Delta}\sum_{m=-\infty}^{+\infty}\delta(\omega-m\omega_s) \tag{4.2}$$

根据傅氏积分的频域褶积定理

$$x(t)\cdot y(t)\leftrightarrow\frac{1}{2\pi}[X(\omega)*Y(\omega)]$$

则可得到周期性的离散序列 $f_p(n\Delta)$对应的频谱为

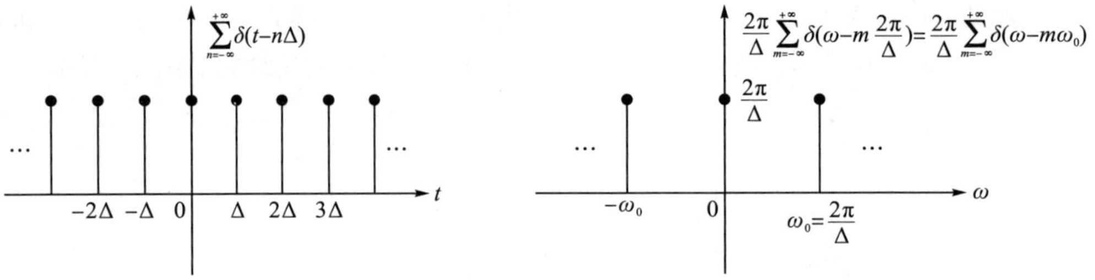

4.3 等间隔脉冲序列及其对应的频谱

$$f_p(n\Delta)\leftrightarrow F_p(k\Omega) = \frac{1}{2\pi}\left[F(k\Omega) * \frac{2\pi}{\Delta}\sum_{m=-\infty}^{+\infty}\delta(\omega - m\omega_s)\right]$$
$$= \frac{1}{\Delta}\left[F(k\Omega) * \sum_{m=-\infty}^{+\infty}\delta(\omega - m\omega_s)\right]$$
$$= \frac{1}{\Delta}\sum_{m=-\infty}^{+\infty}F(k\Omega - m\omega_s)$$

当 $\Delta=T$ 时

$$F_p(k\Omega) = \frac{1}{\Delta}\sum_{m=-\infty}^{+\infty}F[(k-mN)\Omega]$$

（因为 $\Delta=T$ 时，由 $\Omega=\frac{2\pi}{NT}=\frac{2\pi}{N\Delta}$，而 $\omega_S=\frac{2\pi}{\Delta}=\frac{2\pi}{T}=N\Omega$）

所以有

$$f_p(n\Delta)\leftrightarrow \frac{1}{\Delta}\sum_{m=-\infty}^{+\infty}F[(k-mN)\Omega] \tag{4.3}$$

可以看出，$F_p(k\Omega)$是 $F(k\Omega)$的周期性重复，其周期 $\omega_S=N\Omega$(图 4.4)。

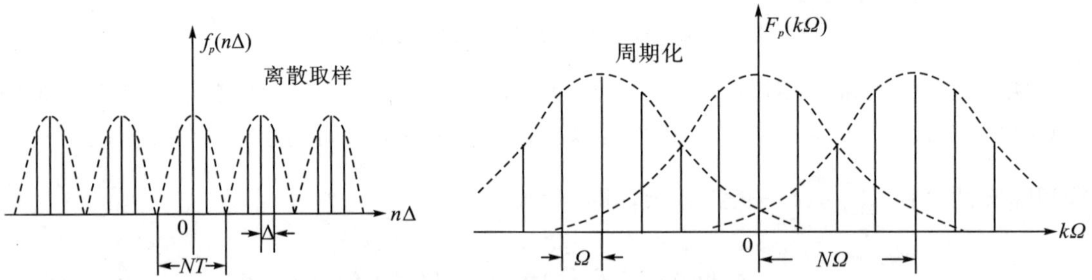

图 4.4 周期离散序列 $f_p(n\Delta)$及其对应的周期性离散频谱 $F_p(k\Omega)$

综上所述，以周期为 NT，采样间隔为 $\Delta=T$ 的周期性离散时间序列 $f_p(n\Delta)$，所对应的频谱函数 $F_p(k\Omega)$也是一个周期性的离散序列，不过是周期性离散频谱序列。它的谱线间隔(也即频率采样间隔)为 $\Omega=\frac{2\pi}{NT}$，周期为 $\omega_S=\frac{2\pi}{\Delta}=N\Omega$，即

$$f_p(n\Delta) = f_p(n\Delta + rN\Delta)\leftrightarrow F_p(k\Omega) = F_P(k\Omega + mN\Omega) \tag{4.4}$$

其中，$0\leqslant n$，$k\leqslant N-1$；r、$m=0$，±1，±2，…。

式(4.4)表明：$f_p(n\Delta)$是每隔 N 个样点重复一次，其对应的频谱序列 $F_P(k\Omega)$也是

每隔 N 条谱线重复一次。希望大家一定要搞清楚时域和频域各个量之间的关系。

4.1.2　离散傅氏级数的引入

根据周期信号的特点可知，对于一个周期信号，只需研究其在一个周期内的变化过程和规律，就能认识它在任何时间上的特点。现在就利用傅氏级数关系式，仅考虑 $f_p(n\Delta)$ 的一个周期（N 个样点）内信号与频谱的对应关系，来获得所需要的 DFS 的数学表达式。

由第 1 章可知，一个周期为 T 的周期连续信号 $f_p(t)$ 的傅氏级数展开为

$$f_p(t) = \sum_{n=-\infty}^{+\infty} c_n \mathrm{e}^{\mathrm{j}n\omega_0 t} \tag{4.5}$$

式中，$\omega_0 = \frac{2\pi}{T}$，$c_n = \frac{1}{T}\int_{-T/2}^{T/2} f_p(t)\mathrm{e}^{-\mathrm{j}n\omega_0 t}\mathrm{d}t$ 为傅氏级数系数，相当于 $f_p(t)$ 对应的频谱，即 $f_p(t) \leftrightarrow c_n$。对于一个周期为 NT，采样间隔为 $\Delta = T$ 的周期离散时间序列 $f_p(nT)$，用傅氏级数展开得

$$\begin{aligned} f_p(nT) &= \sum_{k=-\infty}^{+\infty} F_p(k\Omega)\mathrm{e}^{\mathrm{j}k\Omega nT} \quad [\text{把 } n\omega_0 = k\Omega, t = nT \text{ 代入式(4.5)}] \\ &= \sum_{k=-\infty}^{+\infty} F_p(k\Omega)\mathrm{e}^{\mathrm{j}\frac{2\pi}{NT}knT} \\ &= \sum_{k=-\infty}^{+\infty} F_p(k\Omega)\mathrm{e}^{\mathrm{j}\frac{2\pi}{N}kn} \end{aligned} \tag{4.6}$$

T 和 Ω 分别是时间和频率抽样间隔，是固定不变的，故式(4.6)可简化为

$$f_p(n) = \sum_{k=-\infty}^{+\infty} F_p(k)\mathrm{e}^{\mathrm{j}\frac{2\pi}{N}kn} \tag{4.7}$$

从讨论中可知，周期为 N 个样点的周期性离散时间序列对应的周期性离散频谱序列只需 N 条谱线就能反映其频率分布情况，因此对式(4.7)中 $f_p(n)$ 的傅氏级数展开式可以只用 N 条谱线的组合来表示，即

$$f_p(n) = \sum_{k=0}^{N-1} F_p(k)\mathrm{e}^{\mathrm{j}\frac{2\pi}{N}kn} \tag{4.8}$$

为了处理方便，把式(4.8)右边乘上一个常数 $\frac{1}{N}$，这样不会引起任何实质性变化，从而有

$$f_p(n) = \frac{1}{N}\sum_{k=0}^{N-1} F_p(k)\mathrm{e}^{\mathrm{j}\frac{2\pi}{N}kn} \tag{4.9}$$

这就是说：对于周期离散时间序列 $f_p(n)$，可以看成是由 N 个复振幅为 $\frac{1}{N}F_p(k)$ 的周期离散谐波 $\frac{1}{N}F_p(k)\mathrm{e}^{\mathrm{j}\frac{2\pi}{N}kn}$（$k = 0, 1, 2, \cdots, N-1$）叠加而成。这是用 $F_p(k)$ 来表示 $f_p(n)$，反之，也可以用 $f_p(n)$ 来表示 $F_p(k)$。为此，引入指数序列的一个性质（这个性质很容易得到验证）：

$$\frac{1}{N}\sum_{n=0}^{N-1} \mathrm{e}^{\mathrm{j}\frac{2\pi}{N}(k-r)n} = \begin{cases} 1, & k = r \\ 0, & k \neq r \end{cases} \tag{4.10}$$

用 $e^{-j\frac{2\pi}{N}nr}$ 乘以式(4.9)两边，并从 $n=0$ 到 $N-1$ 求和，有

$$\begin{aligned}\sum_{n=0}^{N-1} f_p(n)e^{-j\frac{2\pi}{N}nr} &= \sum_{n=0}^{N-1}\left[\frac{1}{N}\sum_{k=0}^{N-1} F_P(k)e^{j\frac{2\pi}{N}kn}\right]e^{-j\frac{2\pi}{N}nr} \\ &= \sum_{k=0}^{N-1} F_p(k)\cdot\left[\frac{1}{N}\sum_{n=0}^{N-1} e^{j\frac{2\pi}{N}(k-r)n}\right]\end{aligned}$$

由式(4.10)可知，只有当 $k=r$ 时括号里的指数序列求和才有非零值，即

$$\sum_{n=0}^{N-1} f_p(n)e^{-j\frac{2\pi}{N}nr} = F_p(r)$$

换成通常用的频率变量 k，则有

$$F_p(k) = \sum_{n=0}^{N-1} f_p(n)e^{-j\frac{2\pi}{N}kn} \tag{4.11}$$

由此可知，周期离散时间序列 $f_p(n)$ 与其对应的周期离散频谱序列 $F_p(k)$ 之间可通过傅氏级数来计算。不过由于二者都是离散求和，故而把这对公式叫作离散傅氏级数(DFS)。这对关系式记为

$$\begin{cases} F_p(k) = \sum_{n=0}^{N-1} f_p(n)e^{-j\frac{2\pi}{N}kn} & (k=0,1,2,\cdots,N-1) \\ f_p(n) = \frac{1}{N}\sum_{k=0}^{N-1} F_p(k)e^{j\frac{2\pi}{N}kn} & (n=0,1,2,\cdots,N-1) \end{cases} \tag{4.12}$$

这里应该记住，$f_p(n)$ 与 $F_p(k)$ 都是周期性的序列，这里仅考虑了一个周期的作用，但是它们实际上都是以 N 为周期的周期性序列，即每隔 N 点(或 N 条谱线)重复一次。

有了周期性离散时间序列和周期性离散频谱序列之间的对应关系，再来研究有限长离散时间序列及其频谱的关系式 DFT。

4.2 离散傅氏变换

4.2.1 有限长离散时间序列和周期性离散时间序列的关系

根据对 DFS 的讨论可知，周期性离散时间序列 $f_p(n)$ 是通过下述过程得到的，即

$$f(t)\xrightarrow[NT]{\text{周期延拓}} f_p(t)\xrightarrow[\Delta=T]{\text{离散采样}} f_p(n)$$

也可以通过另外一个过程得到

$$f(t)\xrightarrow[\Delta=T]{\text{离散采样}} f(n)\xrightarrow[N]{\text{周期延拓}} f_p(n)$$

第二个过程说明：周期性离散时间序列 $f_p(n)$ 可以由非周期的有限长离散时间序列 $f(n)$ 以 N 为周期进行延拓而构成。因此，可以根据第二个过程写出它们二者之间的关系式，即

$$f_p(n)=\sum_{r=-\infty}^{+\infty}f(n+rN)=f((n))_N\quad(r=0,\pm1,\pm2,\cdots)\tag{4.13}$$

式中，$f((n))_N$ 表示 $f(n)$以 N 为周期进行延拓。

同理，如果要用周期性离散时间序列 $f_p(n)$来表示有限长序列，则可在周期性离散时间序列 $f_p(n)$中任意截取一个周期，就得到有限长序列 $f(n)$。一般都取 n 从 $0\sim N-1$ 这个周期(称为主周期)，即

$$\begin{aligned}f(n)&=\begin{cases}f_p(n), & 0\leqslant n\leqslant N-1\\0, & \text{其他}\end{cases}\\&=f_p(n)R_N(n)\end{aligned}\tag{4.14}$$

式中，$R_N(n)$表示矩形序列。

4.2.2　DFT 公式的导出

由上面的讨论知道：

周期性离散序列＝有限长离散序列的周期延拓；

有限长离散序列＝周期性离散序列的主周期截取＝周期离散序列的主值序列。

对于时间序列有上述关系，对于频域也同样有

$$F_p(k)=\sum_{r=-\infty}^{+\infty}F(k+rN)=F((k))_N\quad(r=0,\pm1,\pm2,\cdots)\tag{4.15}$$

及

$$\begin{aligned}F(k)&=\begin{cases}F_p(k), & 0\leqslant k\leqslant N-1\\0, & \text{其他}\end{cases}\\&=F_p(k)R_N(k)\end{aligned}$$

再根据离散傅氏级数公式(4.12)仅涉及一个周期内的样值，把式(4.12)中的 $f_p(n)$ 换成 $f(n)$，$F_p(k)$换成 $F(k)$，并令 n、k 不在主周期内时为零，从而可得到有限长离散时间序列的傅氏变换公式

$$\begin{cases}F(k)=\begin{cases}\displaystyle\sum_{n=0}^{N-1}f(n)\mathrm{e}^{-\mathrm{j}\frac{2\pi}{N}kn}, & 0\leqslant k\leqslant N-1\\0, & \text{其他}\end{cases}\\ f(n)=\begin{cases}\displaystyle\frac{1}{N}\sum_{k=0}^{N-1}F(k)\mathrm{e}^{\mathrm{j}\frac{2\pi}{N}kn}, & 0\leqslant n\leqslant N-1\\0, & \text{其他}\end{cases}\end{cases}\tag{4.16}$$

式(4.16)就是离散傅氏变换(DFT)公式对。在以下的讨论中，与连续时间信号的傅氏变换一样，仍用如下的符号表明离散傅氏变换对：

$$f(n)\leftrightarrow F(k)$$

由式(4.16)可以知道：N 点的有限长序列，其频谱也仅有 N 个样点。N 点的有限

长离散信号 $f(n)$ 可以由 N 个复振幅为 $\frac{1}{N}F(k)$ 的离散谐波叠加然后取 N 个值而构成。利用式(4.16)，已知 $f(n)$ 就能唯一地确定 $F(k)$；同样，已知 $F(k)$ 也就唯一地确定了 $f(n)$。但要记住的是：在涉及 DFT 关系的场合，有限长序列总是表示成周期序列的一个周期。

比较 DFT 和 DFS 不难看出，DFT 是借助 DFS 推导出来的，两者具有相同的形式，只是各量的取值范围不同。

例 4.1 已知时间序列 $f(n)=\{1,\ 0,\ 0,\ 1\}$，求其频谱序列 $F(k)$。

解：由 DFT 公式 $F(k)=\sum\limits_{n=0}^{N-1}f(n)\mathrm{e}^{-\mathrm{j}\frac{2\pi}{N}kn}$ 可知

$$F(k)=\sum_{n=0}^{3}f(n)\mathrm{e}^{-\mathrm{j}\frac{2\pi}{4}kn}\quad(k=0,1,2,3)$$

所以

$$F(0)=\sum_{n=0}^{3}f(n)\mathrm{e}^{-\mathrm{j}\frac{2\pi}{4}n\cdot 0}=\sum_{n=0}^{3}f(n)=1+0+0+1=2$$

$$F(1)=\sum_{n=0}^{3}f(n)\mathrm{e}^{-\mathrm{j}\frac{2\pi}{4}n\cdot 1}=\sum_{n=0}^{3}f(n)\,(-\mathrm{j})^n=1+0+0+\mathrm{j}=1+\mathrm{j}$$

$$F(2)=\sum_{n=0}^{3}f(n)\mathrm{e}^{-\mathrm{j}\frac{2\pi}{4}n\cdot 2}=\sum_{n=0}^{3}f(n)\mathrm{e}^{-\mathrm{j}n\pi}=\sum_{n=0}^{3}f(n)\,(-1)^n=1+0+0+(-1)=0$$

$$F(3)=\sum_{n=0}^{3}f(n)\mathrm{e}^{-\mathrm{j}\frac{2\pi}{4}n\cdot 3}=\sum_{n=0}^{3}f(n)\,(\mathrm{j})^n=1+0+0-\mathrm{j}=1-\mathrm{j}$$

即

$$F(k)=\{2,1+\mathrm{j},0,1-j\}$$

其振幅谱序列为 $|F(k)|=\{2,\ \sqrt{2},\ 0,\ \sqrt{2}\}$，相位谱序列为 $\varphi(k)=\left\{0,\ \frac{\pi}{4},\ 不定,\ -\frac{\pi}{4}\right\}$，其图形见图 4.5。

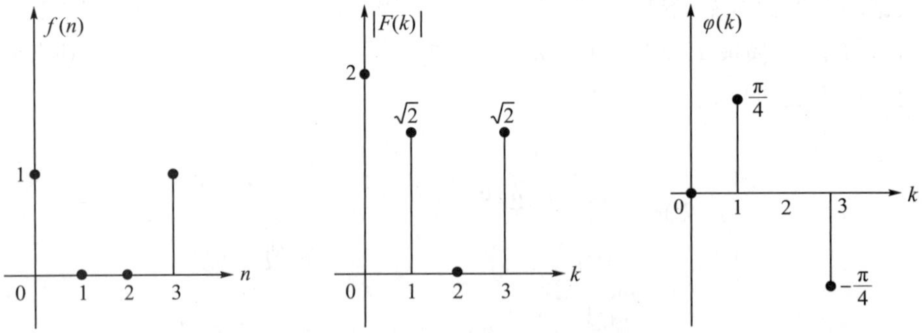

图 4.5 有限长序列及其频谱举例

4.3　离散傅氏变换的性质

离散傅氏变换具有一些很有用的性质，这里简单介绍几个最常用的基本性质，有关这些性质的证明很多书中都有介绍，故此处就不再证明了，仅直接引用。学习这些性质时，若能与第 1 章中所介绍的连续信号的傅氏变换性质相比较，可以找出它们的共同点和不同之处。

4.3.1　线性叠加性质

若

$$f_1(n)\leftrightarrow F_1(k),\quad f_2(n)\leftrightarrow F_2(k)$$

且两序列长度相同，则

$$af_1(n)+bf_2(n)\leftrightarrow aF_1(k)+bF_2(k)\ (a,b\text{ 均为常数})\tag{4.17}$$

此性质表明：序列线性组合的 DFT 等于它们各自 DFT 的线性组合。

例 4.2　已知　$f_1(n)=\{2,\ 0,\ 0,\ 0\}\leftrightarrow F_1(k)=\{2,\ 2,\ 2,\ 2\}$

$f_2(n)=\{0,\ 1,\ 0,\ 0\}\leftrightarrow F_2(k)=\{1,\ -\mathrm{j},\ -1,\ \mathrm{j}\}$

求　$f_3(n)=\{4,\ 1,\ 0,\ 0\}$对应的傅氏变换 $F_3(k)$。

解：因为 $f_3(n)=2f_1(n)+f_2(n)$，则由性质得

$$\begin{aligned}F_3(k)&=2F_1(k)+F_2(k)\\&=2\{2,2,2,2\}+\{1,-\mathrm{j},-1,\mathrm{j}\}\\&=\{5,4-\mathrm{j},3,4+\mathrm{j}\}\end{aligned}$$

注意：当序列 $f_1(n)$、$f_2(n)$长度不等时，不能简单地相加，而应该把短的那个序列人为地用充零的办法加长，使两序列长度相等后，求出短序列充零后对应的频谱再令其相加。即

若

$$f_1(n),\ 0\leqslant n\leqslant N_1-1;$$
$$f_2(n),0\leqslant n\leqslant N_2-1;$$

$N_1\neq N_2$，不妨设 $N_1<N_2$，则令

$$f_1(n)=\begin{cases}f_1(n), & 0\leqslant n\leqslant N_1-1\\0, & N_1<n\leqslant N_2-1\end{cases}$$

先求其 $F_1(k)$(且 $0\leqslant k\leqslant N_2-1$)，再利用性质求 $af_1(n)$和 $bf_2(n)$之和的离散傅氏变换。

4.3.2　循环移位性质

循环移位性质包括循环时移性质和循环频移性质。

1. 循环时移性质

若

$$f(n) \leftrightarrow F(k)$$

则

$$f((n-m))_N R_N(n) \leftrightarrow \mathrm{e}^{-\mathrm{j}\frac{2\pi}{N}km} F(k) \tag{4.18}$$

式中，$f((n-m))_N R_N(n)$表示循环时移，是指 $f(n)$以 N 为周期进行周期延拓，变成周期序列 $f_p(n)=f((n))_N$，再在时间轴上移动 m 个样点，再取主周期的结果。图 4.6 表示了循环时移的过程。

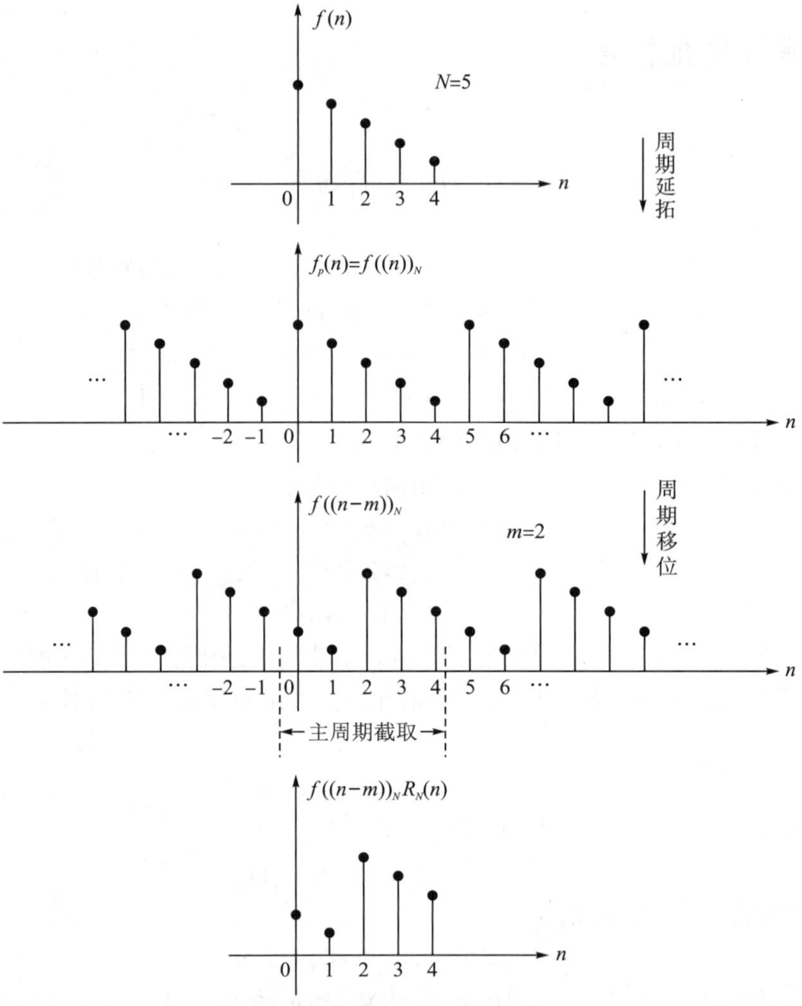

图 4.6 循环时移示意图

比较图 4.6 中的 $f(n)$与循环时移最终结果可见，循环时移实质上是 $f(n)$数据从右边移出去 m 个，又从左边补进来，因此，整个序列的长度应和原始序列长度相同，都是 N 个样点。它和线性时移不同，线性时移是 $f(n)$数据从右边沿时间轴移动 m 个点，空出的位置补零，因此整个序列的长度应为 $N+|m|$个样点。

例 4.3　已知 $f(n)=\{1, 2, 3, 4, 5\}$，求 $f(n-2)$和 $f((n-2))_N R_N(n)$。

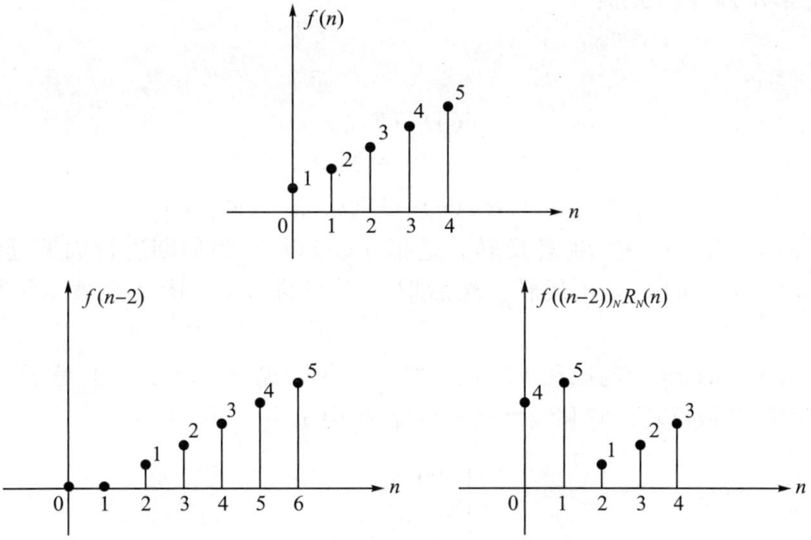

图 4.7　线性时移与循环时移对比图

解　因为 $f(n)=\{1, 2, 3, 4, 5\}$，所以

$$f(n-2)=\{0,0,1,2,3,4,5\}$$

$$f((n-2))_N R_N(n)=\{4,5,1,2,3\}$$

结果如图 4.7 所示。

根据式(4.18)，若取 $f(n)\leftrightarrow F(k)=|F(k)|e^{j\varphi(k)}$，则循环时移后序列对应的频谱为

$$e^{-j\frac{2\pi}{N}km}F(k)=|F(k)|e^{j\left[\varphi(k)-\frac{2\pi}{N}km\right]}$$

这就表明：序列经过循环时移后，其离散傅氏变换的幅值不变，仅相位发生了线性移动。

例 4.4　已知序列 $f(n)=\{1, 0, 0, 1\}\leftrightarrow F(k)=\{2, 1+j, 0, 1-j\}$，

试求 $f_1(n)=\{1, 1, 0, 0\}$的傅氏变换 $F_1(k)$；$f_2(n)=\{0, 1, 1, 0\}$的傅氏变换 $F_2(k)$；$f_3(n)=\{0, 0, 1, 1\}$的傅氏变换 $F_3(k)$。

解：因为 $f_1(n)=f((n-1))_N R_N(n)$，所以，利用循环时移性质有

$$F_1(k)=e^{-j\frac{2\pi}{4}k}F(k)=(-j)^k F(k)=(-j)^k\{2,1+j,0,1-j\}=\{2,1-j,0,1+j\}$$

同理

$$F_2(k)=e^{-j\frac{2\pi}{4}k\cdot 2}F(k)=e^{-jk\pi}F(k)=(-1)^k F(k)=\{2,-1-j,0,-1+j\}$$

$$F_3(k)=e^{-j\frac{2\pi}{4}k\cdot 3}F(k)=e^{-j\frac{3k}{2}\pi}F(k)=(j)^k F(k)=\{2,-1+j,0,-1-j\}$$

可以看出 $|F(k)|=|F_1(k)|=|F_2(k)|=|F_3(k)|=\{2, \sqrt{2}, 0, \sqrt{2}\}$，正好符合这个性质的物理含义，即幅值不变。

2. 循环频移性质

类似时域，频域也有一相似的结论：

$$e^{j\frac{2\pi}{N}nl}f(n)\leftrightarrow F((k-l))_N R_N(k) \tag{4.19}$$

4.3.3 循环反转性质

若

$$f(n)\leftrightarrow F(k)$$

则

$$f\,((-n))_N R_N(n)\leftrightarrow F\,((-k))_N R_N(k) \tag{4.20}$$

式中，$f\,((-n))_N R_N(n)$表示循环反转，是指 $f(n)$以 N 为周期进行周期延拓，变成周期序列 $f_p(n)=f\,((n))_N$，再反转，然后取主周期的结果。图 4.8 表示了循环反转的过程。

比较图 4.8 中的 $f(n)$与循环反转最终结果可见，循环反转实质上是 $f(n)$的第一个值不动，后面的各值反转，它和线性反转也完全不同。

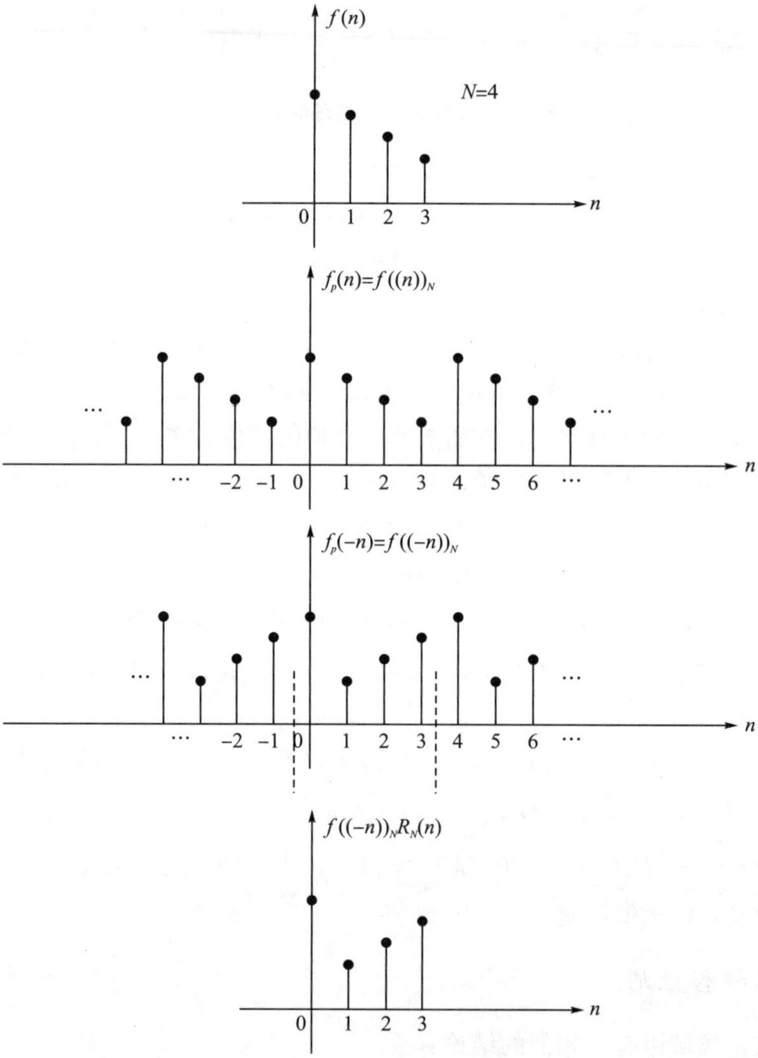

图 4.8　循环反转示意图

例 4.5　已知 $f(n)=\{1, 2, 3, 4\}$，求 $f(-n)$和 $f((-n))_N R_N(n)$。

解：因为

$$f(n)=\{1,2,3,4\}$$

所以

$$f(-n)=\{4,3,2,\overset{n=0}{1}\}$$
$$f((-n))_N R_N(n)=\{1,4,3,2\}$$

结果如图 4.9 所示。

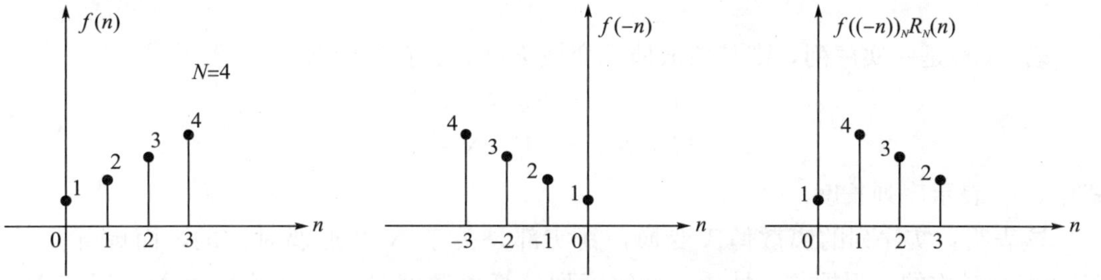

图 4.9　线性反转与循环反转对比图

循环反转性质表明：信号循环反转对应的离散傅氏变换，就是原信号离散傅氏变换的循环反转。

例 4.6　已知 $f(n)=\{1, 1, 0, 0\}\leftrightarrow F(k)=\{2, 1-\mathrm{j}, 0, 1+\mathrm{j}\}$，求 $f_1(n)=\{1, 0, 0, 1\}$的傅氏变换 $F_1(k)$。

解：因为

$$f_1(n)=f((-n))_N R_N(n)$$

所以

$$F_1(k)=F((-k))_N R_N(k)=\{2,1+\mathrm{j},0,1-\mathrm{j}\}$$

这与例 4.4 的结果是相同的，这说明同一道题可以利用不同的性质来求解。

4.3.4　对称性质

若

$$f(n)\leftrightarrow F(k)$$

则

$$F(n)\leftrightarrow Nf((-k))_N R_N(k) \tag{4.21}$$

或

$$\frac{1}{N}F((-n))_N R_N(n)\leftrightarrow f(k) \tag{4.22}$$

这个性质表明：如果一个有限长时间序列的形式与另一个已知序列的 DFT 形式相同，那么这个时间序列的 DFT 就一定等同于那个已知序列的反转形式，二者仅差一个常数倍。这和连续傅氏变换中的对称性是类似的，不过应注意这里的反转是本节循环反转性质所提到的“循环反转”，而不是一般的线性反转。

例 4.7　已知 $f(n)=\{1, 0, 0, 0\}\leftrightarrow F(k)=\{1, 1, 1, 1\}$，求 $f_1(n)=$

{1，1，1，1}的傅氏变换 $F_1(k)$。

解：因为

$$f_1(n)=F(n)$$

由对称性质知

$$F_1(k)=Nf\,((-k))_N R_N(k)=4\{1,0,0,0\}=\{4,0,0,0\}$$

4.3.5 奇偶虚实性质

若 $f(n)$是一实序列，则其离散傅氏变换 $F(k)$具有下述特性

$$\begin{cases}F_R(k)=F_R(N-k)\\ F_I(k)=-F_I(N-k)\end{cases} \tag{4.23}$$

式中，N 表示序列长度。

这表明：实序列的离散傅氏变换，其实部是关于 $N/2$ 点偶对称的，而虚部是关于 $N/2$ 点奇对称的。根据这一性质，对实序列计算离散谱时，没有必要计算 $0\leqslant k\leqslant N-1$ 内所有值，只要计算 $0\leqslant k\leqslant N/2$ 内的值即可，从而可以节省一半的工作量。

例 4.8 已知 $f(n)=\{1，0，1，0，0，0，0，0\}$，求其傅氏变换 $F(k)$。

解：这里 $N=8$，只需要算出 $F(0)\sim F(4)$即可，利用公式可算出

$$F(0)=2,F(1)=1-\mathrm{j},F(2)=0,F(3)=1+\mathrm{j},F(4)=2$$

从而可写出

$$F(5)=1-\mathrm{j},F(6)=0,F(7)=1+\mathrm{j}$$

所以

$$F(k)=\{2,1-\mathrm{j},0,1+\mathrm{j},2,1-\mathrm{j},0,1+\mathrm{j}\}$$

类似地，关于实序列 $f(n)$的振幅谱和相位谱序列也有以下的关系

$$\begin{cases}|F(k)|=|F(N-k)|\\ \varphi(k)=-\varphi(N-k)\end{cases} \tag{4.24}$$

即振幅谱关于 $N/2$ 点偶对称，相位谱关于 $N/2$ 点奇对称。如例 4.8 中

$$|F(k)|=\{2,\sqrt{2},0,\sqrt{2},2,\sqrt{2},0,\sqrt{2}\}$$

$$\varphi(k)=\left\{0,-\frac{\pi}{4},\text{不定},\frac{\pi}{4},0,-\frac{\pi}{4},\text{不定},\frac{\pi}{4}\right\}$$

4.3.6 序列的总和

长度为 N 的时间序列 $f(n)$，各样点值的总和就等于该序列在零频率处的谱值，即

$$\sum_{n=0}^{N-1}f(n)=F(k)\big|_{k=0}=F(0) \tag{4.25}$$

证明：因为 DFT 的正变换公式为

$$F(k)=\sum_{n=0}^{N-1}f(n)\mathrm{e}^{-\mathrm{j}\frac{2\pi}{N}kn}\quad(0\leqslant k\leqslant N-1)$$

当 $k=0$ 时

$$F(0)=\sum_{n=0}^{N-1}f(n)\cdot \mathrm{e}^{0}=\sum_{n=0}^{N-1}f(n)$$

利用这个性质，一方面可以快速地求取序列各样点值的和，另一方面则可方便地求取序列的零频率值。

4.3.7　序列的初值

序列的初始值等于该序列在各个频率分量上的谱值之和除以 N，即

$$f(0)=\frac{1}{N}\sum_{k=0}^{N-1}F(k) \tag{4.26}$$

证明：因为 DFT 的逆变换公式为

$$f(n)=\frac{1}{N}\sum_{k=0}^{N-1}F(k)\mathrm{e}^{\mathrm{j}\frac{2\pi}{N}kn}\quad (0\leqslant n\leqslant N-1)$$

当 $n=0$ 时

$$f(0)=\frac{1}{N}\sum_{k=0}^{N-1}F(k)\cdot \mathrm{e}^{0}=\frac{1}{N}\sum_{k=0}^{N-1}F(k)$$

例 4.9　已知 $f(n)=\{1,\ 0,\ 5,\ 0\}\leftrightarrow F(k)=\{6,\ -4,\ 6,\ -4\}$，利用序列的总和、序列的初值性质来验证 $F(0)$ 及 $f(0)$。

解：因为 $N=4$，根据序列的总和性质可知

$$F(0)=\sum_{n=0}^{N-1}f(n)=\sum_{n=0}^{3}f(n)=6$$

而根据序列的初值性质可知

$$f(0)=\frac{1}{N}\sum_{k=0}^{N-1}F(k)=\frac{1}{4}\sum_{k=0}^{3}F(k)=1$$

可见，根据性质计算出的结果与所给数据完全符合。

4.3.8　帕斯瓦尔(Parseval)定理

若

$$f(n)\leftrightarrow F(k)$$

则

$$\sum_{n=0}^{N-1}|f(n)|^{2}=\frac{1}{N}\sum_{k=0}^{N-1}|F(k)|^{2} \tag{4.27}$$

证明

$$\begin{aligned}\sum_{n=0}^{N-1}|f(n)|^{2}&=\sum_{n=0}^{N-1}f(n)\cdot f^{*}(n)\\&=\sum_{n=0}^{N-1}f(n)\cdot\left[\frac{1}{N}\sum_{k=0}^{N-1}F(k)\mathrm{e}^{\mathrm{j}\frac{2\pi}{N}kn}\right]^{*}\\&=\frac{1}{N}\sum_{k=0}^{N-1}F^{*}(k)\cdot\sum_{n=0}^{N-1}f(n)\mathrm{e}^{-\mathrm{j}\frac{2\pi}{N}kn}\end{aligned}$$

$$= \frac{1}{N}\sum_{k=0}^{N-1} F^*(k) \cdot F(k)$$

$$= \frac{1}{N}\sum_{k=0}^{N-1} |F(k)|^2$$

此定理表明：一个序列在时域计算的能量与在频域计算的能量是相等的。

例 4.10 用序列 $f(n)=\{1,\ 1,\ 0,\ 0\}$验证帕斯瓦尔定理。

解：因为

$$f(n) \leftrightarrow F(k) = \{2, 1-\mathrm{j}, 0, 1+\mathrm{j}\}$$

$$\sum_{n=0}^{N-1} |f(n)|^2 = 1^2 + 1^2 = 2$$

$$\frac{1}{4}\sum_{k=0}^{3} |F(k)|^2 = \frac{1}{4}[2^2 + 1^2 + 1^2 + 0^2 + 1^2 + 1^2] = 2$$

恰好满足式(4.27)，即得证。

4.3.9 人为地加长序列

前面讲线性叠加性质时已经提到，当进行线性叠加的两个序列长度不等时，必须把短序列人为地加长，使两序列长度相等后再相加，然后才能运用性质。这样就出现了一个问题：人为地通过补零加长序列，是否会对序列的频谱产生影响？或者说，加长后的序列的离散傅氏变换和原始序列的离散傅氏变换之间存在什么关系？这里我们仅讨论一种特殊情况：后边补零加长序列，且加长后的序列长度是原始序列长度的整数倍。

设

$$f(n) \quad (0 \leqslant n \leqslant N-1)$$

现令

$$g(n) = \begin{cases} f(n), & 0 \leqslant n \leqslant N-1 \\ 0, & N < n \leqslant M-1 \end{cases}$$

其中，$M=rN$(r 为一正整数)，现要讨论 $F(k)(0\leqslant k \leqslant N-1)$与 $G(k)(0\leqslant k \leqslant M-1)$之间的关系。

已知

$$F(k) = \sum_{n=0}^{N-1} f(n) \cdot \mathrm{e}^{-\mathrm{j}\frac{2\pi}{N}kn} \quad (0 \leqslant k \leqslant N-1)$$

而

$$G(k) = \sum_{n=0}^{M-1} g(n) \cdot \mathrm{e}^{-\mathrm{j}\frac{2\pi}{M}kn}$$

$$= \sum_{n=0}^{N-1} f(n) \cdot \mathrm{e}^{-\mathrm{j}\frac{2\pi}{rN}kn} \quad (0 \leqslant k \leqslant M-1)$$

如果令 $F(k)$的谱线间隔为 Ω，应有 $\Omega = \frac{2\pi}{N}$(这里考虑 Δ 固定的情况，所以不必写上 Δ)，再令 $G(k)$的谱线间隔为 Ω'，则有 $\Omega' = \frac{2\pi}{M} = \frac{2\pi}{rN} = \frac{\Omega}{r}$

所以

$$G(k\Omega') = \sum_{n=0}^{N-1} f(n) \cdot e^{-j\frac{\Omega}{r}kn} = F\left(\frac{k}{r}\Omega\right)$$

显然，当$\frac{k}{r}$为整数时

$$G(k\Omega') = F\left(\frac{k}{r}\Omega\right) \quad (k = 0,1,2,\cdots,M-1) \tag{4.28}$$

式(4.28)表明：$G(k)$和$F(k)$是完全对应的，只不过$G(k)$的谱线间隔Ω'要比$F(k)$的谱线间隔Ω缩小r倍。例如$r=2$，则$M=2N$，由式(4.28)知

$$k = 0 \text{ 时} \qquad G(0) = F(0)$$
$$k = 2 \text{ 时} \qquad G(2) = F(1)$$
$$k = 4 \text{ 时} \qquad G(4) = F(2)$$
$$\cdots$$
$$k = 2N-2 \text{ 时} \quad G(2N-2) = F(N-1)$$

$k=1，3，5，\cdots$ 时的$G(k)$则为$F(k)$的线性插值。由此可知，把序列人为地加长$(r-1)$倍，其对应的 DFT 是在原序列的 DFT 基础上又加密了$(r-1)\cdot N$根谱线；反之，原序列$f(n)$的离散傅氏变换$F(k)$也可以看作是$G(k)$的某种抽取。下面举一个具体的例子加以说明。

例 4.11　已知　$f_1(n)=\{1，0，1，0\}\leftrightarrow F_1(k)=\{2，0，2，0\}$

$$f_2(n) = \{1,0,1,0,0,0,0,0\} \leftrightarrow F_2(k) = \{2,1-j,0,1+j,2,1-j,0,1+j\}$$

请找出两序列及其对应 DFT 之间的关系，并用图说明。

解：由题可知，$f_2(n)$是$f_1(n)$人为加长一倍($N=4$，$r=2$)后的结果，所以有

$$F_2(k) = F_1\left(\frac{k}{2}\right) \quad (k = 0,1,2,\cdots,7)$$

即$F_2(k)$是$F_1(k)$的加密，而$F_1(k)$则是$F_2(k)$的抽取(每隔一个点抽取一个值)。两个序列和对应的振幅谱序列如图 4.10 所示，确实存在上述关系。

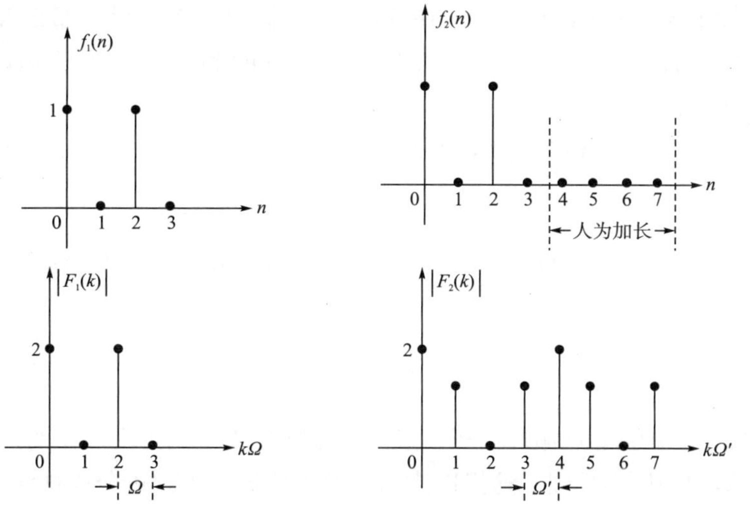

图 4.10　人为加长序列后的 DFT

由图4.10可见，序列补零后再求DFT，得到的谱线图比原序列的谱线刻画频率分布情况更为细致，$F_2(k)$的谱线恰好落在$F_1(k)$的谱线及其均分点上。

这里是以$M=rN$为例讨论问题的，当加长后的序列长度$M\neq rN$时，$G(k)$和$F(k)$之间仍然存在某种对应关系。不过这时$G(k)$的谱线不是恰好落在$F(k)$的谱线及其均分点上，而是在$F(k)$的某些插值点上。

总之通过补零来人为地加长序列不会改变序列所含的频率成分，而仅仅是使频谱序列的显示更为细致(因谱线间隔加密)。试想一下，人为地加长序列，只是在序列的后部加上一些零值而使序列长度增加了，并没有赋予该序列新的信息，因此对应的频谱也就是时间序列所包含的谐波不会发生变化[在式(4.28)的推导中，离散谐波$e^{-j\frac{2\pi}{M}kn}$和$e^{-j\frac{2\pi}{N}kn}$的个数均为N个]，而仅是由于序列长度改变了，相应的谱线间隔就缩小了，使得显示更加细致。这里反复强调这点是因为在第5章中讲快速傅氏变换(FFT)时，不可避免地要加长序列(FFT一般都要求$N=2^k$，而野外记录通常又都不是2的整数次幂，必须通过补零来达到$N=2^k$)，有了这个结论后就不必担心补零后序列的DFT与补零前序列的DFT有什么质的变化了。

4.4 用离散傅氏变换计算线性褶积

4.4.1 循环褶积

由第1章中介绍的傅氏变换性质可知，频域乘积必然对应于时域的褶积，那么，对于离散傅氏变换，这种频域乘积与时域褶积的对应关系是否仍然成立？若不成立，那么频域两个离散傅氏变换相乘对应于时域两个时间序列间的什么运算呢？用式子来描述这个问题即为：如果$x(n)\leftrightarrow X(k)$，$y(n)\leftrightarrow Y(k)(0\leqslant n，k\leqslant N-1)$，那么$X(k)\cdot Y(k)$的离散傅氏反变换是否为$x(n)*y(n)$？若不是，是$x(n)$和$y(n)$的什么运算关系？

这里先给出结论：

$$X(k)\cdot Y(k)\leftrightarrow x(n)\circledast y(n)=f(n) \tag{4.29}$$

其中

$$f(n)=x(n)\circledast y(n)=\sum_{m=0}^{N-1}x(m)y((n-m))_N R_N(n) \tag{4.30}$$

或

$$f(n)=x(n)\circledast y(n)=\sum_{m=0}^{N-1}y(m)x((n-m))_N R_N(n) \tag{4.31}$$

称作是$x(n)$与$y(n)$的N点循环褶积。显然，循环褶积是满足交换律的。

那么循环褶积如何实现呢？这里以式(4.30)为依据，大致可分成这样几步来实现：

(1)$x(m)$相对固定不动。

(2) $y(m)$ 周期延拓得 $y((m))_N$。

(3) 褶迭反转得 $y((-m))_N$。

(4) 时移得 $y((n-m))_N$。

(5) 与 $x(m)$ 对应项相乘，得 $f(n)$。

这里需注意：由于公式后乘有 $R_N(n)$，表示仅取 $0 \sim N-1$ 的值，这就意味着第 (4) 步中的时移 n 只需由 $n=0$ 变化至 $n=N-1$ 即可。循环褶积的整个过程见图 4.11。

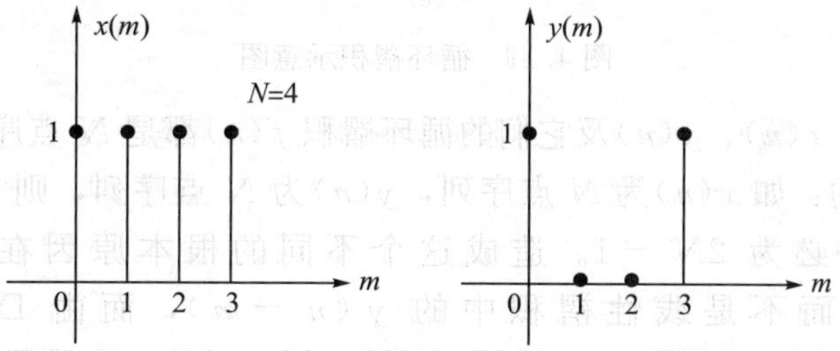

(a)

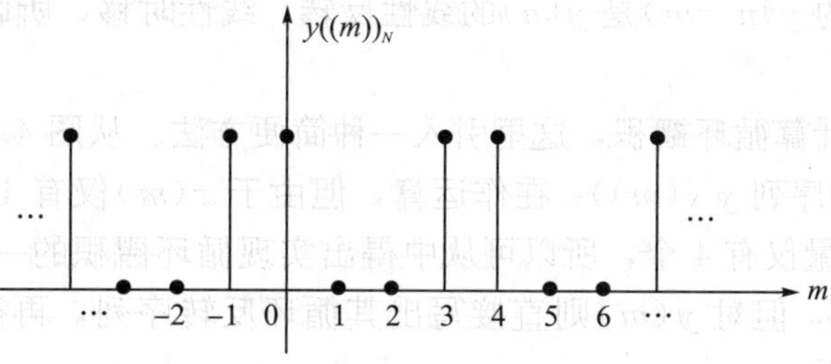

(b)

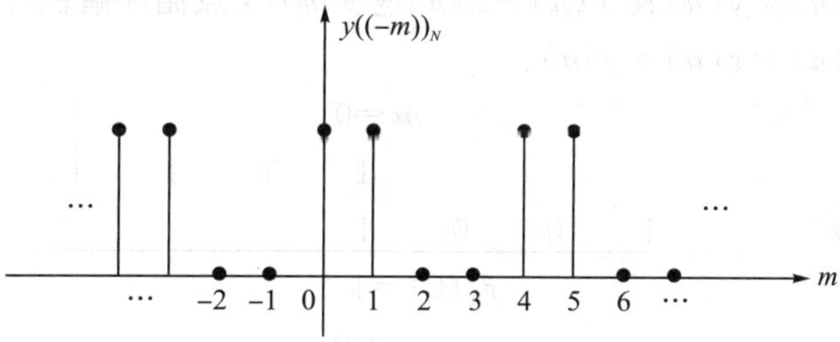

(c)

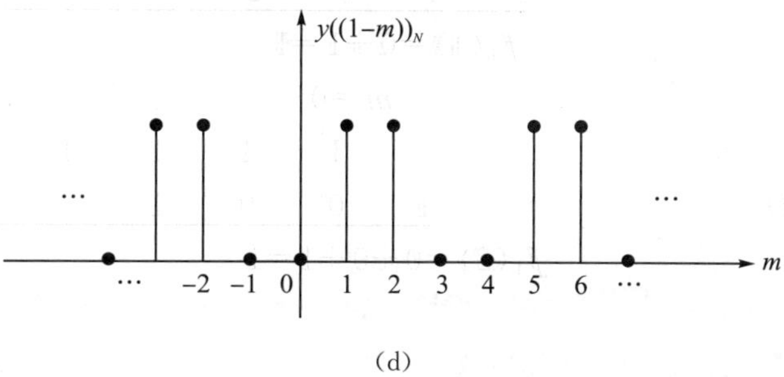

(d)

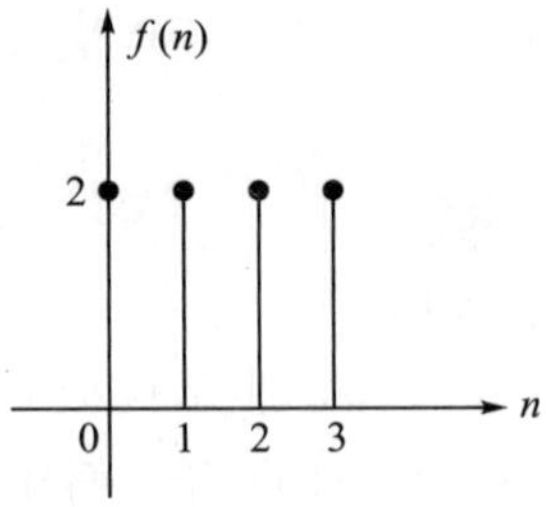

(e)

图 4.11　循环褶积示意图

综上可以看出，$x(n)$、$y(n)$及它们的循环褶积 $f(n)$都是 N 点序列，而并非像前面讲线性褶积时提到的：如 $x(n)$为 N 点序列，$y(n)$为 N 点序列，则它们线性褶积 $x(n)*y(n)$的长度则必为 $2N-1$。造成这个不同的根本原因在于式(4.30)中是 $y((n-m))_N R_N(n)$而不是线性褶积中的 $y(n-m)$，而由 DFT 的性质可知，$y((n-m))_N R_N(n)$实际上就是 $y(n)$的循环反转、循环时移，也就是说：$x(n) \circledast y(n)$这一循环褶积，实际上就是 $x(n)$与 $y(n)$褶迭后的循环时移的相乘相加，故而称作循环褶积。而线性褶积中的 $y(n-m)$是 $y(n)$的线性反转、线性时移，所以将 $x(n)*y(n)$称为线性褶积。

为了能较快地计算循环褶积，这里引入一种简便方法。从图 4.11 可看出，虽然是 $x(m)$与 $y(m)$的周期序列 $y((m))_N$ 在作运算，但由于 $x(m)$仅有 4 个点，而且最后还要取 $R_N(n)$，使时移量仅有 4 个，所以可从中得出实现循环褶积的一个简单的方法：仍取 $x(m)$相对固定不动，但对 $y(m)$则直接写出其循环反转序列，再循环时移，相乘相加，就可得到相应的结果。

例 4.12　已知 $x(n)=\{1, 1, 1, 1\}$，$y(n)=\{1, 0, 0, 1\}$，

求　$f_1(n)=x(n)*y(n)$及 $f(n)=x(n)\circledast y(n)$(4 点循环褶积)。

解　先计算 $f_1(n)=x(n)*y(n)$。

				$m=0$			
固定 $x(m)$				1	1	1	1
线性反转 $y(m)$	1	0	0	1			
所以				$f_1(0)=1$			

				$m=0$			
				1	1	1	1
线性时移($n=1$)		1	0	0	1		
		$f_1(1)=0+1=1$					

				$m=0$			
				1	1	1	1
线性时移($n=2$)			1	0	0	1	
		$f_1(2)=0+0+1=1$					

	$m=0$						
	1	1	1	1			
线性时移($n=3$)	1	0	0	1			

$$f_1(3)=1+0+0+1=2$$

	$m=0$						
	1	1	1	1			
线性时移($n=4$)		1	0	0	1		

$$f_1(4)=1+0+0=1$$

	$m=0$						
	1	1	1	1			
线性时移($n=5$)			1	0	0	1	

$$f_1(5)=1+0=1$$

	$m=0$						
	1	1	1	1			
线性时移($n=6$)				1	0	0	1

$$f_1(6)=1$$

所以

$$f_1(n)=x(n)*y(n)=\{\overset{n=0}{1},1,1,2,1,1,1\}$$

再计算 $f(n)=x(n)\circledast y(n)$（4 点循环褶积）。由于要求作 4 点循环褶积，而 $x(n)$、$y(n)$ 均为 4 点序列，因此，可以直接计算。

	$m=0$			
固定 $x(m)$	1	1	1	1
循环反转 $y(m)$	1	1	0	0

所以

$$f(0)=1+1=2$$

	$m=0$			
	1	1	1	1
循环时移（$n=1$）	0	1	1	0

$$f(1)=1+1=2$$

	$m=0$			
	1	1	1	1
循环时移（$n=2$）	0	0	1	1

$$f(2)=1+1=2$$

	$m=0$			
	1	1	1	1
循环时移（$n=3$）	1	0	0	1

$$f(3)=1+1=2$$

所以

$$f(n) = x(n) \circledast y(n) = \{\overset{n=0}{2},2,2,2\}$$

从例 4.12 可见，循环褶积结果与线性褶积结果明显不同。为了进一步说明循环褶积的计算，现再举一例。

例 4.13 已知 $x(n)=\{1,\ 1,\ 1,\ 1\}$，$y(n)=\{1,\ 0,\ 0,\ 1\}$，求 $f(n)=x(n)\circledast y(n)$（6 点循环褶积）。

解：此例题已知条件与例 4.12 完全一样，只不过是作 6 点循环褶积，而由于所给 $x(n)$、$y(n)$均为 4 点序列，故先将 $x(n)$、$y(n)$ 尾部充零，使其均成为 6 点序列，再进行循环褶积运算。

	$m=0$					
固定 $x(m)$	1	1	1	1	0	0
循环反转 $y(m)$	1	0	0	1	0	0

所以 $f(0)=1+1=2$

	$m=0$					
	1	1	1	1	0	0
循环时移（$n=1$）	0	1	0	0	1	0

$f(1)=1$

	$m=0$					
	1	1	1	1	0	0
循环时移（$n=2$）	0	0	1	0	0	1

$f(2)=1$

	$m=0$					
	1	1	1	1	0	0
循环时移（$n=3$）	1	0	0	1	0	0

$f(3)=1+1=2$

	$m=0$					
	1	1	1	1	0	0
循环时移（$n=4$）	0	1	0	0	1	0

$f(4)=1$

	$m=0$					
	1	1	1	1	0	0
循环时移（$n=5$）	0	0	1	0	0	1

$f(5)=1$

所以

$$f(n) = x(n) \circledast y(n) = \{2,1,1,2,1,1\}$$

显然，与例 4.12 的结果不同。由此可知，同是循环褶积，但由于其要求褶积的长度不同，所得的结果也是不一样的。

同理，时域两个序列相乘，也对应于频域两个 DFT 作循环褶积：

$$x(n)\cdot y(n)\leftrightarrow \frac{1}{N}[X(k)\circledast Y(k)]\quad (0\leqslant n,k\leqslant N-1) \tag{4.32}$$

由于循环褶积在实际生产中用处很少，这里介绍它的目的主要是想找出循环褶积与线性褶积之间的关系，从而利用离散傅氏变换计算线性褶积，因此，关于式(4.29)及式(4.32)的证明就不多介绍了(读者可以参阅有关书籍)。

4.4.2　线性褶积与循环褶积的关系

例 4.12 的两个序列：$x(n)=\{1,\ 1,\ 1,\ 1\}$及 $y(n)=\{1,\ 0,\ 0,\ 1\}$的线性褶积结果

$$f_1(n)=x(n)*y(n)=\{\overset{n=0}{1},1,1,2,1,1,1\}$$

而 4 点循环褶积结果为

$$f(n)=x(n)\circledast y(n)=\{2,2,2,2\}$$

显然，$f_1(n)\neq f(n)$。两者一是长度不等，二是数据不同，但可注意到，在 $n=3$ 时，两序列的值 $f_1(3)=f(3)$，这是偶然的还是必然的呢？要搞清楚这个问题，先得找出 $f(n)$ 和 $f_1(n)$的关系。

已知循环褶积

$$f(n)=x(n)\circledast y(n)=\sum_{m=0}^{N-1}x(m)y((n-m))_N R_N(n) \tag{4.33}$$

这表示：$f(n)$实际上是有限长序列 $x(n)$和周期序列 $y_p(n)=y((n))_N$ 作褶积，然后再取其主值序列。因此，可将式(4.33)表示成

$$f(n)=[x(n)*y((n))_N]R_N(n) \tag{4.34}$$

这是线性褶积的一种特殊情况。由于 $y((n))_N$ 本身是由有限长序列 $y(n)$经过周期延拓形成的，周期为 N，所以可以把 $y((n))_N$ 表示成

$$y((n))_N=y(n)*P_N(n) \tag{4.35}$$

式中，$P_N(n)$为一周期为 N 的周期序列，其数学表示式为

$$P_N(n)=\begin{cases}1, & n=rN\\ 0, & n\neq rN\end{cases}\quad (r=0,\pm1,\pm2,\cdots) \tag{4.36}$$

这样，式(4.34)就可写成

$$f(n)=\{x(n)*[y(n)*P_N(n)]\}R_N(n) \tag{4.37}$$

根据褶积的交换律，可把式(4.37)写成

$$f(n)=\{[x(n)*y(n)]*P_N(n)\}R_N(n) \tag{4.38}$$

式(4.38)表明：$x(n)$与 $y(n)$的 N 点循环褶积等于 $x(n)$和 $y(n)$先作线性褶积，再将褶积结果以 N 为周期进行周期延拓，然后再取主值序列。

根据前面讲线性褶积时提到的，两个长度为 N 的有限长序列作线性褶积，其长度为 $2N-1$。现在是以 N 为周期进行延拓，势必产生混叠，所以可以说循环褶积是线性褶积加上混叠。用具体的式子来表示，则有

$$f(n)=\Big[\sum_{r=-\infty}^{+\infty}f_1(n+rN)\Big]R_N(n) \tag{4.39}$$

式中，$f(n)$表示循环褶积 $x(n)⊛y(n)$，长度为 N；$f_1(n)$表示线性褶积 $x(n)*y(n)$，长度为 $2N-1$。

式(4.39)中括号内的求和式就表示长度为 $2N-1$ 的线性褶积结果 $f_1(n)$以 N 为周期进行延拓。图 4.12 以具体数据为例说明了这个混叠情况。

图 4.12(a)是 $x(n)$和 $y(n)$均为 3 点序列(即 $N=3$)直接作线性褶积和 3 点循环褶积的关系，将 $f_1(n)$作周期为 3 的周期延拓，再取主值区间$[0, N-1=2]$上的值，得到循环褶积结果 $f(n)$，由于有混叠存在，因此，线性褶积 $f_1(n)$和循环褶积 $f(n)$不等。

由图 4.12(a)可以看到，使线性褶积和循环褶积不等的关键，就在于这种混叠现象，而造成这种混叠现象的根本原因就在于线性褶积长度为 $2N-1$，而周期延拓的周期为 N，二者不匹配，从而使线性褶积在周期重复时造成首尾相绕，俗称“卷绕”。试想，如果把线性褶积 $f_1(n)$周期重复的周期扩大，使得以扩大后的周期进行重复延拓生成的周期序列的主值序列就是线性褶积结果序列本身，这样势必就会有 $f(n)=f_1(n)$了。

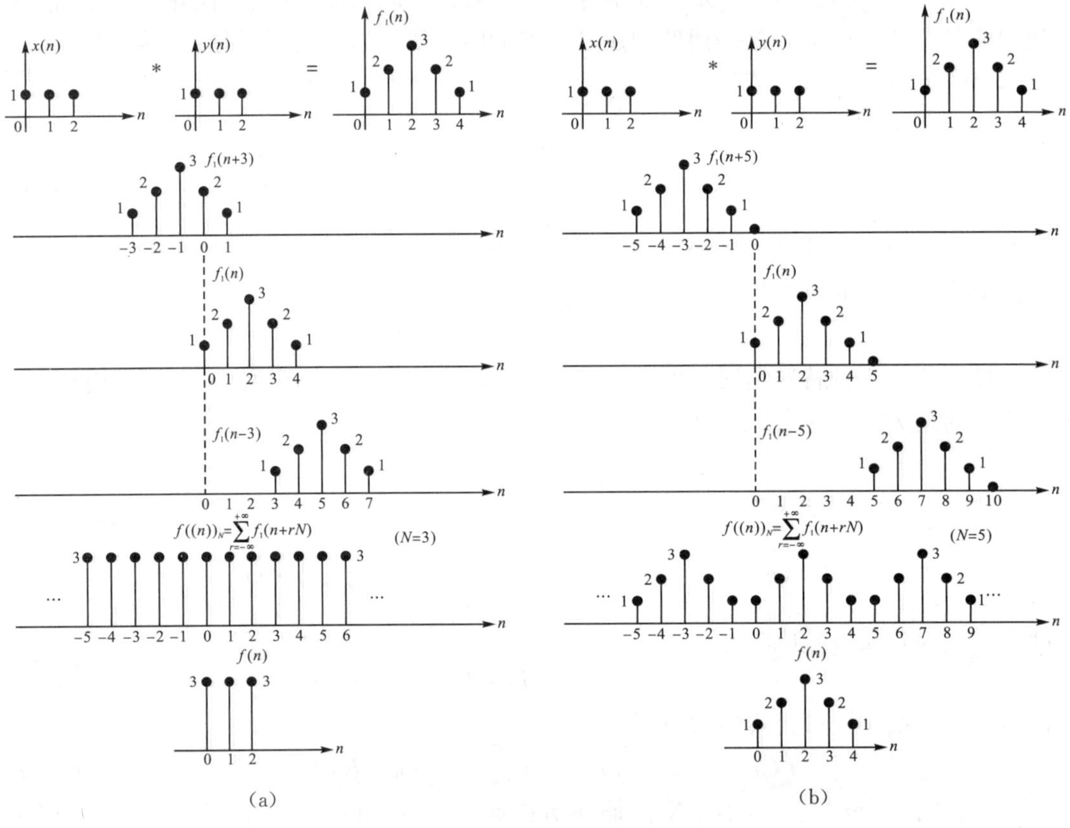

图 4.12 循环褶积和线性褶积关系示意图

(a)有混叠时的循环褶积和线性褶积；(b)无混叠时的循环褶积和线性褶积

图 4.12(b)就是将 $x(n)$和 $y(n)$均补零，长度增至 $L=2N-1=5$ 后作线性褶积和 5 点循环褶积的关系，由于没有混叠现象存在，故此时线性褶积 $f_1(n)$和循环褶积 $f(n)$相等。

关于线性褶积和循环褶积之间的具体关系，可以通过一个定理——循环褶积定理来阐述。

循环褶积定理：设 $x(n)$ 和 $y(n)$ 是长度分别为 M 和 L 的有限长时间序列，当 n 满足

$$\begin{cases} 0 \leqslant n \leqslant N-1, & \text{(a)} \\ n \geqslant M+L-1-N, & \text{(b)} \end{cases} \tag{4.40}$$

时，循环褶积（N 点循环褶积）

$$f(n) = x(n) \circledast y(n)$$

和线性褶积

$$f_1(n) = x(n) * y(n)$$

相等（关于此定理的详细证明，请读者参阅参考文献 [3]）。下面来分析一下这个定理。

（1）当 $N \geqslant M+L-1$ 时，式[4.40(b)]中不等式右边的值 $M+L-1-N \leqslant 0$，这也符合式[4.40(a)]，所以，根据循环褶积定理可知，这时 $f(n)$ 处处等于 $f_1(n)$。

（2）当 $N < \dfrac{M+L}{2}$ 时，根据式[4.40(a)]，有 $n \leqslant N-1$；根据式[4.40(b)]有

$$n \geqslant M+L-1-N \geqslant 2N-1-N = N-1$$

即要求 $n \leqslant N-1$ 和 $n \geqslant N-1$ 同时成立，这样的 n 不存在，所以，此时 $f(n)$ 处处不等于 $f_1(n)$。

（3）当 $\dfrac{M+L}{2} \leqslant N < M+L-1$ 时，$f(n)$ 与 $f_1(n)$ 部分相等。

例 4.14　已知 $x(n)=\{1, 1, 1, 1\}$，$y(n)=\{1, 0, 0, 1, 0, 0\}$，判断 $f(n)=x(n) \circledast y(n)$（10 点循环褶积）和 $f(n)=x(n) \circledast y(n)$（6 点循环褶积）与 $f_1(n)=x(n) * y(n)$ 的关系。

解：因为　$f_1(n)=x(n) * y(n)=\{1, 1, 1, 2, 1, 1, 1, 0, 0\}$

当 $N=10$ 时，由于 $N \geqslant M+L-1=9$，根据循环褶积定理可判定 $f(n)$ 与 $f_1(n)$ 处处相等，具体求出 $f(n)=x(n) \circledast y(n)=\{1, 1, 1, 2, 1, 1, 1, 0, 0, 0\}$，可见 $f(n)$ 与 $f_1(n)$ 完全相等[$f(n)$ 末尾的零可以视为没有]。

当 $N=6$ 时，由于 $5=\dfrac{M+L}{2} \leqslant N < M+L-1=9$，根据循环褶积定理可判定 $f(n)$ 与 $f_1(n)$ 部分相等，即

$$\left.\begin{array}{l} 0 \leqslant n \leqslant N-1=5 \\ n \geqslant M+L-1-N=3 \end{array}\right\} \Rightarrow 3 \leqslant n \leqslant 5 \text{ 时}, f(n)=f_1(n)$$

具体求出 $f(n)=x(n) \circledast y(n)=\{2, 1, 1, 2, 1, 1\}$，可见，当 $3 \leqslant n \leqslant 5$ 时，$f_1(n)$ 与 $f(n)$ 确实相等。

根据上述讨论，可以得出这样一个结论：要想使两个序列的循环褶积等价于它们的线性褶积，只需将这两个序列的长度都扩充为 N 点（$N \geqslant M+L-1$，即为两序列原始长度之和减一），再作 N 点循环褶积即可。

4.4.3　用 DFT 计算线性褶积

在信号和系统的分析中，最常见的是线性时不变系统，对于这类系统，其输出信号

$y(n)$等于输入信号$x(n)$与该系统的单位脉冲响应$h(n)$的线性褶积。因此，线性褶积的计算在实际中是相当重要的，而直接计算两个序列的线性褶积往往是不太容易的。根据前面的讨论可知，循环褶积可以通过频域序列的相乘运算来求得，而两个有限长序列的线性褶积在一定条件下可等同于它们的循环褶积，这样，就可以利用 DFT 来计算线性褶积了。

设

$$x(n) \leftrightarrow X(k),\ h(n) \leftrightarrow H(k)$$

则

$$y(n) = x(n) \circledast h(n)(N\text{ 点循环褶积}) \leftrightarrow Y(k) = X(k) \cdot H(k)$$

因此，循环褶积$y(n)$可以通过对$Y(k)$作 DFT 的反变换求得，即

$$y(n) = \mathrm{IDFT}[Y(k)] = \mathrm{IDFT}[X(k) \cdot H(k)]$$

如果循环褶积的长度为N，满足$N \geqslant M+L-1$[M、L分别是$x(n)$与$h(n)$的长度]，则此循环褶积就等于$x(n)$与$h(n)$的线性褶积。图 4.13 表示了用 DFT 求线性褶积$y(n)=x(n)*h(n)$的过程。

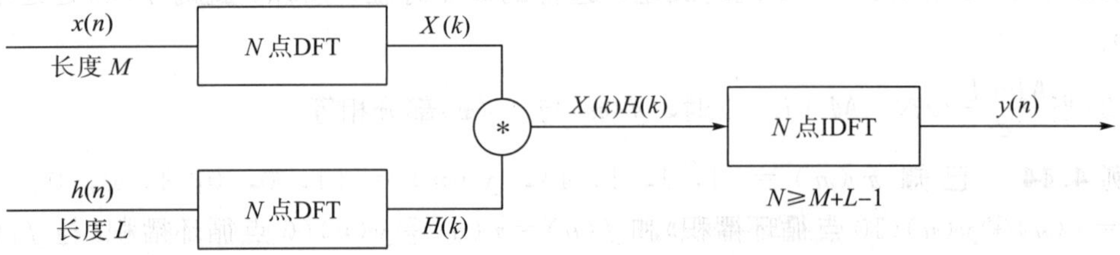

图 4.13 用 DFT 求线性褶积

因此，把线性褶积的运算变成 DFT 的相乘运算过程中，主要运用的是 DFT 的正变换与反变换，在下一章将会看到，DFT 的正变换和反变换都有快速算法，这就是说，线性褶积可以实现快速算法。

例 4.15 已知$x(n)=\{0,1\}$，$y(n)=\{1,1,1\}$，利用 DFT 来计算$f_1(n)=x(n)*y(n)$。

解：由于这里$M=2$，$L=3$，N应取$3+2-1=4$，则把$x(n)$和$y(n)$都扩充为 4 点序列，有

$$x(n) = \{0,1,0,0\} \leftrightarrow \{1,-\mathrm{j},-1,\mathrm{j}\}$$

$$y(n) = \{1,1,1,0\} \leftrightarrow \{3,-\mathrm{j},1,\mathrm{j}\}$$

所以有

$$F(k) = \{3,-1,-1,-1\}$$

再求 IDFT，得

$$f(n) = \{0,1,1,1\} = f_1(n)$$

直接用线性褶积计算方法来求取，也得到同样的结果。

由于例 4.15 中的数据都很短，可以直接用线性褶积计算公式来计算，但在实际生产中往往要计算长序列的褶积，这时依次相乘相加是很费时间的，而利用 DFT 来求取，则由于 DFT 本身存在着快速算法而会使计算时间大大缩短。

习 题

1. 已知周期序列 $f_p(n)=2\delta(n)+\delta(n-1)+\delta(n-3)$，$0\leqslant n\leqslant 3$，试求 $F_p(k)$。

2. 如果 $f_p(n)$是一个周期为 N 的周期序列，那么它也是周期为 $2N$ 的周期序列。把 $f_p(n)$ 看作是周期为 N 的周期序列时，其离散傅氏级数为 $F_{p1}(k)$；把 $f_p(n)$看作是周期为 $2N$ 的周期序列时，其离散傅氏级数为 $F_{p2}(k)$。试找出 $F_{p1}(k)$和 $F_{p2}(k)$的关系。

3. 求下列序列的 DFT。

①$\{1，1，-1，1\}$

②$\{1，j，-1，j\}$

4. 计算下列长度为 N 的有限长序列的 DFT。

① $f(n)=\delta(n)$

② $f(n)=\delta(n-n_0)$，其中 $0<n_0<N-1$

③ $f(n)=a^n$，$0\leqslant n\leqslant N-1$

5. ①求 $f(n)=\{1，2，-1，3\}$的 DFT；

②由 ① 的结果，求其 IDFT。

6. 图 4.14 表示的是一个有限长序列 $x(n)$，试画出下列序列的草图。

①$x_1(n)=x((n-2))_N R_N(n)$

②$x_2(n)=x((-n))_N R_N(n)$

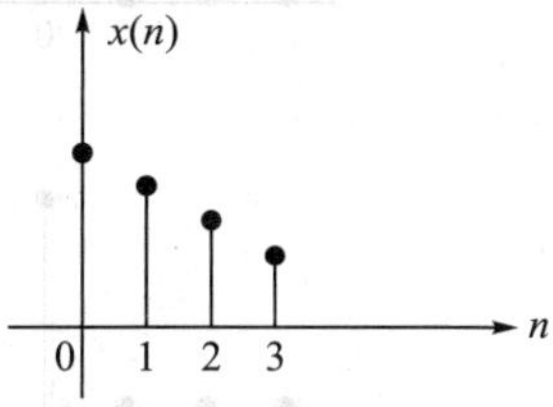

图 4.14 有限长序列

7. 已知有限长序列 $f(n)$的离散傅氏变换 $F(k)$，试利用循环频移性质求下列序列 $y(n)$ 对应的离散傅氏变换 $Y(k)$。

①$y(n)=f(n)\cos\dfrac{2\pi rn}{N}$

②$y(n)=f(n)\sin\dfrac{2\pi rn}{N}$

8. 已知 $f(n)=\{1，0，0，1\}$的离散傅氏变换 $F(k)=\{2，1+j，0，1-j\}$，求下列序列对应的离散傅氏变换。

①$f_1(n)=f((n-2))_N R_N(n)$

②$f_2(n)=f((-n))_N R_N(n)$

③$f_3(n)=2F(k)$

9. 长度为 8 的一个有限长序列具有 8 点离散傅氏变换 $X(k)$，如图 4.15(a)所示。如将一个长度为 16 的新序列定义为

$$y(n)=\begin{cases}x(\frac{n}{2}), & n\ \text{为偶数}\\ 0, & n\ \text{为奇数}\end{cases}$$

试从图 4.15(b)的几个图中选出相当于 $y(n)$的 16 点离散傅氏变换的略图。

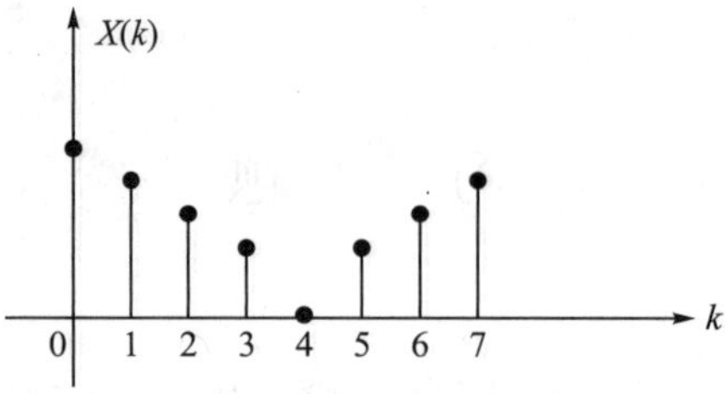

(a)

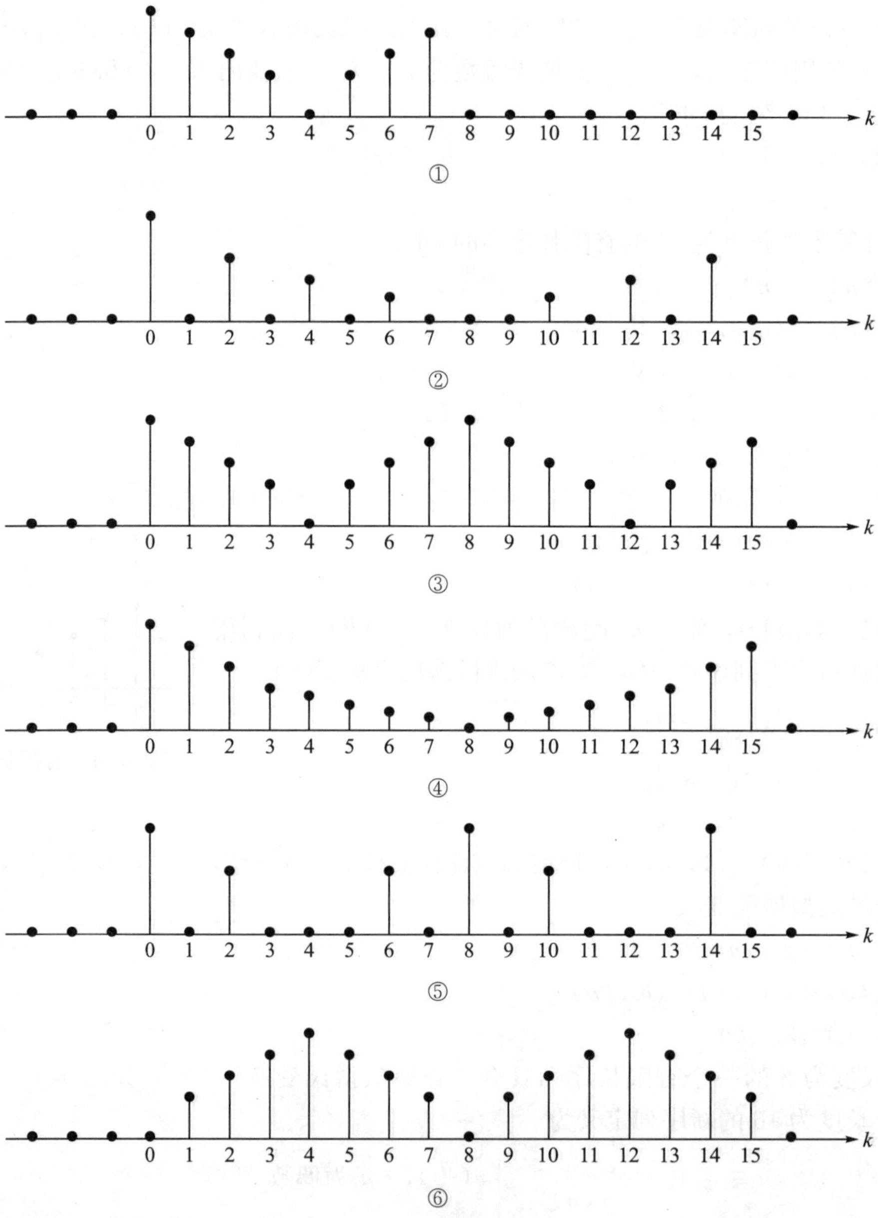

(b)

图 4.15 离散傅氏变换示意图

(a)8 点离散傅氏变换；(b)16 点离散傅氏变换

10. 已知 $x(n)=0.5^n$，$n=0, 1, 2, 3$；$h(n)=\cos\left(\frac{\pi}{2}n\right)$，$n=0, 1, 2, 3$

①用 DFT 方法，求 $y(n)=x(n)\circledast h(n)$；

②用直接计算的方法，求 $y(n)=x(n)\circledast h(n)$。

11. 图 4.16 是一个五点序列 $x(n)$

①试绘出 $x(n)$同 $x(n)$线性褶积的草图；

②试绘出 $x(n)$同 $x(n)$5 点循环褶积的草图；

③试绘出 $x(n)$同 $x(n)$10 点循环褶积的草图；

④若 $x(n)$同 $x(n)$的某个 N 点循环褶积同线性褶积相同，试问此时 N 的最小值是多少？

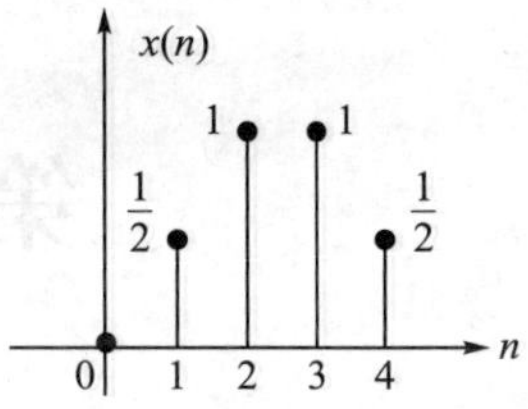

图 4.16　五点序列图

12. 设有两个序列 $x(n)$和 $y(n)$分别为

$$x(n)=0 \quad (n<0, n\geqslant 8)$$
$$y(n)=0 \quad (n<0, n\geqslant 20)$$

分别计算其 20 点的 DFT，然后将两 DFT 相乘，再计算乘积的 IDFT，设 $r(n)$表示 IDFT，试指出 $r(n)$的哪些点等于 $x(n)*y(n)$时的对应点。

13. 给定一信号，编制 DFT 程序计算该信号的频谱，并绘出频谱图进行分析。

第 5 章　快速傅氏变换

离散傅氏变换在实际应用中是非常重要的，利用它可以计算信号的频谱、线性褶积和功率谱等。但是，当 N 很大时，DFT 的计算量太大，这样使 DFT 的应用受到限制。1965 年，J. W. Cooley 和 J. W. Tukey 提出了快速计算 DFT 的算法，简称 FFT（fast fourier transform），大大地减少了 DFT 计算量。所以，FFT 并不是与 DFT 不同的另一种变换，而是为了减少 DFT 计算次数的一种快速高效算法。因而要很好理解 FFT，首先必须对第 4 章介绍的 DFT 要有充分的理解。

5.1　FFT 的基本思想

5.1.1　直接计算 DFT 的问题

长为 N 的有限长序列 $f(n)$的 DFT 为

$$
\begin{aligned}
F(k) &= \sum_{n=0}^{N-1} f(n)\mathrm{e}^{-\mathrm{j}\frac{2\pi}{N}kn} \\
&= \sum_{n=0}^{N-1} f(n)W_N^{kn} \quad (k = 0,1,\cdots,N-1)
\end{aligned} \tag{5.1}
$$

反变换（IDFT）为

$$
\begin{aligned}
f(n) &= \frac{1}{N}\sum_{k=0}^{N-1} F(k)\mathrm{e}^{\mathrm{j}\frac{2\pi}{N}kn} \\
&= \frac{1}{N}\sum_{k=0}^{N-1} F(k)W_N^{-kn} \quad (n = 0,1,\cdots,N-1)
\end{aligned} \tag{5.2}
$$

式中，$W_N = \mathrm{e}^{-\mathrm{j}\frac{2\pi}{N}}$表示权因子。

比较式(5.1)与式(5.2)不难发现，两者的差别仅在于 W_N 的指数符号[式(5.1)中为 W_N^{kn}，式(5.2)中为 W_N^{-kn}]及比例因子[式(5.2)比式(5.1)多一个 $1/N$]的不同，故式(5.1)和式(5.2)的运算量是相同的，只要讨论其中之一的算法，则另一式的算法便与它极为相似。下面就只讨论 DFT 正变换运算。

一般来说，$f(n)$和 W_N^{kn} 都是复数，$F(k)$也是复数。因此，每计算一个 $F(k)$值，需要 N 次 $f(n)\cdot W_N^{kn}$ 形式的复数乘法和 $N-1$ 次复数加法运算。而 $F(k)$共有 N 个点（k 从 0 取到 $N-1$），所以完成全部 DFT 运算总共需要 N^2 次复数乘法和 $N(N-1)$次复数加法。而复数运算实际上是由实数运算来完成的，所以式(5.1)可表示为

$$
\begin{aligned}
F(k) &= \sum_{n=0}^{N-1} f(n)W_N^{kn} \\
&= \sum_{n=0}^{N-1}\{\mathrm{Re}[f(n)]+\mathrm{jIm}[f(n)]\}\{\mathrm{Re}[W_N^{kn}]+\mathrm{jIm}[W_N^{kn}]\} \\
&= \sum_{n=0}^{N-1}\{\mathrm{Re}[f(n)]\mathrm{Re}[W_N^{kn}]-\mathrm{Im}[f(n)]\mathrm{Im}[W_N^{kn}]\} \\
&\quad +\mathrm{j}\sum_{n=0}^{N-1}\{\mathrm{Re}[f(n)]\mathrm{Im}[W_N^{kn}]+\mathrm{Im}[f(n)]\mathrm{Re}[W_N^{kn}]\}
\end{aligned} \tag{5.3}
$$

由式(5.3)可见，一个复数乘法运算必须用4个实数乘法和2个实数加法(实部、虚部分别相加)来实现，而一次复数加法则需2次实数相加。因而，每计算一个$F(k)$需要$4N$次实数乘法和$2N+2(N-1)=2(2N-1)$次实数加法，所以，要完成整个DFT运算共需要$4N^2$次实数乘法和$N\times2(2N-1)=2N(2N-1)$次实数加法。

从上面的统计可见，直接计算DFT时，乘法次数与加法次数都与N^2成正比，N越大，运算工作量将显著增加。如$N=10$时，需要进行100次复数相乘；而$N=1024$时，需要1048576次复数相乘，即一百多万次复数乘法运算，这对于实时性很强的信号处理来说，迫切需要改进对DFT的计算方法以减少总的运算次数。

5.1.2 改善DFT运算效率的基本途径

研究DFT计算，发现在DFT计算中有很多重复的计算可以省去。充分利用W_N^{kn}的对称性和周期性，可以提高DFT的运算速率。

(1)W_N^{kn}的对称性

$$W_N^{k(N-n)}=W_N^{-kn}=(W_N^{kn})^*$$

(2)W_N^{kn}的周期性

$$W_N^{kn}=W_N^{k(n+N)}=W_N^{(k+N)n}$$

利用W_N^{kn}的周期性和对称性，DFT运算中有些项就可合并。由于$W_N^{k(N-n)}=(W_N^{kn})^*$，对于虚、实部而言，有

$$\mathrm{Re}[W_N^{k(N-n)}]=\mathrm{Re}[W_N^{kn}],\quad \mathrm{Im}[W_N^{k(N-n)}]=-\mathrm{Im}[W_N^{kn}]$$

故式(5.3)中的对称项可归并为

$$
\begin{aligned}
&\mathrm{Re}[f(n)]\mathrm{Re}[W_N^{kn}]+\mathrm{Re}[f(N-n)]\mathrm{Re}[W_N^{k(N-n)}] \\
&=\{\mathrm{Re}[f(n)]+\mathrm{Re}[f(N-n)]\}\mathrm{Re}[W_N^{kn}]
\end{aligned}
$$

和

$$
\begin{aligned}
&-\mathrm{Im}[f(n)]\mathrm{Im}[W_N^{kn}]-\mathrm{Im}[f(N-n)]\mathrm{Im}[W_N^{k(N-n)}] \\
&=-\{\mathrm{Im}[f(n)]-\mathrm{Im}[f(N-n)]\}\mathrm{Im}[W_N^{kn}]
\end{aligned}
$$

式(5.3)中，其他各项也可以找到类似的合并方法。这样，乘法运算次数大约可以减少一半。

利用W_N^{kn}的周期性和对称性，可使长序列的DFT分解为短序列的DFT。由于DFT的运算量是与N^2成正比的，如果N点的DFT能分解为若干短序列DFT的组合，则显然可以达到减少运算量、快速计算序列DFT的目的。FFT正是基于这一基本思想而发

展起来的。从上述分析可以看出，这种 FFT 算法把 N 取为 2 的整数次幂，即 $N=2^m$，m 为正整数，称这种 FFT 为基－2FFT。

把长序列分解为短序列的过程称为抽取。抽取可以在时域进行，也可以在频域进行。FFT 的算法很多，各有优缺点，但基本上可以分成两大类，即时间抽取(decimation in time，DIT)法和频率抽取(decimation in frequency，DIF)法。

5.2 时间抽取法

时间抽取(DIT)法是按时间奇偶将长序列不断地变为短序列，使输入长序列为混序排列，输出序列为顺序排列。

5.2.1 算法原理

时间抽取法利用 W_N^{kn} 的周期性和对称性，将 DFT 的计算分解成逐次变小的 DFT 计算，它的分解过程遵循两条规则：

(1)对时间进行奇偶分。

(2)对频率进行前后分。

把长为 N 的输入序列 $f(n)$进行 DFT，即

$$F(k)=\sum_{n=0}^{N-1}f(n)W_N^{kn}\quad(k=0,1,\cdots,N-1)$$

式中 $N=2^m$，m 为正整数。

若把 $f(n)$按 n 进行奇偶分，则 $f(n)$的 DFT 变为

$$F(k)=\sum_{n=偶}f(n)W_N^{kn}+\sum_{n=奇}f(n)W_N^{kn}\quad(0\leqslant k\leqslant N-1)\tag{5.4}$$

当 n 为偶数时，$n=2r$；n 为奇数时，$n=2r+1$；$r=0$，1，…，$N/2-1$。

由式(5.4)得

$$\begin{aligned}F(k)&=\sum_{r=0}^{N/2-1}f(2r)W_N^{2rk}+\sum_{r=0}^{N/2-1}f(2r+1)W_N^{(2r+1)k}\\&=\sum_{r=0}^{N/2-1}f(2r)W_N^{2rk}+W_N^k\sum_{r=0}^{N/2-1}f(2r+1)W_N^{2rk}\end{aligned}$$

由于

$$W_N^2=\mathrm{e}^{-\mathrm{j}\frac{2\pi}{N}2}=\mathrm{e}^{-\mathrm{j}\frac{2\pi}{\frac{N}{2}}}=W_{N/2}$$

上式又可以表示为

$$F(k)=\sum_{r=0}^{N/2-1}f(2r)W_{N/2}^{rk}+W_N^k\sum_{r=0}^{N/2-1}f(2r+1)W_{N/2}^{rk}\tag{5.5}$$

令

$$A(k)=\sum_{r=0}^{N/2-1}f(2r)W_{N/2}^{rk}\quad(k=0,1,\cdots,N/2-1)\tag{5.6}$$

$$B(k)=\sum_{r=0}^{N/2-1}f(2r+1)W_{N/2}^{rk}\quad(k=0,1,\cdots,N/2-1)\tag{5.7}$$

分别是序列 $f(2r)$和 $f(2r+1)$的 $N/2$ 点 DFT，那么

$$F(k)=A(k)+W_N^kB(k)\quad(k=0,1,\cdots,N/2-1)\tag{5.8}$$

式(5.8)表明，一个 N 点的 DFT 可分解为两个 $N/2$ 点的 DFT；反过来，这两个 $N/2$ 点的 DFT 又可合并成为一个 N 点的 DFT。值得指出的是，$f(2r)$、$f(2r+1)$的长度为$N/2$，它们的 DFT 为 $A(k)$、$B(k)$，其点数也是 $N/2$，即 $k=0$，1，…，$N/2-1$，而$F(k)$为 N 个点，因而按式(5.8)计算得到的只是 $F(k)$($k=0$，1，…，$N-1$)的前面一半项数的结果。若需用 $A(k)$和 $B(k)$来表示全部的 $F(k)$值，还必须应用权因子 W_N 的周期性。即

$$W_{N/2}^{rk}=W_{N/2}^{r(k+N/2)}$$

于是有

$$A(k+N/2)=\sum_{r=0}^{N/2-1}f(2r)W_{N/2}^{r(k+N/2)}=\sum_{r=0}^{N/2-1}f(2r)W_{N/2}^{rk}$$

比较式(5.6)有

$$A(k+N/2)=A(k)\tag{5.9}$$

同理

$$B(k+N/2)=B(k)\tag{5.10}$$

式(5.9)、式(5.10)说明，后半部分 k 值($N/2\leqslant k\leqslant N-1$)所对应的 $A(k)$和 $B(k)$与前半部分 k 值($0\leqslant k\leqslant N/2-1$)所对应的 $A(k)$和 $B(k)$值是完全重复的。又由于

$$W_N^{(k+N/2)}=W_N^{N/2}W_N^k=-W_N^k$$

则

$$\begin{aligned}F(k+N/2)&=A(k+N/2)+W_N^{(k+N/2)}B(k+N/2)\\&=A(k)-W_N^kB(k)\quad(k=0,1,\cdots,N/2-1)\end{aligned}\tag{5.11}$$

将式(5.8)与式(5.11)联立起来

$$\begin{cases}F(k)=A(k)+W_N^kB(k)\\F(k+N/2)=A(k)-W_N^kB(k)\end{cases}\quad(k=0,1,\cdots,N/2-1)\tag{5.12}$$

式(5.12)表明，一个 N 点的DFT 可以用$A(k)$和 $B(k)$在 $k=0$，1，…，$N/2-1$ 范围内的值表示。

由于 $N/2=2^{m-1}$仍然是偶数，则式(5.12)中的 $A(k)$和 $B(k)$又可以继续分解为两个 $N/4$ 点的 DFT 运算，即

$$\begin{cases}A(k)=C(k)+W_{N/2}^kD(k)\\A\left(k+\dfrac{N}{4}\right)=C(k)-W_{N/2}^kD(k)\end{cases}\quad(k=0,1,\cdots,N/4-1)\tag{5.13}$$

式(5.13)中

$$\begin{cases}C(k)=\displaystyle\sum_{l=0}^{N/4-1}f(4l)W_{N/4}^{lk}\\D(k)=\displaystyle\sum_{l=0}^{N/4-1}f(4l+2)W_{N/4}^{lk}\end{cases}\quad(k=0,1,\cdots,N/4-1)\tag{5.14}$$

同理

$$\begin{cases} B(k) = G(k) + W_{N/2}^{k} H(k) \\ B(k+\dfrac{N}{4}) = G(k) - W_{N/2}^{k} H(k) \end{cases} \quad (k=0,1,\cdots,N/4-1) \tag{5.15}$$

式(5.15)中

$$\begin{cases} G(k) = \sum\limits_{l=0}^{N/4-1} f(4l+1) W_{N/4}^{lk} \\ H(k) = \sum\limits_{l=0}^{N/4-1} f(4l+3) W_{N/4}^{lk} \end{cases} \quad (k=0,1,\cdots,N/4-1) \tag{5.16}$$

依次分解，直至最后分解为 2 点的 DFT 运算为止。

5.2.2 时间抽取 $N=2^m$ 点 FFT 算法流程图

为了用图表示这一分解过程，引入一个蝶形运算流程图，例如式(5.12)的蝶形运算流程图如图 5.1 所示。

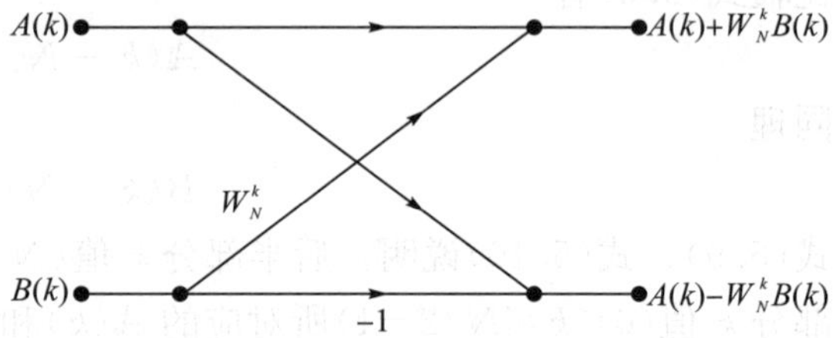

图 5.1 按时间抽取蝶形运算流程图

图 5.1 中左边两路输入，右上路相加输出，右下路相减输出。如果在某一支路上信号需要进行相乘运算，则在该支路标上一个箭头，相乘系数标在箭头旁边。若支路上没有标出箭头及系数，则该支路的传输比为 1。

引入蝶形运算流程图后，一个 8 点运算的分解过程如图 5.2 所示。

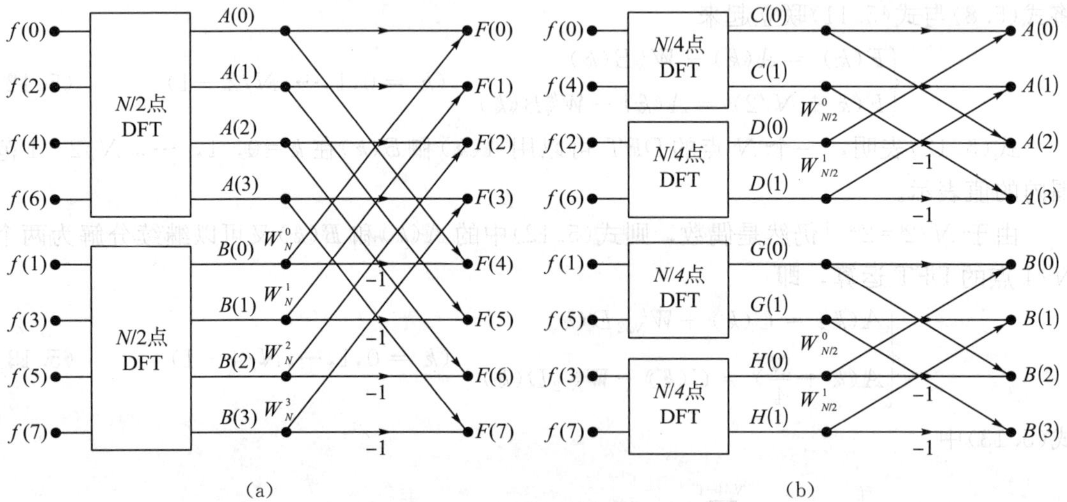

图 5.2 按时间抽取的 8 点 DFT 分解过程

(a)8 点 DFT 分解为两个 4 点 DFT；(b)4 点 DFT 分解为两个 2 点 DFT

图 5.2(b)中，$W_{N/2}^{0}=W_{N}^{0}$，$W_{N/2}^{1}=W_{N}^{2}$。显然，将图 5.2(b)所示的分解移进

图 5.2(a)中，便得到一个 8 点 DFT 分解为 4 个 2 点 DFT 的运算流程图(图 5.3)。

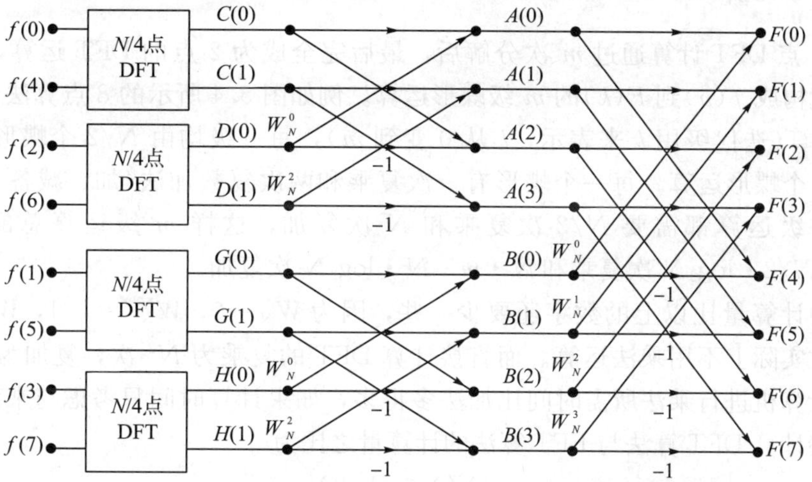

图 5.3 按时间抽取 8 点 DFT 分解为 4 个 2 点 DFT 的运算流程图

因为 $N=8$，图 5.2 中 $N/4$ 点的 DFT 就是 2 点的 DFT，2 点的 DFT 不能再分解。

由以上讨论可知，$N=8$ 点的 DFT，经过两次分解后，最后得到 4 个 $N/4=2$ 点的 DFT，即 $C(k)$、$D(k)$、$G(k)$和 $H(k)$，$k=0$、1，分别由式(5.14)和式(5.16)给出，最后输出的 $F(k)$分别由 $A(k)$和 $B(k)$组合的蝶形结构运算求出。

按时间抽取的完整的 8 点 DFT 算法流程图如图 5.4 所示。为了比较和统一运算结果，使图看起来直观，分解过程中的中间变量 $A(k)$、$B(k)$、$C(k)$、$D(k)$、$G(k)$和 $H(k)$按分解级别依次用 $f_i(k)$来表示，第一级迭代中只有加减运算，故采用系数 W_N^0 的蝶形运算来表示(因为 $W_N^0=1$)。

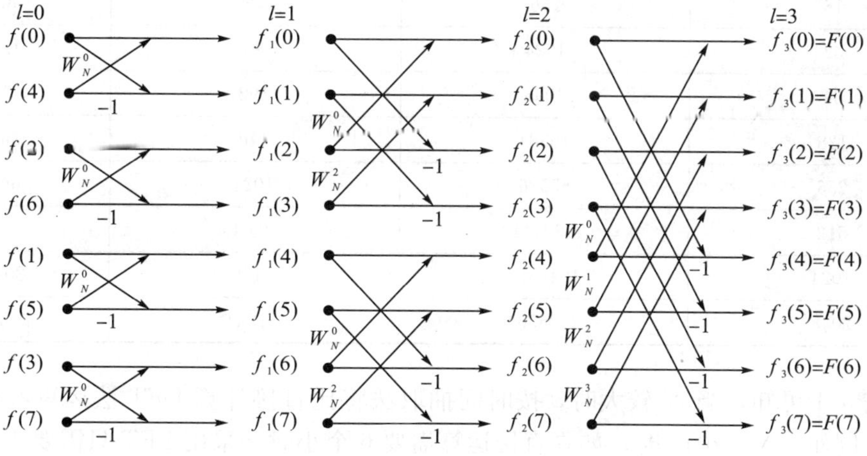

图 5.4 按时间抽取 8 点 FFT 算法流程图

5.2.3 时间抽取法的特点

由图 5.4 可以归纳出时间抽取 $N=2^m$ 点 FFT 算法流程图的几个特点。

1. 蝶形运算

$N=2^m$ 点 DFT 计算通过 m 次分解后，最后完全成为 2 点的 DFT 运算，这样的 m 次分解，就构成 $f(n)$到 $F(k)$的 m 级蝶形运算。例如图 5.4 所示的 8 点算法流程图中有 3 级迭代运算(迭代级用 l 来表示，l 从 0 变到 m)，每一级均由 $N/2$ 个蝶形运算构成，每一级有 4 个蝶形运算。每一个蝶形有一次复乘和两次复数加法(加、减各一次)运算，因此，每一级运算都需要 $N/2$ 次复乘和 N 次复加，这样 m 级运算总的计算量为 $N/2\cdot m=N/2\cdot\log_2 N$ 次复乘和 $N\cdot m=N\cdot\log_2 N$ 次复加。

实际的计算量比以上的数字还要少一些，因为 $W_N^0=0$，$W_N^{N/2}=-1$，$W_N^{\pm N/4}=\pm\mathrm{j}$，这几个系数实际上不用乘法运算。而直接计算 DFT 的复乘为 N^2 次，复加为 $N(N-1)$ 次，由于计算机进行乘法所需时间比加法多得多，如果计算时间只考虑与乘法次数成正比，则直接计算 DFT 算法与 FFT 算法的计算量之比为

$$\frac{N^2}{\frac{N}{2}\log_2 N}=\frac{2N}{\log_2 N}$$

表 5.1 列出了不同 N 值时的 FFT 算法与直接计算 DFT 的运算量比较。

表 5.1 FFT 算法与 DFT 算法比较

N	N^2	$N/2\cdot\log_2 N$	$N^2/(N/2\cdot\log_2 N)$
2	4	1	4.0
4	16	4	4.0
8	64	12	5.4
16	256	32	8.0
32	1024	80	12.8
64	4096	192	21.4
128	16384	448	36.6
256	65536	1024	64.0
512	262144	2304	113.8
1024	1048576	5120	204.8
2048	4196304	11264	372.4

由表 5.1 可知，当 N 较大时，按时间抽取法将比直接计算 DFT 法运算次数少两个数量级。例如，$N=2048$ 时，如果直接运算需要 6 个小时，采用 FFT 只需要 1 分钟就完成了。这样的速度增益使得用 FFT 解决信号处理问题成为可能。

2. 原位计算

时间抽取 FFT 算法的另一个重要特点是可以采用原位计算方式。所谓原位计算，就是当数据输入到存储器中以后，每一级运算的结果仍然储存在这同一组存储器中，直到

最后输出，中间无须其他的存储器。例如，图 5.4 中，每一级的蝶形运算可以写成

$$\begin{cases} f_l(n) = f_{l-1}(n) + W_N^p f_{l-1}(n') \\ f_l(n') = f_{l-1}(n) - W_N^p f_{l-1}(n') \end{cases} \quad (l = 1,2,\cdots,m) \tag{5.17}$$

N 个输入数据 $f(n)$ 经第一次迭代运算后得出新的 N 个数 $f_1(k)$，然后这些新得到的数据经第二次迭代运算，又得到另外 N 个数 $f_2(k)$，依此类推，直到最后的结果 $f_l(k)=f_m(k)=F(k)$。

在迭代计算中，每个蝶形运算的输出数据可以存放在原来存储输入的单元中，实行原位计算。因此，这种运算只需要 N 个复数的存储单元，既可存放输入的原始数据，又可存放中间结果，而且还可以存放最后的计算结果，节省了大量的存储单元，这是 FFT 算法的一大优点。

3. 蝶形的类型随迭代次数成倍增加

由图 5.4 的 8 点 FFT 的三次迭代运算可以看出系数 W_N^p 的变化。在第一级迭代中，只有一种类型的蝶形运算系数，即 W_N^0，参加蝶形运算的两个数据点相距间隔为 1。在第二级迭代中，有两种类型的蝶形运算系数，分别是 W_N^0 和 W_N^2，参加蝶形运算的两个数据点间隔等于 2。在第三级迭代中，有四种类型的蝶形运算系数，分别是 W_N^0、W_N^1、W_N^2、W_N^3，参加蝶形运算的两个数据点间隔等于 4。可见，每一次迭代的蝶形运算系数类型比前一迭代增加一倍，间隔也增大一倍。最后一次迭代的蝶形运算系数类型最多，参加蝶形运算的两个数据点的间隔也最大。

数据点间隔和 W_N^p 的按级(纵向)排列规则如表 5.2 所示。

表 5.2　时间抽取 N 点 FFT 运算流程图两数据点间隔和 W_N^p 排列规则

级　数	两数据点间隔	W_N^p
m(右)	2^{m-1}	W_N^0，W_N^1，W_N^2，…，$W_N^{N/2-1}$
$m-1$	2^{m-2}	W_N^0，W_N^2，W_N^4，…，$W_N^{N/2-2}$
⋮	⋮	⋮
3	4	W_N^0，$W_N^{N/8}$，$W_N^{2N/8}$，$W_N^{3N/8}$
2	2	W_N^0，$W_N^{N/4}$
1(左)	1	W_N^0

4. 码位倒置

由图 5.4 看出，输入数据 $f(n)$ 是“混序”排列的，不是自然顺序，即为 $f(0)$，$f(4)$，$f(2)$，$f(6)$，$f(1)$，$f(5)$，$f(3)$ 和 $f(7)$ 的顺序。然而经 m 级($m=3$)迭代计算后，存储单元中依次存放着 $F(0)$，$F(1)$，$F(2)$，$F(3)$，$F(4)$，$F(5)$，$F(6)$ 和 $F(7)$，即输出是按正序列排列的。这里所说的输入为“混序”，并不是杂乱无章的，而是遵循着一定的规律。若

把输入 $f(n)$的序号用 m 位二进制代码来表达，便可发现，在自然序中，应是 $f(1)$的地方，在混序中却是 $f(4)$，即在 $f(001)$处存放着的是 $f(100)$，100 恰好是 001 的码位倒置，所以说，输入的顺序，恰恰是自然序输入的码位倒置，将这种关系示于表 5.3 中。

表 5.3　码位倒置表示

自然序	二进制表示	码位倒置	码位倒置(混序)
$f(0)$	$f(000)$	$f(000)$	$f(0)$
$f(1)$	$f(001)$	$f(100)$	$f(4)$
$f(2)$	$f(010)$	$f(010)$	$f(2)$
$f(3)$	$f(011)$	$f(110)$	$f(6)$
$f(4)$	$f(100)$	$f(001)$	$f(1)$
$f(5)$	$f(101)$	$f(101)$	$f(5)$
$f(6)$	$f(110)$	$f(011)$	$f(3)$
$f(7)$	$f(111)$	$f(111)$	$f(7)$

“混序”是时间抽取法的原理造成的。图 5.4 中，$f(n)$首先分成偶序列和奇序列，其上半部分为偶序列，[$f(0)$，$f(2)$，$f(4)$，$f(6)$]，用二进制表示 [$f(000)$，$f(010)$，$f(100)$，$f(110)$]，其下部分为奇序列，[$f(1)$，$f(3)$，$f(5)$，$f(7)$]，用二进制表示为 [$f(001)$，$f(011)$，$f(101)$，$f(111)$]，如果将 $f(n)$表示为 $f(n_2n_1n_0)$，显然 n_2、n_1 和 n_0 分别为 1 或 0，最低位为 n_0，当 $n_0=0$ 时，为偶数，出现在图的上半部分，当 $n_0=1$ 时，为奇数，出现在图的下半部分。接着奇偶序列又按各自的排列顺序再次分成奇偶序列。显然，对第一次分成的偶序列在第二次分奇偶序列时是由 n_1 来决定的，当 $n_1=0$ 时为偶数，排在上面；当 $n_1=1$ 时为奇数，排在下面。同理，对第一次分成的奇序列也可以这样来处理。如此进行下去，如图 5.5 所示，称为树状图。这是时间抽取法输入序列的序数产生混序的原因。上述讨论，对 $N=2^m$ 的一般情况完全适合。

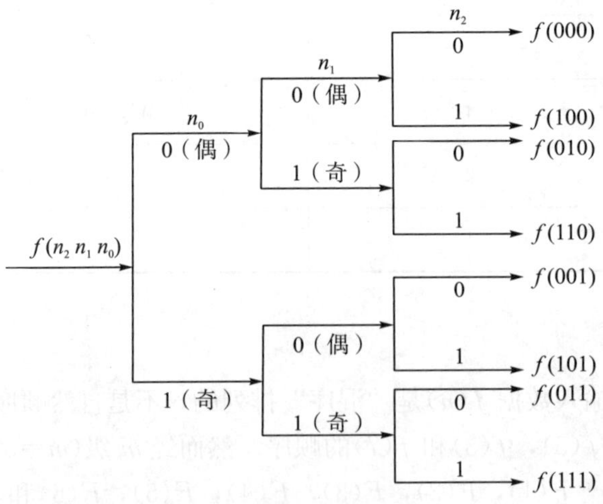

图 5.5　混序产生流程图

然而，在实际运算中，如果数据 $f(n)$按码位倒置顺序输入，那是非常不方便的。因此，数据总是按自然顺序存储的，然后再通过变址运算，将自然顺序的存储转换成码位倒置顺序存储，就可以进行 FFT 的原位运算了。

5.3　频率抽取法

频率抽取(DIF)法是按奇偶原则把输出长序列 $F(k)$逐步分解成越来越短的序列。由于 $F(k)$是在频域进行抽取，故称之为频率抽取法。

5.3.1　算法原理

在时域按奇偶抽取，使输出序列 $F(k)$分成前后两组，根据对偶原理，如果在时域中把 $f(n)$分成前后两组，则必然使频域的 $F(k)$变为奇偶抽取分组。为此，把长度为 N 的输入序列 $f(n)$，按 n 的顺序分成前后两半：

前半部分子序列为

$$f(n)\quad (0 \leqslant n \leqslant N/2-1)$$

后半部分子序列为

$$f(n+N/2)\quad (0 \leqslant n \leqslant N/2-1)$$

其 DFT 为

$$\begin{aligned} F(k) &= \sum_{n=0}^{N-1} f(n) W_N^{kn} \\ &= \sum_{n=0}^{N/2-1} f(n) W_N^{nk} + \sum_{n=N/2}^{N-1} f(n) W_N^{nk} \\ &= \sum_{n=0}^{N/2-1} f(n) W_N^{nk} + \sum_{n=0}^{N/2-1} f(n+N/2) W_N^{nk} W_N^{Nk/2} \\ &= \sum_{n=0}^{N/2-1} [f(n) + W_N^{Nk/2} f(n+N/2)] W_N^{nk} \quad (k=0,1,\cdots,N-1) \end{aligned} \tag{5.18}$$

由于 $W_N = \mathrm{e}^{-\mathrm{j}\frac{2\pi}{N}} \neq W_{N/2}$，因而式(5.18)中两个求和式并不代表 $N/2$ 点的 DFT，而 $W_N^{N/2} = -1$，$W_N^{kN/2} = (-1)^k$，故式(5.18)变为

$$F(k) = \sum_{n=0}^{N/2-1} [f(n) + (-1)^k f(n+N/2)] W_N^{nk} \quad (k=0,1,\cdots,N-1) \tag{5.19}$$

当 k 为偶数时，$(-1)^k=1$；k 为奇数时，$(-1)^k=-1$，因此，按 k 的奇偶可将 $F(k)$分为两部分，令

$$\begin{cases} k = 2r \\ k = 2r+1 \end{cases} \quad (r=0,1,\cdots,N/2-1)$$

则

$$F(2r)=\sum_{n=0}^{N/2-1}[f(n)+f(n+N/2)]W_N^{2rn}$$
$$=\sum_{n=0}^{N/2-1}[f(n)+f(n+N/2)]W_{N/2}^{rn} \tag{5.20}$$
$$F(2r+1)=\sum_{n=0}^{N/2-1}[f(n)-f(n+N/2)]W_N^{(2r+1)n}$$
$$=\sum_{n=0}^{N/2-1}[f(n)-f(n+N/2)]W_N^nW_{N/2}^{rn} \tag{5.21}$$

其中，式(5.20)为输入序列前一半与后一半之和的 $N/2$ 点的 DFT；式(5.21)为输入序列前一半与后一半之差与 W_N^n 之积的 $N/2$ 点的 DFT。

令

$$\begin{cases}a(n)=[f(n)+f(n+N/2)]\\ b(n)=[f(n)-f(n+N/2)]W_N^n\end{cases}\quad (n=0,1,\cdots,N/2-1) \tag{5.22}$$

则

$$\begin{cases}F(2r)=\sum\limits_{n=0}^{N/2-1}a(n)W_{N/2}^{rn}\\ F(2r+1)=\sum\limits_{n=0}^{N/2-1}b(n)W_{N/2}^{rn}\end{cases}\quad (n=0,1,\cdots,N/2-1) \tag{5.23}$$

式(5.22)的运算关系可以用图 5.6 所示的蝶形运算来表示。这样，就将一个 N 点的 DFT 按频率 k 的奇偶分解为两个 $N/2$ 点的 DFT。

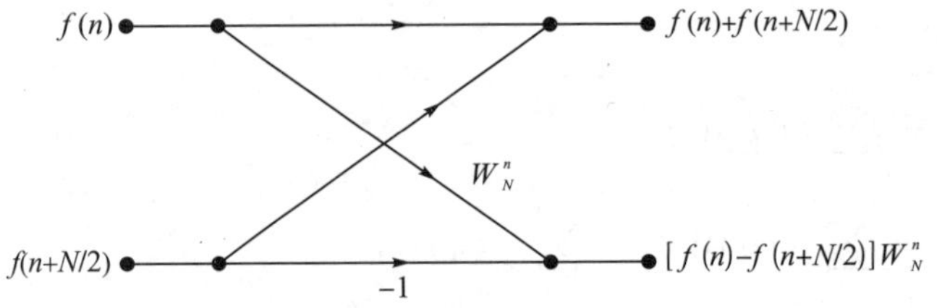

图 5.6 按频域抽取蝶形运算流程图

与时间抽取法的推导过程一样，由于 $N=2^m$，$N/2$ 仍为偶数，因此，可以将 $N/2$ 点的 DFT 的输出再分解为偶数组和奇数组，这样将 $N/2$ 点的 DFT 进一步分解为 2 个 $N/4$ 点的 DFT。这两个 $N/4$ 点 DFT 的输入也是将 $N/2$ 点的 DFT 的输入上下对半分开，通过蝶形运算而形成，这样的分解可以一直进行下去，直到分解 m 步后变成了求 $N/2$ 个两点的 DFT 为止，而这 $N/2$ 个两点 DFT 的计算结果(共 N 个值)就是 $f(n)$的 N 点 DFT 的结果 $F(k)$。$N=8$ 时的分解过程如图 5.7 所示。一个 $N=8$ 时的完整的按频率抽取的 FFT 算法流程图如图 5.8 所示。

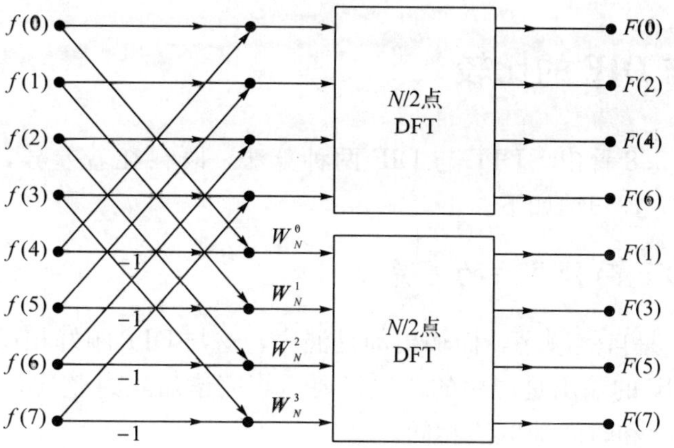

(a)

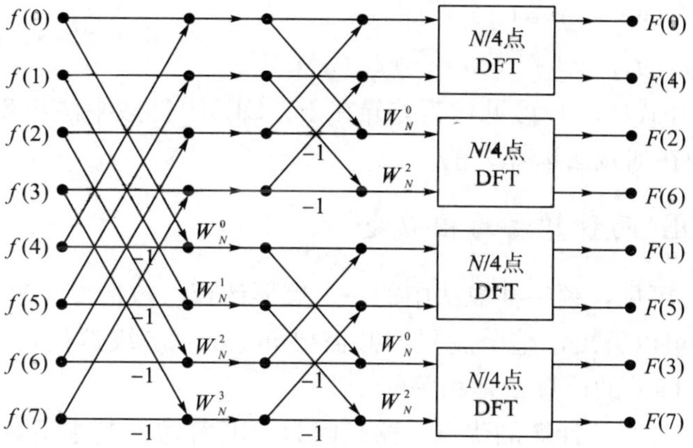

(b)

图 5.7　按频域抽取 8 点 DFT 的分解过程

(a)8 点 DFT 分解为两个 4 点 DFT；(b)8 点 DFT 分解为四个 2 点 DFT

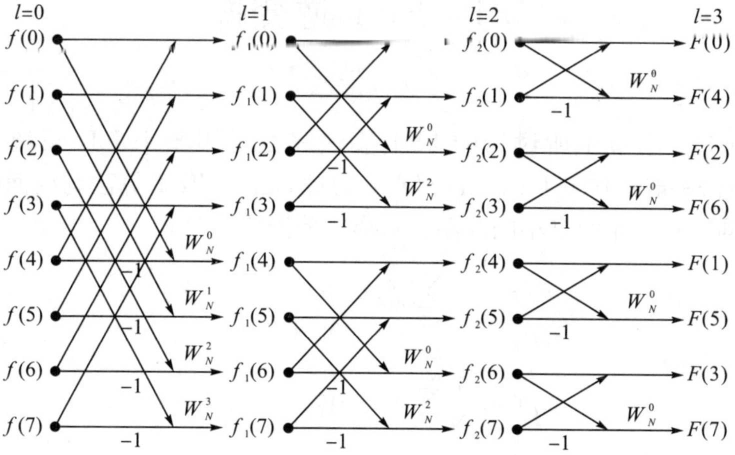

图 5.8　按频域抽取 8 点 FFT 算法流程图

5.3.2 DIT 与 DIF 的比较

从图 5.4 与图 5.8 看出，DIT 与 DIF 两种算法，既存在着差异，有着各自的特点，又存在着相似的地方，归纳如下。

1. DIT 与 DIF 两种算法的差异

(1)DIF 的输入是自然顺序，而输出却是混序，这与 DIT 刚好相反。但这并不是实质性的差异，尽管 DIF 的输出是混序的，但只要运算完毕后经过整序，便可得到自然序的输出，而整序的规律和时间抽取法相同。

(2)DIF 中，每一级的蝶形运算可以写成

$$\begin{cases} f_l(n) = f_{l-1}(n) + f_{l-1}(n') \\ f_l(n') = [f_{l-1}(n) - f_{l-1}(n')]W_N^P \end{cases} \quad (l = 1,2,\cdots,m) \tag{5.24}$$

比较式(5.17)和式(5.24)可见，其差异在于：DIF 中复数乘法出现在减法运算之后，而在 DIT 中却出现在加减法运算之前。

2. DIT 与 DIF 两种算法的相似处

(1)由式(5.24)可见，频率抽取法中的一个蝶形计算，包括 1 次复乘法和 2 次复加法运算，从图 5.8 中可以看出，整个流程图共需要 $m(\log_2 N)$级迭代运算，每级共有 $N/2$ 个蝶形，因此，与 DIT 的计算量是相等的。

(2)两种算法均有同址计算的优点，这是因为 DIF 算法的基本运算也是蝶形运算。

FFT 算法除上面介绍的两种之外，还有许多其他的形式，这里就不多介绍了。

5.4 FFT 逆变换

5.2 小节和 5.3 小节中所讨论的 FFT 算法完全适用于 IDFT(反离散傅氏变换)。IDFT 的快速算法一般称作 IFFT，由于 DFT 的对称性，IFFT 算法与前面所述的 FFT 算法几乎完全相同，只需作两个小的改动。从离散傅氏变换公式

$$F(k) = \sum_{n=0}^{N-1} f(n)W_N^{kn} \quad \text{(DFT)} \tag{5.25}$$

及反变换公式

$$f(n) = \frac{1}{N}\sum_{k=0}^{N-1} F(k)W_N^{-kn} \quad \text{(IDFT)} \tag{5.26}$$

可以看出两者的差别在于：

(1)权因子 W_N^{kn} 和 W_N^{-kn} 的指数相差一个负号。

(2)相差一个常数因子$\frac{1}{N}$。

从式(5.26)得

$$\begin{aligned} f(n) &= \frac{1}{N}\left[\sum_{k=0}^{N-1} F^*(k) W_N^{kn}\right]^* \\ &= \frac{1}{N}\left[F^*(k) \text{ 的 FFT 函数}\right]^* \end{aligned} \tag{5.27}$$

因此，求 $F(k)$的 IFFT 可分下列三步：

(1)先取 $F(k)$的共轭，得 $F^*(k)$。

(2)对 $F^*(k)$作 FFT，得到 $Nf^*(n)$。

(3)再取 $f^*(n)$的共轭，并除以 N，即得 $f(n)$。

当然，这仅是求取反变换的一种设想，还可以有不同的考虑，但有一个共同的着眼点就是利用已有的 FFT 算法程序模块，而不要另行编制一个 IFFT 的子程序。

5.5　FFT 的应用

由于 FFT 仅是 DFT 的一种快速高效算法，因此，凡是可以利用 DFT 变换来进行分析、综合、变换和处理的地方，都可以利用 FFT 算法及数字计算技术来加以实现。FFT 在数字通讯、语音信号处理、图像处理、匹配滤波器以及功率谱估算、仿真、系统分析、数值分析等各个领域都得到广泛的应用。下面简要地讨论 FFT 在对信号进行谱分析、计算线性褶积和相关分析等几个方面的应用。

5.5.1　利用 FFT 对信号进行谱分析

所谓谱分析是在频域内研究信号的某种特征随频率的分布，如振幅谱、相位谱和功率谱；或者说，计算信号的频谱，并由此计算出振幅谱、相位谱和功率谱。这有助于了解信号的特点，因而对信号进行谱分析是相当重要的。

1. 谱分析的步骤

若有一离散时间信号 $f(n)(0\leqslant n\leqslant N_0-1)$，需进行谱分析，则应按一下步骤进行：

(1)数据准备，即把 $f(n)$的长度扩充为 $N=2^m$(m 为正整数)

$$f(n)=\begin{cases} f(n), & 0\leqslant n\leqslant N_0-1 \\ 0, & N_0<n\leqslant N-1 \end{cases} \tag{5.28}$$

(2)用 FFT 计算频谱

$$F(k)=\sum_{n=0}^{N-1} f(n)\mathrm{e}^{-\mathrm{j}\frac{2\pi}{N}kn}=\sum_{n=0}^{N-1} f(n)W_N^{kn}\quad(0\leqslant k\leqslant N-1) \tag{5.29}$$

当 $k=0$，1，…，$N/2$ 时，$F(k)$表示对应于频率 $f_k=\dfrac{k}{N\Delta}$的频谱值。而 $F(k)$一般是由实部 $U(k)$和虚部 $V(k)$组成的复数，即

$$F(k)=U(k)+\mathrm{j}V(k)\quad(k=0,1,\cdots,N/2)$$

(3)由频谱计算振幅谱、相位谱和功率谱

$$\begin{cases}\text{振幅谱} & |F(k)|=\sqrt{U^2(k)+V^2(k)}\\ \text{相位谱} & \varphi(k)=\arctan\dfrac{V(k)}{U(k)}\\ \text{功率谱} & G(k)=|F(k)|^2=U^2(k)+V^2(k)\end{cases}\quad(k=0,\ 1,\ \cdots,\ N/2)\tag{5.30}$$

2. 谱分析中参数的选择

在实际资料处理中，离散时间信号 $f(n)$是从连续时间信号 $f(t)$经采样得到的。而对于一个连续时间信号 $f(t)$，通常用两个参数来刻画其频谱特点：

f_c 表示截频，即 $f(t)$所含有的最高频率，以 Hz 为单位；f_δ 表示频率分辨间隔或称分辨率，以 Hz 为单位。

当对 $f(t)$的振幅谱$|F(k)|$取离散值观察时，各离散值的频率间隔不得大于 f_δ。这样信号所含的各频率分量的差异如大于 f_δ 时，就能从图形上识别出来。一般来讲，当$|F(k)|$曲线摆动较大时，f_δ 可取小些；而当$|F(k)|$曲线较平滑时，f_δ 就可取得大些。

对于离散信号，依据 f_c 和 f_δ 对信号样点个数 N 和抽样间隔 Δ 有一定的要求。根据抽样定理

$$\Delta\leqslant\frac{1}{2f_c}\tag{5.31}$$

确定 Δ。

对于 N，如信号是无限长信号，对其离散抽样 $f(n\Delta)(n\geqslant0)$应用样点个数为 N 的离散信号 $f(n\Delta)(0\leqslant n\leqslant N-1)$近似代替，就要求被省略部分 $f(n\Delta)(n\geqslant N)$的能量很小，即

$$\frac{\sum\limits_{n=N}^{+\infty}f^2(n\Delta)}{\sum\limits_{n=0}^{N-1}f^2(n\Delta)}\approx0\tag{5.32}$$

另外，根据 DFT 公式，有限长离散信号的有限离散频谱的谱线间距是$\frac{1}{N\Delta}$，而连续信号的频率分辨率是小于等于 f_δ，所以应有

$$\frac{1}{N\cdot\Delta}\leqslant f_\delta\quad\text{或}\quad N\geqslant\frac{1}{\Delta\cdot f_\delta}\tag{5.33}$$

根据式(5.31)和式(5.33)，对 N 的要求为

$$N\geqslant\frac{2f_c}{f_\delta}\tag{5.34}$$

$N\Delta$ 表示进行频谱分析的信号记录长度，由式(5.33)知，信号记录长度 $N\Delta$ 必须大于或等于$\frac{1}{f_\delta}$，因此称

$$T_{\min}=\frac{1}{f_\delta}\tag{5.35}$$

为最小记录长度。所以，在通常情况下选取 Δ 时要使其满足式(5.31)，选取 N 时要使其满足式(5.33)，也就是要求信号长度不得小于最小记录长度 $T_{\min}$。

例 5.1　已知某信号的截频 $f_c=125\text{Hz}$，频率分辨间隔要求为 $f_\delta=2\text{Hz}$，要对信号作频谱分析，$T_{\min}$ 为多少？Δ 应满足什么条件？N 应取多少？

解：根据式(5.35)，有

$$T_{\min}=\frac{1}{f_\delta}=\frac{1}{2}=0.5(\text{s})$$

根据抽样定理，有

$$\Delta \leqslant \frac{1}{2f_c}=\frac{1}{2\times 125}=0.004(\text{s})=4(\text{ms})$$

最后根据式(5.34)，有

$$N \geqslant \frac{2f_c}{f_\delta}=125$$

若要求 $N=2^m$，可取 $N=2^7=128$。

5.5.2　利用 FFT 计算线性褶积——快速褶积

所谓快速褶积，就是利用 FFT 来求线性褶积，因其利用了 DFT 的快速算法 FFT，使计算速度加快，故而称为快速褶积。由于在第 4 章中已讲过利用 DFT 求取线性褶积的数学公式及步骤，这里只是把计算 DFT 的地方用 FFT 代替，所以仅列出有关步骤，然后再同一般褶积进行一些比较。

设离散信号 $x(n)$ 和 $y(n)$ 长度分别为 M 和 L，在一般情况下，可有以下计算步骤：

(1)选择 $N=2^m$，使之满足 $2^{m-1}<M+L-1\leqslant 2^m$。

(2)扩充 $x(n)$ 和 $y(n)$ 的长度为 N。

(3)利用 FFT 分别对扩充后的 $x(n)$ 和 $y(n)$ 求离散频谱 $X(k)$ 和 $Y(k)$ $(0\leqslant k\leqslant N-1)$。

(4)计算 $F(k)=X(k)\cdot Y(k)$。

(5)对 $F(k)$ 求 IFFT 得 $f(n)$，就是所要求的线性褶积 $f(n)=x(n)*y(n)$。

这样的计算，虽然在频域上绕了一大圈，但因 FFT 算法的效率很高，实际上使褶积计算更加快速，以下来估计一下上述步骤所需的运算次数。

上面一共作了 3 次 N 点 FFT，N 次复数乘法，根据前面得到的 FFT 算法的运算次数，可以算得整个计算所需的运算次数为

复数加法为：$3N\cdot \log_2 N$ 次

复数乘法为：$(3\cdot N/2\cdot \log_2 N+N)$次

如直接求取线性褶积 $f(n)=x(n)*y(n)$，则由公式

$$f(n)=\sum_{m=0}^{L-1} y(m)x(n-m)\qquad (0\leqslant n\leqslant M+L-2)$$

可以估计出其所需运算次数为

复数加法为：$(L-1)\cdot(M+L-1)$次

复数乘法为：$L\cdot(M+L-1)$次

显然，如M和L较大时，直接计算就要比快速褶积费时多得多，这时应使用快速褶积；而当M和L都较小时，直接计算也可以。具体情况应具体分析，灵活掌握。

5.5.3 利用 FFT 求相关——快速相关

用 FFT 计算相关函数，称为快速相关，它与快速褶积类似，所不同的是前者应用离散相关定理，而后者应用离散褶积定理。但同样都要注意到离散傅氏变换固有的周期性，也同样用补零的方法来处理。

若两个实离散时间信号$x(n)$及$y(n)$的互相关函数定义为

$$r_{xy}(\tau)=\sum_{n=0}^{N-1}x(n)y(n-\tau)=\sum_{n=0}^{N-1}x(n+\tau)y(n) \tag{5.36}$$

则可以很容易证明$r_{xy}(\tau)$的离散傅氏变换

$$R_{xy}(k)=X(k)\cdot Y^*(k)$$

如果$x(n)$的长度为M，$y(n)$的长度为L，则利用 FFT 求相关的计算步骤如下：

(1)选择$N=2^m$，使之满足$2^{m-1}<M+L-1\leqslant 2^m$。

(2)扩充$x(n)$和$y(n)$的长度为N。

(3)利用 FFT 分别对扩充后的$x(n)$和$y(n)$求离散频谱$X(k)$和$Y(k)$（$0\leqslant k\leqslant N-1$）。

(4)计算$Y(k)$的共轭$Y^*(k)$。

(5)计算乘积$X(k)\cdot Y^*(k)$。

(6)计算 FFT 逆变换 IFFT $[X(k)\cdot Y^*(k)]$，便是所求的$x(n)$与$y(n)$的互相关函数$r_{xy}(\tau)$。

如果$x(n)=y(n)$，则求得的是自相关函数。顺便指出一点，根据快速相关计算所需时间，实质上与快速褶积计算所需时间是一样的。因而关于计算所需时间和结论与快速褶积一样，在此就不多讨论了。

习　题

1. 设有一个 16 点序列$f(0)$，$f(1)$，…，$f(15)$，把它排成码位倒置的序列。

2. 已知$f(n)=\{1, 2, 1, 0\}$，利用蝶形流程图法，计算$F(k)$的数值。

3. 试画出$N=16$时，基－2 按时间抽取法的 FFT 流程图(输入序列按码位倒置顺序排列，输出为自然顺序排列)。

4. 试画出$N=16$时，基－2 按频率抽取法的 FFT 流程图(输入序列按自然顺序排列，输出为码位倒置顺序排列)。

5. 用 FFT 对一模拟信号作谱分析，已知频率分辨率为$f_\delta\leqslant 5\text{Hz}$，信号最高频率$f_c\leqslant 1.25\text{kHz}$，试求下列各参量：

①最小记录长度

②采样点间的最大采样间隔

③在一个记录长度中的最少点数

6. 如果一台通用计算机平均每做一次复数乘法需时 10μs，每做一次复数加法需时 2μs，用其计算 $N=4096$ 点的 DFT，估计直接计算和用 FFT 计算分别各需多少时间？

7. 给定一信号，编制 FFT 程序计算该信号的频谱，并绘出频谱图进行分析。

第6章　z　变　换

在“高等数学”的积分变换中，人们引入了 Laplace(拉普拉斯)变换作为傅氏变换的推广，用以分析和讨论连续时间信号和系统。在本章中，将引入一种新的变换——z 变换，作为离散序列傅氏变换的推广，用以分析和研究离散时间信号及系统。用 z 变换来分析、讨论离散时间信号和系统，具有形式简单、运算方便，又能反映问题实质等优点。z 变换是一种运算函数，借助于它可以把求解差分方程的工作转化为解代数方程的工作，因此 z 变换在数字信号分析中起着重要的作用，特别是对于离散时间线性非时变系统的讨论和研究更有着其他运算函数不可替代的作用。

6.1　z 变换的定义

6.1.1　z 变换的引入及定义

在 3.3 小节中已经介绍过，对于一个非周期无限长的离散序列，其傅氏变换公式为

$$F(e^{j\omega}) = \sum_{n=-\infty}^{+\infty} f(n)e^{-j\omega n}$$

此式右边为一个无穷级数，该级数存在(或离散傅氏变换存在)的条件是

$$\sum_{n=-\infty}^{+\infty} |f(n)| < \infty$$

即序列 $f(n)$是绝对可求和的(或是稳定的)。但是实际中，有些序列的 $f(n)$不是稳定的，即满足

$$\sum_{n=-\infty}^{+\infty} |f(n)| = \infty$$

这也意味着其傅氏变换不存在。

例如：$f(n)=2^n u(n)$，随着 n 的增大，$f(n)$越来越大。即

$$\sum_{n=-\infty}^{+\infty} |f(n)| = \infty$$

于是人们设想将 $f(n)$改造一下，改造成 $f(n)\cdot r^{-n}$，使得

$$\sum_{n=-\infty}^{+\infty} |f(n) \cdot r^{-n}| < \infty$$

则其对应的傅氏变换为

$$F(e^{j\omega}) = \sum_{n=-\infty}^{+\infty} f(n) \cdot r^{-n} e^{-j\omega n}$$

$$= \sum_{n=-\infty}^{+\infty} f(n) \cdot (re^{j\omega})^{-n} \tag{6.1}$$

令

$$z = re^{j\omega} = r(\cos\omega + j\sin\omega)$$

则式(6.1)演变成

$$F(z) = \sum_{n=-\infty}^{+\infty} f(n) z^{-n} \tag{6.2}$$

式(6.2)称为序列 $f(n)$ 的 z 变换。因此，z 变换可以看作是序列 $f(n)$ 乘以指数序列 r^{-n} 后的傅氏变换，它是傅氏变换的一种推广，是人们引入用来分析和讨论离散时间信号和系统的一种变换。

根据 z 变换的引入可知，若给定一个离散时间序列

$$f(n) = \{\cdots, f_{-2}, f_{-1}, f_0, f_1, f_2, \cdots\}$$

则其对应的 z 变换就是用这个序列中的数 $f_i(-\infty < i < +\infty)$ 作系数，构成一个既含有 z 的正幂项，又含有 z 的负幂项的级数

$$\cdots + f_{-2}z^2 + f_{-1}z + f_0 + f_1 z^{-1} + f_2 z^{-2} + \cdots$$

这是一个以 z 为变量的复函数。其中 z 是一个复变量，具有实部和虚部。如果用横坐标表示 z 的实部，纵坐标表示 z 的虚部，由此得到的坐标平面是一个复平面，通常称为 z 平面。这种 z 变换，由于序列的取值范围是 $-\infty < n < +\infty$，故称作双边 z 变换；而把

$$F^{+}(z) = \sum_{n=0}^{+\infty} f(n) z^{-n} \tag{6.3}$$

和

$$F^{-}(z) = \sum_{n=-1}^{-\infty} f(n) z^{-n} \tag{6.4}$$

叫作单边 z 变换。显然有

$$F(z) = F^{+}(z) + F^{-}(z) \tag{6.5}$$

单边 z 变换可以看作是双边 z 变换的特例。它们的差别仅在于 n 的取值范围不同。由于 n 的定义域不同，z 平面上收敛的区域也就不同。

例 6.1　已知 $f(n) = \{2, 3, \overset{n=0}{5}, -2, 1, 6, 3\}$，求 $F(z)$。

解：$f(n)$ 是一个有限长序列，根据式(6.2)可知

$$F(z) = 2z^2 + 3z + 5 - 2z^{-1} + z^{-2} + 6z^{-3} + 3z^{-4} \tag{6.6}$$

显然，式(6.6)是一个有限项的级数求和，要使此级数收敛或有意义，则必须满足 $z \neq 0$ 和 $z \neq \infty$，即在 $0 < |z| < \infty$ 的范围内收敛。因此，在按式(6.2)求得 $f(n)$ 的 z 变换后，还

必须同时判断它的收敛域，才算完全完成了求 $f(n)$的 z 变换的任务。同时由于$F(z)$收敛域的不同，其意义也是不同的。收敛域对 z 变换来说，极其重要，也很好研究。

6.1.2 z 变换的收敛域

使某一序列 $f(n)$的 z 变换 $\sum_{n=-\infty}^{+\infty} f(n)z^{-n}$ 级数收敛的 z 平面上所有 z 值的集合，就称作 $f(n)$的 z 变换 $F(z)$的收敛域。

根据级数求和理论，式(6.2)收敛的充分必要条件是该级数绝对可求和，即

$$\sum_{n=-\infty}^{+\infty} |f(n)z^{-n}| < \infty \tag{6.7}$$

一般来说，式(6.2)那样的幂级数的收敛域为 z 平面上的某个环形区域，因为

$$\sum_{n=-\infty}^{+\infty} |f(n)z^{-n}| = \sum_{n=-\infty}^{+\infty} |f(n)| \cdot |z|^{-n} < \infty$$

为使绝对可求和条件满足，就要对$|z|$有一定的范围限制。这个范围一般可表示为

$$R_{x-} < |z| < R_{x+} \tag{6.8}$$

可见，收敛域是一个以 R_{x-} 及 R_{x+} 为半径的两个圆所围成的环带区域，如图 6.1 所示。因此，R_{x-}、R_{x+} 也称作“收敛半径”，R_{x-} 可以小到零，R_{x+} 可以大到∞。

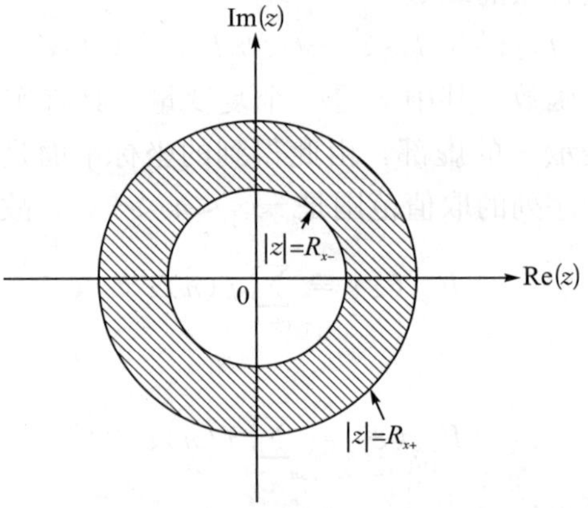

图 6.1 环形收敛域

例 6.2 已知 $x(n)=u(n)$，求 $X(z)$。

解：

$$\begin{aligned} X(z) &= \sum_{n=-\infty}^{+\infty} x(n)z^{-n} \\ &= \sum_{n=0}^{+\infty} z^{-n} \\ &= 1 + z^{-1} + z^{-2} + \cdots \end{aligned} \tag{6.9}$$

式(6.9)的级数只有在$|z^{-1}|<1$ 时才收敛。这时无穷级数可用封闭形式表示为

$$X(z) = \sum_{n=0}^{+\infty} z^{-n} = \frac{1}{1-z^{-1}} \quad (1 < |z| \leqslant \infty) \tag{6.10}$$

通过例 6.2 可知，任何一个序列的 z 变换，一般都可以有两种表达形式，一种像式(6.9)的无穷级数形式，另一种如式(6.10)的封闭形式。但任何封闭形式都只是表示 z 平面上某一区域内的函数。

常见的 z 变换的封闭形式为有理函数，即为两个多项式之比：

$$F(z) = \frac{P(z)}{Q(z)} \tag{6.11}$$

式(6.11)中，分子多项式的根就是使 $F(z)=0$ 的那些 z 值，称作 $F(z)$的零点；分母多项式的根是使 $F(z)$为无穷大的那些 z 值，就叫作 $F(z)$的极点。如例 6.2 中 $X(z)$在 $z=0$ 处有一零点，在 $z=1$ 处有一极点。此外，当 $Q(z)$的阶次高于 $P(z)$时，极点可以出现在 $z=0$ 处；而当 $P(z)$的阶次高于 $Q(z)$时，极点可以出现在 $z=\infty$处。

z 变换的收敛域和极点分布关系密切。在极点处 z 变换不收敛，所以在收敛域内不得包含任何极点，收敛域是以极点来限定边界的，因此人们常用 z 平面上的零——极点分布图来表示序列的 z 变换，如图 6.2 所示。

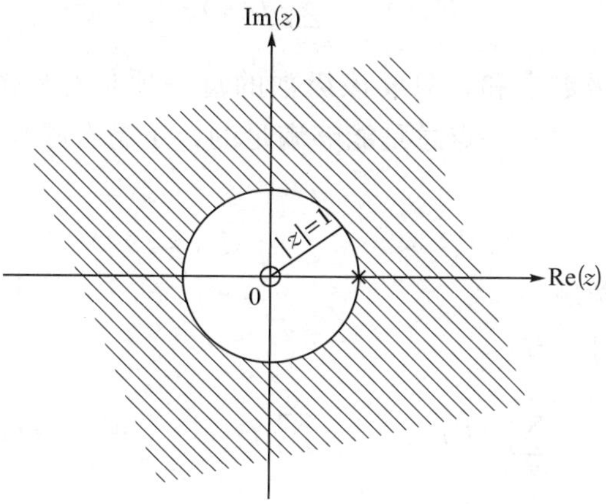

图 6.2　例 6.2 的零点、极点及收敛域三者之间的关系

6.1.3　z 变换与傅氏变换的关系

在 6.1 小节中引入 z 变换时已经介绍了序列 $f(n)$的 z 变换就是序列 $f(n)$乘以指数序列 r^{-n}后的傅氏变换，它是傅氏变换的一种推广；若式 6.1 中 $r=1$(或者说$|z|=1$)，则 z 变换就简化为离散时间傅氏变换，即

$$F(z)\Big|_{z=e^{j\omega}} = F(e^{j\omega}) = \sum_{n=-\infty}^{+\infty} f(n)e^{-j\omega n} \tag{6.12}$$

因此可以这样说，序列的傅氏变换就是序列在单位圆($|z|=1$)上的 z 变换。换句话说，傅氏变换是 z 变换的一种特例。

由于傅氏变换是 z 变换的一种特例，而在 3.3 小节中知道：如果一个序列的傅氏变换存在，则这个序列一定是稳定的，从而可以推知稳定序列的 z 变换的收敛域必然包括单位圆($|z|=1$)在内。换句话说，如果一个序列 $f(n)$的 z 变换 $F(z)$的收敛域包括$|z|=1$，则这个序列必定是稳定序列。再根据极点和收敛域的关系知道，收敛域内不允

许有极点存在，由此推知，稳定序列 z 变换的极点不可能在单位圆上。

6.2 几种特殊序列 z 变换的收敛域

序列 $f(n)$ 的特性决定了 $F(z)$ 的收敛域范围。现就二者间的关系分四种情况加以讨论。

6.2.1 有限长序列

当序列 $f(n)$ 只具有有限项($n_1 \leqslant n \leqslant n_2$)，其 z 变换为

$$F(z)=\sum_{n=n_1}^{n_2} f(n) z^{-n}$$

显然，这是一个有限项级数求和，只要该级数的每一项是有界的，级数和也是有界的，而 $|f(n)|<\infty(n_1 \leqslant n \leqslant n_2)$ 这一点总是能够满足的，于是有限长序列 z 变换的收敛域就取决于

$$|z|^{-n}<\infty \quad (n_1 \leqslant n \leqslant n_2)$$

现分四种情况考虑其收敛域：

(1) $n_1<0$，$n_2>0$ 时，有

$$\begin{aligned} F(z) &=\sum_{n=n_1}^{n_2} f(n) z^{-n}=\sum_{n=n_1}^{-1} f(n) z^{-n}+\sum_{n=0}^{n_2} f(n) z^{-n} \\ &=\sum_{n=|n_1|}^{1} f(-n) z^{n}+\sum_{n=0}^{n_2} f(n) z^{-n} \end{aligned}$$

上式中除第一项的 $z=\infty$ 处和第二项 $z=0$ 处外都是收敛的，所以总的收敛域为 $0<|z|<\infty$。有时将这个开域 $(0,\infty)$ 称为“有限 z 平面”。

(2) $n_1<0$，$n_2 \leqslant 0$ 时，有

$$F(z)=\sum_{n=n_1}^{n_2} f(n) z^{-n}=\sum_{n=|n_1|}^{|n_2|} f(-n) z^{n}$$

显然收敛域为 $0 \leqslant |z|<\infty$，是包括零点的半开域，即除 $z=\infty$ 外都收敛。

(3) $n_1 \geqslant 0$，$n_2>0$ 时，有

$$F(z)=\sum_{n=n_1}^{n_2} f(n) z^{-n}$$

收敛域为 $0<|z| \leqslant \infty$，是包括 ∞ 的半开域，即除 $z=0$ 外都收敛。

(4) 特殊情况：$n_1=n_2=0$ 时，这就是序列 $f(n)=\delta(n)$ 的情况，它的收敛域是整个 z 平面，即

$$Z[\delta(n)]=1 \quad (0 \leqslant |z| \leqslant \infty)$$

6.2.2　右序列

$f(n)$只在$n \geqslant n_1$时有值，而$n < n_1$时$f(n)=0$的序列称为右序列，其z变换为

$$F(z) = \sum_{n=n_1}^{+\infty} f(n) z^{-n} \tag{6.13}$$

式中n_1可正可负，显然可分两种情况考虑其收敛域。

(1) $n_1 \geqslant 0$时，这时的右序列就是因果序列，假设式(6.13)中$F(z)$的级数在$|z| = |z_1|$处绝对收敛，则

$$\sum_{n=n_1}^{\infty} |f(n) z_1^{-n}| < \infty \tag{6.14}$$

因$n_1 \geqslant 0$，则当$|z| \geqslant |z_1|$时，级数$\sum_{n=n_1}^{\infty} |f(n) z_1^{-n}|$中每一项皆小于式(6.14)中对应的项，故有

$$\sum_{n=n_1}^{\infty} |f(n) z^{-n}| < \sum_{n=n_1}^{\infty} |f(n) z_1^{-n}| < \infty$$

因此，$n_1 \geqslant 0$时的右序列收敛域可写成$|z_1| \leqslant |z| \leqslant \infty$，包括闭域$\infty$。若取$R_{x-} < |z_1|$，则可得到如图6.3所示的收敛区域，显然，因果序列z变换的收敛域是一包含$z=\infty$的某个圆的外部。

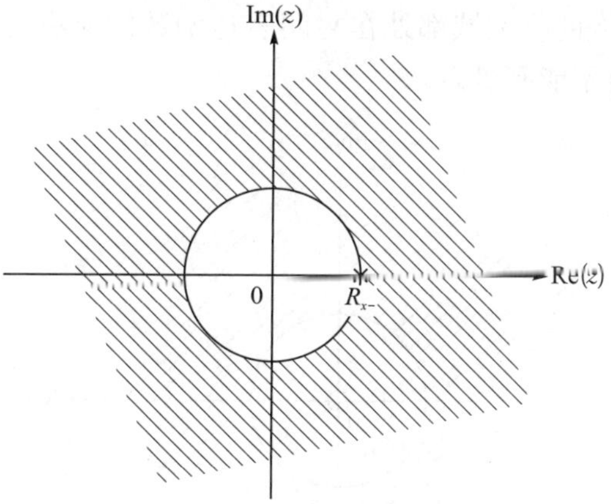

图 6.3　因果序列的收敛域

综合前一节的结论，可以知道：一个稳定的因果序列，其z变换的收敛域必是某个包括单位圆在内的圆的外部，即$|z| > R_{x-}$ ($R_{x-} < 1$)。由此可推出：稳定的因果序列的z变换极点，必然全部都在单位圆内。

(2) $n_1 < 0$时，z变换可写成

$$F(z) = \sum_{n=n_1}^{\infty} f(n) z^{-n} = \sum_{n=n_1}^{-1} f(n) z^{-n} + \sum_{n=0}^{\infty} f(n) z^{-n}$$

式中，第一项就是$n_1 < 0$、$n_2 < 0$的有限长序列，由前面的讨论可知其收敛域为$0 \leqslant$

$|z|<\infty$；第二项就是 $n_1\geqslant 0$ 的因果序列，其收敛域为 $|z_1|\leqslant|z|\leqslant\infty$，所以总的收敛域为 $|z_1|\leqslant|z|<\infty$。

如果设 R_{x-} 是使式(6.13)的 z 变换等于无穷的最大 $|z|$ 值(即模为最大的有限极点)，则右序列的收敛域可写成

$$|z|>R_{x-}$$

当 $n_1\geqslant 0$ 时，序列的收敛域包括 $z=\infty$；当 $n_1<0$ 时，收敛域不包括 $z=\infty$。因此，若一个序列的 z 变换的收敛域在某个圆之外，则该序列是右向的，若其收敛域还包括 $z=\infty$ 点，则序列为因果序列。

例 6.3 求指数序列 $f(n)=a^n u(n)$ 的 z 变换。

解：$f(n)$ 是一个右序列，其 z 变换为

$$\begin{aligned}F(z) &= \sum_{n=-\infty}^{+\infty} f(n)z^{-n} = \sum_{n=0}^{\infty} a^n z^{-n}\\ &= \sum_{n=0}^{\infty}(az^{-1})^n\\ &= 1+az^{-1}+a^2z^{-2}+\cdots\end{aligned}$$

显然，只有在 $|az^{-1}|<1$，也即 $|z|>|a|$ 处收敛。在收敛域上有封闭型表达式

$$F(z)=\sum_{n=0}^{\infty}a^n z^{-n}=\frac{1}{1-az^{-1}}=\frac{z}{z-a}\qquad(|z|>|a|)\tag{6.15}$$

式(6.15)在 $z=a$ 处有一极点，在 $z=0$ 处有一零点。由于收敛域内不允许极点存在，所以式(6.15)的 $F(z)$ 收敛域正是极点所在的圆 $|z|=|a|$ 以外的区域，如图 6.4 所示。由此可知，右序列 z 变换的收敛域都处在封闭表达函数的所有有限极点所在圆之外。对于因果序列，$z=\infty$ 处也不能有极点。

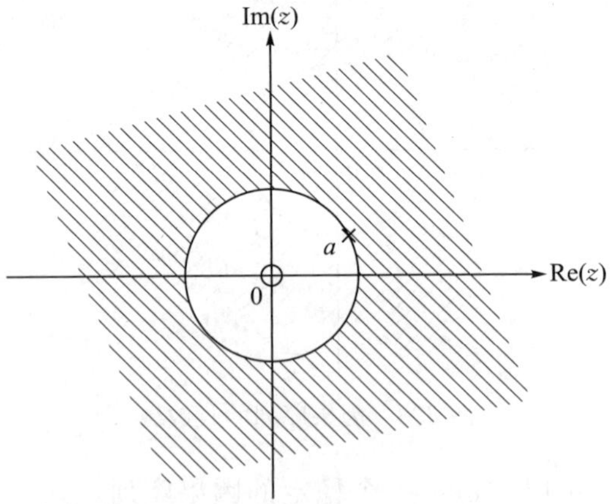

图 6.4 指数序列的收敛域

6.2.3 左序列

若序列 $f(n)$ 只在 n 自 $-\infty$ 至某 n_2 范围内有值，而当 $n>n_2$ 时，$f(n)=0$，则称 $f(n)$ 为左序列，其 z 变换为

$$F(z)=\sum_{n=-\infty}^{n_2} f(n)z^{-n} \tag{6.16}$$

它的收敛域可作如下考虑：

若 $F(z)$在$|z|=R$ 上收敛，即

$$\sum_{n=-\infty}^{n_2} f(n)R^{-n}<\infty$$

在 $0<|z|<R$ 上必然也收敛。因为可以任选一整数 $n_1\leqslant 0$ 使

$$\sum_{n=-\infty}^{n_2}|f(n)z^{-n}|=\sum_{n=n_1}^{n_2}|f(n)z^{-n}|+\sum_{n=-\infty}^{n_1-1}|f(n)z^{-n}|$$

上式右端第一项是有限长序列，由前面的讨论知其收敛域可分为两种情况考虑：当 $n_1\leqslant 0$ 时，收敛域为 $0\leqslant|z|<\infty$，当 $n_1>0$ 时，收敛域为 $0<|z|<\infty$。

第二项由于$|z|=R$，$n<0$，因此$|z^{-n}|<R^{-n}$，有

$$\sum_{n=-\infty}^{n_1-1}|f(n)z^{-n}|=\sum_{n=-\infty}^{n_1-1}|f(n)||z^{-n}|<\sum_{n=-\infty}^{n_1-1}|f(n)|R^{-n}$$

由于 $\sum\limits_{n=-\infty}^{n_1-1}|f(n)|R^{-n}<\infty$，所以式(6.16)的整个级数在$|z|\leqslant R$ 上有界，即

$$\sum_{n=-\infty}^{n_1-1}|f(n)z^{-n}|<\infty \quad (|z|\leqslant R)$$

综上所述，若 R_{x+} 是使式(6.16)的 z 变换不存在(即等于无穷)的最小$|z|$值(有限极点中模最小的)，则除了 $n_2>0$ 时 $z=0$ 点外，左序列的收敛域必须在$|z|<R_{x+}$ 这个圆内部。

例 6.4　求序列 $f(n)=-b^n u(-n-1)(b<1)$ 的 z 变换。

解：$f(n)$是一个左序列，其 z 变换为

$$F(z)=\sum_{n=-\infty}^{-1}-b^n z^{-n}=\sum_{n=1}^{\infty}-b^{-n}z^n=1-\sum_{n=0}^{\infty}(b^{-1}z)^n$$

等号右边第二项是一个无穷等比级数，显然，若公比$|b^{-1}z|<1$，即$|z|<|b|$时，此级数是收敛的，其他情况下级数发散。所以有

$$F(z)=1-\frac{1}{1-b^{-1}z}=\frac{z}{z-b} \quad (|z|<|b|) \tag{6.17}$$

函数$\dfrac{z}{z-b}$在 $z=b$ 处有一极点，在 $z=0$ 处有一零点。序列及其收敛域和极、零点分布如图 6.5 所示。整个收敛域在极点所在圆内的解析区域。

对于左序列，封闭表达式如果有几个极点存在，则收敛域一定在最小的一个极点所在圆的内部(注意：当 $n_2>0$ 时，收敛域应扣除 $z=0$ 这一点；而当 $n_2\leqslant 0$ 时，收敛域为完整的圆内)。

对于式(6.15)及式(6.17)，可看出若令 $b=a$，则两者函数 $F(z)$恒相等。再对照图 6.4和图 6.5，可见两者的极、零点分布也是完全相同的，唯一的区别在于一个的收敛域在圆内，另外一个在圆外。说明了一个极度重要的结论：确定序列的 z 变换，不仅要求给出 z 变换本身而且还必须指出其收敛域；反之，尽管 $F(z)$形式相同，若所取的收敛域不同，则对应的序列是不相同的。

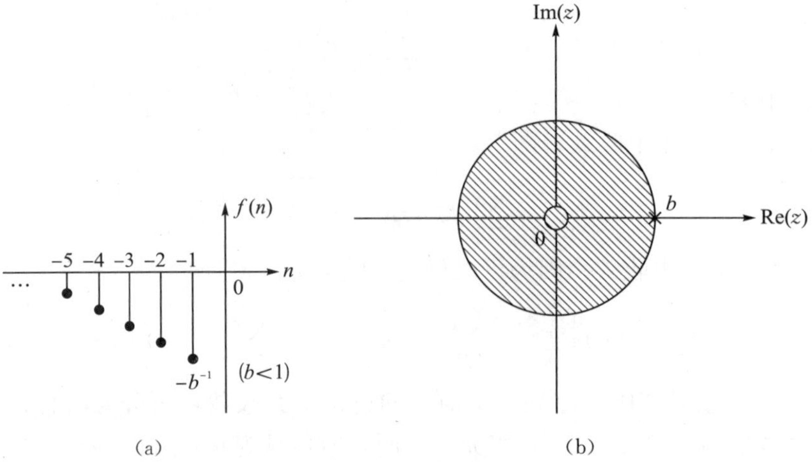

图 6.5 左序列及其收敛域

(a)左序列 $f(n)=-b^n u(-n-1)$；(b)收敛域和极、零点分布

6.2.4 双边序列

当 n 从 $-\infty$ 变到 $+\infty$ 时，序列 $f(n)$ 均不为零，则称 $f(n)$ 为双边序列，它可以看作是一个左序列和一个右序列之和。对此序列进行 z 变换：

$$F(z)=\sum_{n=-\infty}^{+\infty} f(n)z^{-n}=\sum_{n=0}^{\infty} f(n)z^{-n}+\sum_{n=-\infty}^{-1} f(n)z^{-n}$$

通过前面的分析知道，上式右端第一项(右序列)的收敛域为 $R_{x-}<|z|$；第二项(左序列)的收敛域为 $|z|<R_{x+}$，若 $R_{x-}<R_{x+}$，则有公共收敛域为 $R_{x-}<|z|<R_{x+}$。若 $R_{x-}>R_{x+}$，则无公共收敛域，即 $F(z)$ 无收敛域。这种 z 变换也就没有什么实际意义。

例 6.5 求 $f(n)=b^{|n|}$ 的 z 变换(b 为实数)。

解：显然这是一个双边序列，其 z 变换为

$$\begin{aligned}F(z)&=\sum_{n=-\infty}^{+\infty} f(n)z^{-n}\\&=\sum_{n=-\infty}^{-1} b^{-n}z^{-n}+\sum_{n=0}^{+\infty} b^{n}z^{-n}\end{aligned}$$

若令

$$\begin{aligned}F_1(z)&=\sum_{n=-\infty}^{-1} b^{-n}z^{-n}=\sum_{n=0}^{\infty} b^{n}z^{n}-1\\&=\frac{1}{1-bz}-1=\frac{bz}{1-bz}\quad\left(|z|<\frac{1}{|b|}\right)\end{aligned}$$

$$F_2(z)=\sum_{n=0}^{\infty} b^{n}z^{-n}=\frac{1}{1-bz^{-1}}\quad(|z|>|b|)$$

若 $|b|<1$，则存在公共收敛域，因此有

$$\begin{aligned}F(z)&=F_1(z)+F_2(z)\\&=\frac{bz}{1-bz}+\frac{1}{1-bz^{-1}}\quad\left(|b|<|z|<\frac{1}{|b|}\right)\end{aligned}$$

图 6.6 表示出了其收敛域的图形。两个单向序列的收敛域各自以不同取向的斜线阴影区表示。两个区域的重叠部分表示公共收敛域。

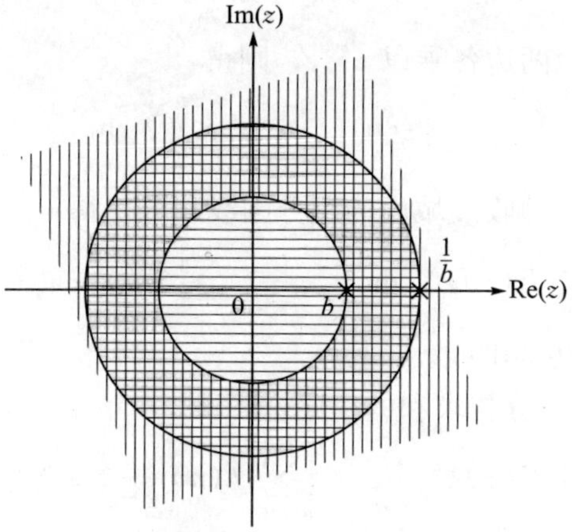

图 6.6 双边序列 $f(n)=b^{|n|}$ 的公共收敛域

若 $|b|\geqslant 1$，则无公共收敛区域，因此也就不存在 z 变换的封闭函数，这时序列随 $|n|$ 增大而发散。

现将常用序列的 z 变换列于表 6.1 中，以备实际应用时查用。

表 6.1 常用序列的 z 变换

序号	序列	z 变换	收敛域
1	$\delta(n)$	1	$0\leqslant\|z\|\leqslant\infty$
2	$u(n)$	$1/(1-z^{-1})$	$\|z\|>1$
3	$R_N(n)$	$(1-z^{-N})/(1-z^{-1})$	$\|z\|>0$
4	$nu(n)$	$z^{-1}/(1-z^{-1})^2$	$\|z\|>1$
5	$a^n u(n)$	$1/(1-az^{-1})$	$\|z\|>\|a\|$
6	$na^n u(n)$	$az^{-1}/(1-az^{-1})^2$	$\|z\|>\|a\|$
7	$e^{jn\omega_0}u(n)$	$1/(1-e^{j\omega_0}z^{-1})$	$\|z\|>1$
8	$\sin\omega_0 nu(n)$	$z^{-1}\sin\omega_0/(1-z^{-1}2\cos\omega_0+z^{-2})$	$\|z\|>1$
9	$\cos\omega_0 nu(n)$	$(1-z^{-1}\cos\omega_0)/(1-z^{-1}2\cos\omega_0+z^{-2})$	$\|z\|>1$
10	$e^{-an}\sin\omega_0 n\cdot u(n)$	$z^{-1}e^{-a}\sin\omega_0/(1-z^{-1}2e^{-a}\cos\omega_0+z^{-2}e^{-2a})$	$\|z\|>e^{-a}$
11	$e^{-an}\cos\omega_0 n\cdot u(n)$	$(1-z^{-1}e^{-a}\cos\omega_0)/(1-z^{-1}2e^{-a}\cos\omega_0+z^{-2}e^{-2a})$	$\|z\|>e^{-a}$

6.3 z 反变换

所谓 z 反变换，就是从已知的 z 变换及其收敛域求得原序列 $f(n)$ 的变换过程。通常用 $Z^{-1}[F(z)]$ 来表示 z 反变换。

6.3.1 z 反变换公式

将 z 变换定义式(6.2)两边各乘以 z^{k-1}，则得

$$F(z)z^{k-1} = \sum_{n=-\infty}^{+\infty} f(n) z^{-n+k-1}$$

按环绕原点并完全位于 $F(z)$ 收敛域内的积分围线积分，得

$$\frac{1}{2\pi j}\oint_c F(z)z^{k-1}\mathrm{d}z = \frac{1}{2\pi j}\oint_c \sum_{n=-\infty}^{+\infty} f(n) z^{-n+k-1}\mathrm{d}z$$

c 为一环绕原点逆时针旋转的围线。

如果级数收敛，交换积分与求和的次序，可得

$$\frac{1}{2\pi j}\oint_c F(z)z^{k-1}\mathrm{d}z = \sum_{n=-\infty}^{+\infty} f(n)\frac{1}{2\pi j}\oint_c z^{-n+k-1}\mathrm{d}z \tag{6.18}$$

根据复变函数理论中的柯西积分定理，有下列公式成立

$$\frac{1}{2\pi j}\oint_c z^{m-1}\mathrm{d}z = \begin{cases} 1, & m = 0 \\ 0, & m \neq 0 \end{cases}$$

因此，式(6.18)等号右边的围线积分只有当 $-n+k=0$，即 $k=n$ 时为 1，而对其余的 n 皆为零。故等号右边只剩下 $f(k)$，从而得

$$f(k) = \frac{1}{2\pi j}\oint_c F(z)z^{k-1}\mathrm{d}z$$

因此，z 反变换公式由下式给定：

$$f(n) = \frac{1}{2\pi j}\oint_c F(z)z^{n-1}\mathrm{d}z \tag{6.19}$$

在整个推导过程中，并未规定 n 及 k 的正负，所以式(6.19)对正负 n 值都是正确的。

6.3.2 z 反变换求取的三种常用方法

直接计算式(6.19)的围线积分是比较麻烦的，因此人们在实践中总结出三种常用的计算 z 反变换的简便方法，能帮助比较容易地求取 z 反变换，下面分别予以介绍。

1. 留数定理法

当 $F(z)$ 是 z 的有理函数时，可利用留数定理来计算式(6.19)的围线积分

$$f(n) = \frac{1}{2\pi j}\oint_c F(z)z^{n-1}\mathrm{d}z = \sum_k \mathrm{Res}[F(z)z^{n-1}, z_k] \tag{6.20}$$

式中，$\mathrm{Res}[F(z)z^{n-1}, z_k]$表示 $F(z)z^{n-1}$ 在极点 z_k 上的留数值，$\sum\limits_k$ 表示对围线 c 以内的所有极点$\{z_k\}$求和。

一般来说，如果 $F(z)z^{n-1}$是 z 的有理函数，则可表示为

$$F(z)z^{n-1} = \frac{\psi(z)}{(z-z_k)^S}$$

$F(z)z^{n-1}$在 $z=z_k$ 处具有 S 阶极点，而 $\psi(z)$在 $z=z_k$ 处没有极点。根据留数定理有

$$\begin{aligned}\mathrm{Res}[F(z)z^{n-1},z_k] &= \frac{1}{(S-1)!}\frac{\mathrm{d}^{s-1}}{\mathrm{d}z^{s-1}}[(z-z_k)^S F(z)z^{n-1}]_{z=z_k} \\ &= \frac{1}{(S-1)!}\frac{\mathrm{d}^{s-1}}{\mathrm{d}z^{s-1}}\left[(z-z_k)^S\frac{\psi(z)}{(z-z_k)^S}\right]_{z=z_k}\end{aligned} \tag{6.21}$$

特别是若在 $z=z_k$ 处只有一阶极点，即 $S=1$，则有

$$\mathrm{Res}[F(z)z^{n-1},z_k]=[(z-z_k)\cdot F(z)z^{n-1}]_{z=z_k}=\psi(z_k) \tag{6.22}$$

例 6.6　已知 $F(z)=\dfrac{1}{1-az^{-1}}(|z|>|a|)$，求 $f(n)$。

解：由式(6.19)得出

$$f(n)=\frac{1}{2\pi\mathrm{j}}\oint_c\frac{z^{n-1}}{1-az^{-1}}\mathrm{d}z=\frac{1}{2\pi\mathrm{j}}\oint_c\frac{z^n}{z-a}\mathrm{d}z$$

式中积分围线 c 是半径大于 a 的圆，分两种情况考虑 $f(n)$：

(1)当 $n\geqslant 0$ 时，a 是单极点，应用式(6.22)得

$$f(n)=\mathrm{Res}\left[\frac{z^n}{z-a},a\right]=(z-a)\frac{z^n}{z-a}\bigg|_{z=a}=a^n$$

(2)当 $n<0$ 时，分式$\dfrac{z^n}{z-a}$在 $z=a$ 处有单极点。此外，由于 $n<0$，在 $z=0$ 处还将出现一个 n 阶极点，可应用式(6.21)求此 n 阶极点的留数：

$$f(n)=\mathrm{Res}\left[\frac{z^n}{z-a},a\right]+\mathrm{Res}\left[\frac{z}{z-a},0\right]\quad(n<0)$$

$$\mathrm{Res}\left[\frac{z^n}{z-a},a\right]=a^n\quad(n<0)$$

$$\begin{aligned}\mathrm{Res}\left[\frac{z^n}{z-a},0\right] &= \frac{1}{(-n-1)!}\frac{\mathrm{d}^{-n-1}}{\mathrm{d}z^{-n-1}}\left[\frac{z^n}{z-a}\cdot z^{-n}\right]_{z=0} \\ &= (-1)^{-n-1}(z-a)^n\Big|_{z=0} \\ &= -a^n\quad(n<0)\end{aligned}$$

因此

$$f(n)=\begin{cases}a^n, & n\geqslant 0\\ a^n-a^n=0, & n<0\end{cases}$$

即

$$f(n)=a^n u(n)$$

是一因果序列。实际上由 $F(z)$的收敛域是在某个圆的外部，并包括 $z=\infty$点，就能判定对应的序列一定是因果序列，从而可不必考虑 $n<0$ 时的留数。

为了避免 $n<0$ 时计算 $z=0$ 处高阶极点留数的麻烦，可借助于变量代换，修正式(6.19)。

令 $z=p^{-1}$，式(6.19)变成

$$f(n)=\frac{-1}{2\pi\mathrm{j}}\oint_{c'}F\left(\frac{1}{p}\right)p^{-n+1}p^{-2}\mathrm{d}p \tag{6.23}$$

注意：围线 c'是围线 c 在 p 平面的映射。p 的幅角与 z 的相反，故 c'的环绕方向与 c 的环绕方向相反，为顺时针方向。对式(6.23)乘以 -1 并改变 c'为逆时针方向，得到

$$f(n)=\frac{1}{2\pi j}\oint_{c'}F\left(\frac{1}{p}\right)p^{-n-1}\mathrm{d}p \tag{6.24}$$

如果式(6.19)的围线 c 是 z 平面中半径为 r 的圆，则映射到 p 平面的围线 c' 应是半径为 $\frac{1}{r}$ 的圆。$F(z)$ 在 c 外的各极点 z_k，映射在 p 平面上则为 $F\left(\frac{1}{p}\right)$ 在围线 c' 内的诸极点 $p_k=\frac{1}{z_k}$。同时，在 c 内属于 $F(z)$ 的极点(包括可能在 $z=0$ 处的高阶极点)都被映射为 $F\left(\frac{1}{p}\right)$ 的在围线 c' 之外的极点。此外式(6.23)被积函数 $F\left(\frac{1}{p}\right)p^{-2}$ 中，由于因子 p^{-2} 的出现，有可能在原点或无穷远点增添一些新的零点或极点，但这些都是无关紧要的。对式(6.24)运用留数定理可写成如下形式

$$f(n)=\sum_k \mathrm{Res}\left[F\left(\frac{1}{p}\right)p^{-n-1},p_k\right]$$

对例 6.6 利用这种变量替换后得到

$$f(n)=\frac{1}{2\pi j}\oint_c \frac{p^{-n-1}}{1-ap}\mathrm{d}p$$

现在积分围线 c' 是一个半径小于 a^{-1} 的圆。$n<0$ 时，在积分围线内没有极点，从而很容易推得，$n<0$ 时，$f(n)=0$。

留数定理解法，在某些情况下比较困难与复杂，人们一般都应用另外两种简便方法。

2. 幂级数展开法

如果能将 $F(z)$ 展成 z 的幂级数形式，则明显可见，序列值 $f(n)$ 就是幂级数

$$F(z)=\sum_{n=-\infty}^{+\infty}f(n)z^{-n}$$

中 z^{-n} 项的系数。当 z 反变换式不能写成简单的形式，或者要求信号表示为一取样序列值时，这种方法特别有用。将 $F(z)$ 展成幂级数常用的两种方法是

1)按幂级数公式展开

例 6.7　$F(z)=\ln(1+az^{-1})(|a|<|z|)$，求 $f(n)$。

解：根据幂级数展开公式

$$\ln(1+x)=\sum_{n=1}^{\infty}\frac{(-1)^{n+1}x^n}{n}\quad(-1<x\leqslant 1)$$

又由于 $az^{-1}<1$，可得

$$F(z)=\sum_{n=1}^{\infty}\frac{(-1)^{n+1}a^n z^{-n}}{n}$$

因此得到

$$f(n)=\begin{cases}(-1)^{n+1}\dfrac{a^n}{n}, & n\geqslant 1\\ 0, & n\leqslant 0\end{cases}$$

2)长除法

所谓长除法，就是用 $F(z)$ 的分母多项式直接除分子多项式，从而得到其幂级数形式。采用降幂长除或升幂长除，所得的幂级数可能不同，还应对照给出的 z 变换收敛域

进行检验，选出其中绝对收敛的那个幂级数，其系数才真正代表所需的 $f(n)$。

(1)降幂除法

所谓降幂除法，就是把做除法的两个多项式按 z 的降幂(也即 z^{-1} 的升幂)排列，然后相除，所得结果也是如此。

例 6.8 求 $F(z)=\dfrac{z}{z-a}(|z|>|a|)$时的 z 反变换。

解：按降幂排列分子、分母多项式，则有

$$
\begin{array}{r l}
 & 1+az^{-1}+a^2z^{-2}+\cdots+a^nz^{-n}+\cdots \\
z-a & \overline{)\,z} \\
 & \underline{z-a} \\
 & a \\
 & \underline{a-a^2z^{-1}} \\
 & a^2z^{-1} \\
 & \underline{a^2z^{-1}-a^3z^{-2}} \\
 & \cdots
\end{array}
$$

所以

$$F(z)=\frac{z}{z-a}=1+az^{-1}+a^2z^{-2}+\cdots=\sum_{n=0}^{\infty}a^nz^{-n} \tag{6.25}$$

(2)升幂除法

所谓升幂除法，就是将相除的两个多项式按 z 的升幂形式排列，然后相除，最后结果也按升幂形式给出。

如上例中的 $F(z)$，如按升幂作除法，则有

$$
\begin{array}{r l}
 & -\frac{1}{a}z-\frac{1}{a^2}z^2-\frac{1}{a^3}z^3\cdots \\
-a+z & \overline{)\,z} \\
 & \underline{z-\frac{1}{a}z^2} \\
 & \frac{1}{a}z^2 \\
 & \underline{\frac{1}{a}z^2-\frac{1}{a^2}z^3} \\
 & \frac{1}{a^2}z^3 \\
 & \underline{\frac{1}{a^2}z^3-\frac{1}{a^3}z^4} \\
 & \cdots
\end{array}
$$

于是得到

$$F(z)=\frac{z}{z-a}=-\frac{1}{a}z-\frac{1}{a^2}z^2-\frac{1}{a^3}z^3-\cdots=\sum_{n=0}^{\infty}-a^{-n}z^n=\sum_{n=-\infty}^{-1}-a^nz^{-n} \tag{6.26}$$

现考察两个幂级数是否在给出的$|z|>|a|$上收敛。显然，式(6.26)在$|z|>|a|$上并不是绝对收敛的，而式(6.25)则是收敛的，因此可得

$$f(n)=a^nu(n)$$

例 6.9 求 $F(z)=\dfrac{z}{z-a}\quad(|z|<|a|)$时的 z 反变换。

解：因为 $F(z)$在 $z=a$ 处有一极点，收敛域又是在极点所在的圆的内部，所以序列应是一个左序列。对 $F(z)$作升幂除法，将 $F(z)$展成 z 的升幂次级数。由式(6.26)知，结果为

$$F(z)=\frac{z}{z-a}=-\frac{1}{a}z-\frac{1}{a^2}z^2-\frac{1}{a^3}z^3-\cdots=\sum_{n=-\infty}^{-1}-a^nz^{-n}$$

经考察，对于给定的$|z|<|a|$收敛域，上式是绝对收敛的，故而有

$$f(n)=-a^nu(-n-1)$$

综上所述，在进行长除以前，一定要先根据收敛域确定是左序列还是右序列，对左序列用升幂长除，对右序列则用降幂长除，才能得到所需的 $f(n)$。

3. 部分分式展开法

部分分式展开法是将 z 变换表示式首先用部分分解法变为若干个部分分式之和，然后按分式求 z 反变换，原序列就是所求得的各个分式对应序列的叠加。在进行分式展开求 z 反变换时，必须注意使展开式中的各个分式的形式简化，能比较容易地从已知的 z 变换表中识别出来，并且同样需要注意收敛域。

设 $P(z^{-1})$、$Q(z^{-1})$是变量 z^{-1}的两个多项式阶数分别为 M 和 N，并设 $M>N$。如果 $F(z)$是这两个多项式之比

$$F(z)=\frac{P(z^{-1})}{Q(z^{-1})}$$

则可写成如下形式

$$F(z)=\sum_{n=0}^{M-N}B_nz^{-n}+\sum_{k=1}^{N-S}\frac{A_k}{1-z_kz^{-1}}+\sum_{k=1}^{S}\frac{C_k}{(1-z_iz^{-1})^k} \tag{6.27}$$

式中，z_i 为$F(z)$的 S 阶极点，z_k 为$F(z)$的单极点。B_n 是$P(z^{-1})/Q(z^{-1})$的整式部分的系数，可直接用长除法算得。若 $P(z^{-1})$的阶数低于 $Q(z^{-1})$的阶数，则 $B_n=0$。系数 C_k 根据留数定理可由下列关系式求得

$$C_k=\frac{1}{(-z_i)^{S-k}}\frac{1}{(S-k)!}\left\{\frac{\mathrm{d}^{S-k}}{\mathrm{d}(z^{-1})^{S-k}}(1-z_iz^{-1})^SF(z)\right\}_{z=z_i} \tag{6.28}$$

对于一阶极点的情况，可求得系数 A_k 为

$$A_k=[(1-z_kz^{-1})F(z)]_{z=z_k} \tag{6.29}$$

展开式中各项系数被确定以后，再分别求右边各项的 z 反变换，最终要求的序列就是各个 z 反变换求出的序列之和。

最简单最常用的是单极点情况。一般来说 $F(z)$的分子及分母多项式的系数都是实数，而极点可能是实数或者复数。一复数极点必伴随着它的复共轭极点，而在部分分式展开式中，两共轭极点的分子系数彼此也是共轭的。

例 6.10 求 $F(z)=\frac{5z^{-1}}{1+z^{-1}-6z^{-2}}(2<|z|<3)$时的 z 反变换。

解：按部分分式分解法的式(6.27)分解得

$$F(z)=\frac{5z^{-1}}{(1+z^{-1}-6z^{-2})}=\frac{5z^{-1}}{(1-2z^{-1})(1+3z^{-1})}$$

$$= \frac{A_1}{1-2z^{-1}} + \frac{A_2}{1+3z^{-1}}$$

因为分子多项式中 z^{-1} 的最高幂次低于分母多项式的幂次，所以式中 $B_n=0$，A_1、A_2 可按式(6.29)求得

$$A_1 = [(1-z_1z^{-1})F(z)]_{z=z_1} = \frac{5z^{-1}}{1+3z^{-1}}\Big|_{z=2} = 1$$

$$A_2 = [(1-z_2z^{-1})F(z)]_{z=z_2} = \frac{5z^{-1}}{1-2z^{-1}}\Big|_{z=-3} = -1$$

所以

$$F(z) = \frac{1}{1-2z^{-1}} - \frac{1}{1+3z^{-1}}$$

下面研究如何根据 $F(z)$ 的收敛域，由 z 变换表求得原序列。

由于给定的收敛域是 $|z|>2$，现 $F(z)$ 的第一项只有极点 $z=z_1=2$，故第一项为因果序列：

$$\frac{1}{1-2z^{-1}} \Leftrightarrow 2^n \quad (n \geqslant 0)$$

$F(z)$ 的第二项只有极点 $z=z_1=-3$，由条件 $|z|<3$ 可知第二项对应于左序列：

$$\frac{1}{1+3z^{-1}} \Leftrightarrow (-3)^n \quad (n < 0)$$

所以本题的原序列为

$$f(n) = \begin{cases} 2^n, & n \geqslant 0 \\ (-3)^n, & n < 0 \end{cases}$$

也可写成

$$f(n) = 2^n u(n) + (-3)^n u(-n-1)$$

上述三种求 z 反变换的方法中，留数定理解法比较少用，幂级数展开法最容易；部分分式展开法最常用，工程计算时可用查表法获得 z 反变换。

6.4　z 变换的定理和性质

在解决数字信号处理问题时，理解并熟练地应用 z 变换的定理与性质是很重要的。这些定理与性质的证明在很多书中都有介绍，这里就不再证明了，仅是直接引用。在下面的讨论中凡出现 (R_{x-}, R_{x+}) 及 (R_{y-}, R_{y+}) 皆指 $X(z)$ 及 $Y(z)$ 的收敛域。

6.4.1　线性

若　$x(n) \leftrightarrow X(z) \quad (R_{x-} < |z| < R_{x+})$；

　　$y(n) \leftrightarrow Y(z) \quad (R_{y-} < |z| < R_{y+})$

则对于任意常数 a、b，有

$$Z[ax(n)+by(n)]=aX(z)+bY(z)\quad (R_-<|z|<R_+) \tag{6.30}$$

对于具有有理 z 变换的序列，若 $aX(z)+bY(z)$ 的极点是 $X(z)$ 和 $Y(z)$ 极点的并集，则其收敛域（R_-，R_+）精确为（R_{x-}，R_{x+}）及（R_{y-}，R_{y+}）的公共域。$R_-=\max(R_{x-}, R_{y-})$，$R_+=\min(R_{x+}, R_{y+})$，如图 6.7 所示。

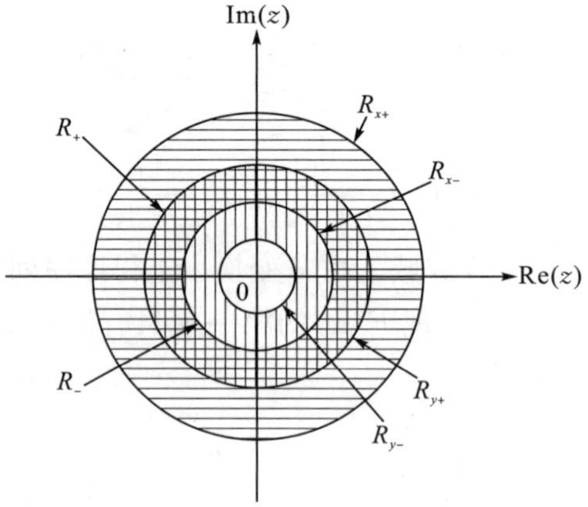

图 6.7　$X(z)$、$Y(z)$ 的公共收敛域

如果在 $aX(z)+bY(z)$ 的线性组合中引入的一些零点抵消掉一些极点，收敛区域（R_-，R_+）则有可能扩大。

例 6.11　$x(n)=a^n u(n)\leftrightarrow X(z)=\dfrac{1}{1-az^{-1}}\quad (|z|>|a|)$

$$y(n)=a^n u(n-m)\leftrightarrow Y(z)=\frac{a^m z^{-m}}{1-az^{-1}}\quad (|z|>|a|)$$

现求 $f(n)=x(n)-y(n)$ 对应的 z 变换 $F(z)$ 及其收敛域。

解：根据线性性质

$$Z[f(n)]=Z[x(n)-y(n)]=X(z)-Y(z)=\frac{1}{1-az^{-1}}-\frac{a^m z^{-m}}{1-az^{-1}}=\frac{1-a^m z^{-m}}{1-az^{-1}}$$

$$=\sum_{n=0}^{m-1} a^n z^{-n}\quad (|z|>0)$$

由于 $F(z)$ 的零点 $z=a$（m 阶零点）抵消了原来 $X(z)$ 及 $Y(z)$ 中的极点 $z=a$，所以收敛域不再是 $|z|>|a|$，而扩大为 $|z|>0$，这正是一个因果的有限长序列的 z 变换收敛域，而由

$$f(n)=x(n)-y(n)=a^n[u(n)-u(n-m)]=\begin{cases}a^n, & 0\leqslant n\leqslant m-1\\ 0, & \text{其他}\end{cases}$$

可知，$f(n)$ 确实是一个有限长因果序列，它的 z 变换收敛域正是除 $z=0$ 外的整个 z 平面。

6.4.2　移位

若

$$x(n) \leftrightarrow X(z) \quad (R_{x-} < |z| < R_{x+})$$

则

$$x(n-n_0) \leftrightarrow X(z)z^{-n_0} \quad (R_{x-} < |z| < R_{x+}) \tag{6.31}$$

即序列时移 n_0 个单位后的 z 变换等于原序列 z 变换乘上 z^{-n_0}。时移量 n_0 可正(右移)可负(左移)。

$Z[x(n)]$ 和 $Z[x(n-n_0)]$ 的收敛区域相同，但 $z=0$ 或 $z=\infty$ 这两个特殊点可能除外。从式(6.31)可见，对于正的 n_0(相对于序列向 n 轴正方向移动)，在 $z=0$ 处引入极点，在 $z=\infty$ 处引入零点。对于负的 n_0(相对于序列向 n 轴负方向移动)，在 $z=\infty$ 处引入极点，在 $z=0$ 处引入零点。例如 $\delta(n)$ 的 z 变换在整个 z 平面上处处收敛，而 $\delta(n-1)$ 的 z 变换在 $z=0$ 处不收敛。同理，$\delta(n+1)$ 的 z 变换在 $z=\infty$ 处也不收敛。

必须注意，上述性质仅对双边 z 变换是成立的，对于单边 z 变换，序列的移位还需考虑初始条件。序列的移位性质对求解差分方程甚为有用。

6.4.3 乘指数序列

序列 $x(n)$ 若乘以指数序列 a^n(a 可以是复数)的 z 变换是

$$Z[a^n x(n)] = X(a^{-1}z) \quad (|a|R_{x-} < |z| < |a|R_{x+}) \tag{6.32}$$

若 $X(z)$ 在 $z=z_1$ 处有一极点，则 $X(a^{-1}z)$ 将在 $z=az_1$ 处有一极点。一般而言，所有极点和零点的坐标乘以因子 a。a 为正实数时可以解释为极点和零点的位置在 z 平面上沿径向扩大(或缩小)a 倍；a 若是一个模为 1 的复数，则可解释为极点和零点的位置沿以原点为圆心的圆周旋转。

例 6.12 若 $u(n) \leftrightarrow V(z)$，利用性质求 $a^n u(n)$ 的 z 变换。

解：由例 6.2 知

$$u(n) \leftrightarrow V(z) = 1 + z^{-1} + z^{-2} + \cdots = \sum_{n=0}^{\infty} z^{-n} = \frac{1}{1-z^{-1}} \quad (|z| > 1)$$

所以，依据乘指数序列性质得

$$a^n u(n) \leftrightarrow F(z) = V(a^{-1}z) = \frac{1}{1-(a^{-1}z)} = \frac{1}{1-az^{-1}} \quad (|z| > |a|)$$

6.4.4 $X(z)$ 的微分

若

$$x(n) \leftrightarrow X(z) \quad (R_{x-} < |z| < R_{x+})$$

则

$$nx(n) \leftrightarrow -z\frac{\mathrm{d}X(z)}{\mathrm{d}z} \quad (R_{x-} < |z| < R_{x+}) \tag{6.33}$$

式(6.33)说明 z 变换的导数乘以 $-z$ 是线性加权的 $x(n)$ 的 z 变换，收敛域不变($z=\infty$ 点除外)。

6.4.5 复序列的共轭

若

$$x(n) \leftrightarrow X(z) \quad (R_{x-} < |z| < R_{x+})$$

则

$$\overline{x(n)} \leftrightarrow \overline{X(\bar{z})} \tag{6.34}$$

6.4.6 初值定理

对于 $n<0$ 时 $x(n)=0$ 的因果序列，有

$$x(0) = \lim_{z \to \infty} X(z) \tag{6.35}$$

该定理说明，由 $X(z)$可求得序列的初值。

6.4.7 终值定理

若序列是因果性的，且 $X(z)$除在 $z=1$ 处可以有一阶极点外，其他极点都在单位圆 $|z|=1$ 以内，则

$$\lim_{n \to \infty} x(n) = \lim_{z=1} [(z-1)X(z)] \tag{6.36}$$

终值定理也可用 $X(z)$在 $z=1$ 点上的留数表示，即

$$x(\infty) = \mathrm{Res}[X(z),1] \tag{6.37}$$

终值定理说明，由 $X(z)$可求得序列终止时的值，这对于研究系统的稳定性很有用。

例 6.13 已知 $X(z)=\dfrac{z}{1-z^{-1}}$ $(|z|>1)$，求其终值。

解：$x(\infty)=\lim\limits_{z=1}[(z-1)X(z)]=1$

6.4.8 序列的褶积

若

$$w(n) = x(n) * y(n)$$

则

$$W(z) = X(z) \cdot Y(z) \quad (R_- < |z| < R_+) \tag{6.38}$$

其中 R_-、R_+ 为两个序列收敛域的公共部分，即

$$R_- = \max\{R_{x-}, R_{y-}\}, \quad R_+ = \min\{R_{x+}, R_{y+}\}$$

若有极点消去，收敛域可以扩大。利用此特性，由 $x(n)$和 $y(n)$求出 $X(z)$、$Y(z)$，再由 $[X(z) \cdot Y(z)]$求 z 反变换就可得到 $x(n) * y(n)$。

6.4.9 序列乘积的 z 变换——复褶积定理

若

$$w(n) = x(n)y(n)$$

则

$$W(z) = \frac{1}{2\pi j}\oint_c X(v)Y(\frac{z}{v})v^{-1}\mathrm{d}v \quad (R_{x-}\cdot R_{y-} < |z| < R_{x+}\cdot R_{y+}) \tag{6.39}$$

式中，c 是 v 平面收敛域内的一条反时针封闭围线，v 平面的收敛域是 $X(v)$ 与 $Y\left(\frac{z}{v}\right)$ 的公共收敛域，即

$$R_{x-} < |v| < R_{x+},\quad R_{y-} < \left|\frac{z}{v}\right| < R_{y+}$$

由这两个收敛域的公共部分得到

$$R_{x-}R_{y-} < |z| < R_{x+}R_{y+}$$

$$\max\left[R_{x-},\frac{|z|}{R_{y+}}\right] < |v| < \min\left[R_{x+},\frac{|z|}{R_{y-}}\right]$$

证明：由定义

$$W(z) = \sum_{n=-\infty}^{+\infty} x(n)y(n)z^{-n}$$

而

$$x(n) = \frac{1}{2\pi j}\oint_c X(v)v^{n-1}\mathrm{d}v$$

则

$$W(z) = \frac{1}{2\pi j}\sum_{n=-\infty}^{+\infty}\oint_c X(v)y(n)v^{n-1}z^{-n}\mathrm{d}v$$

$$= \frac{1}{2\pi j}\oint_c X(v)v^{-1}\sum_{n=-\infty}^{+\infty} y(n)\left(\frac{z}{v}\right)^{n}\mathrm{d}v$$

在收敛域 $R_{y-} < \left|\frac{z}{v}\right| < R_{y+}$ 内

$$\sum_{n=-\infty}^{+\infty} y(n)\left(\frac{z}{v}\right)^{-n} = Y\left(\frac{z}{v}\right)$$

所以

$$W(z) = \frac{1}{2\pi j}\oint_c X(v)Y\left(\frac{z}{v}\right)v^{-1}\mathrm{d}v$$

即复褶积公式，它可以利用留数定理求解：

$$\frac{1}{2\pi j}\oint_c X(v)Y\left(\frac{z}{v}\right)v^{-1}\mathrm{d}v = \sum_k \mathrm{Res}\left[X(v)Y\left(\frac{z}{v}\right)v^{-1}, a_k\right] \tag{6.40}$$

其中，$\{a_k\}$ 为 $X(v)Y\left(\frac{z}{v}\right)v^{-1}$ 在围线 c 内的全部极点。

不难证明，复褶积公式中 X、Y 的位置可以对调，即

$$W(z)=\frac{1}{2\pi j}\oint_{c_1}Y(v)X\left(\frac{z}{v}\right)v^{-1}\mathrm{d}v \tag{6.41}$$

这时 c_1 是 $Y(v)X\left(\frac{z}{v}\right)$ 收敛域公共部分的闭合围线，即

$$\max\left[R_{y-},\frac{|z|}{R_{x+}}\right]<|v|<\min\left[R_{y+},\frac{|z|}{R_{x-}}\right]$$

为说明式(6.39)和式(6.41)为什么是褶积积分，设 c_1 是个圆，即 $v=\rho e^{j\theta}$，当 ρ 不变，θ 从 $-\pi$ 变到 $+\pi$ 时，就构成了围线 c_1。将 z 写成 $z=re^{j\varphi}$，式(6.41)则可写成

$$W(z)=\frac{1}{2\pi}\int_{-\pi}^{\pi}Y(\rho e^{j\theta})X\left[\frac{r}{\rho}e^{j(\varphi-\theta)}\right]\mathrm{d}\theta$$

上式可看作一褶积积分，该积分在一个周期上进行，通常称作周期褶积。在讨论数字滤波器窗口设计法时要用到复褶积定理。

例 6.14 令 $x(n)=e^{-an}u(n)$，$y(n)=\sin\omega nu(n)$，求 $f(n)=x(n)\cdot y(n)$的 z 变换 $F(z)$。

解：根据 z 变换表可得

$$X(z)=\frac{z}{z-e^{-a}}\quad(|z|>|e^{-a}|)$$

$$Y(z)=\frac{z\sin\omega}{(z-e^{j\omega})(z-e^{-j\omega})}\quad(|z|>1)$$

代入式(6.41)中得

$$F(z)=\frac{1}{2\pi j}\oint_c\frac{-\dfrac{z}{e^{-a}\sin\omega}}{\left(v-\dfrac{z}{e^{-a}}\right)(v-e^{j\omega})(v-e^{-j\omega})}\mathrm{d}v$$

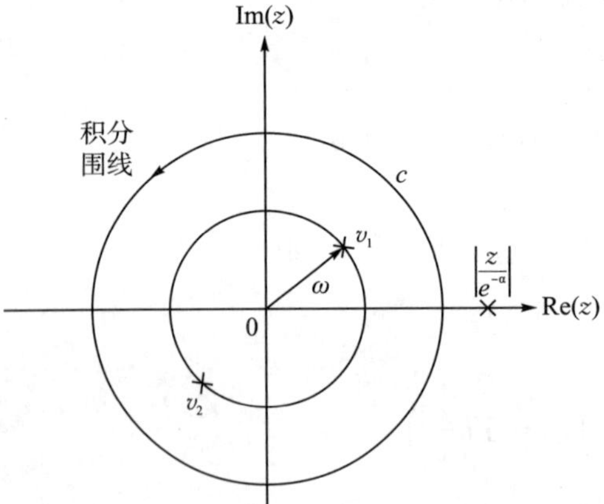

图 6.8 例 6.14 中被积函数的极点和积分围线

被积函数有三个极点，两个为共轭极点，$v_1=e^{j\omega}$ 及 $v_2=e^{-j\omega}$，另一个为 $v=\frac{z}{e^{-a}}$。上式的积分围线必须完全位于 $Y(z)$及 $X\left(\frac{z}{v}\right)$的收敛域内。若要积分围线在 $Y(z)$的收敛范围，即 $|v|>1$ 内，则围线 c 将只围绕 $v=1$ 处的两极点。已知 $X\left(\frac{z}{v}\right)$的收敛域是 $\left|\frac{z}{V}\right|>|e^{-a}|$，换言之，必有 $|v|<\left|\frac{z}{e^{-a}}\right|$。因此极点 $\frac{z}{e^{-a}}$总是在围线 c 之外。极点位置和积分围线如图 6.8 所示。计算 v_1 和 v_2 处的留数，有

$$F(z)=\frac{ze^{-a}\sin\omega}{z^2-2ze^{-a}\cos\omega+e^{-2a}}\quad(|z|>|e^{-a}|)$$

例 6.14 说明，在应用复褶积定理的式(6.39)和式(6.41)时，应该很好注意被积函数的哪些极点是位于积分围线的内部，哪些是在外部，以便得出正确的结果。

6.4.10　帕斯瓦尔(parseval)定理

设 $x(n)$ 和 $y(n)$ 为两个复数序列，$X(z)$ 和 $Y(z)$ 分别为它们的 z 变换，如果它们的收敛域满足以下条件

$$R_{x-},R_{y-}<1;R_{x+},R_{y+}>1$$

则

$$\sum_{n=-\infty}^{\infty} x(n)\,\overline{y(n)}=\frac{1}{2\pi\mathrm{j}}\oint_c X(v)\,\overline{Y\left(\frac{1}{\bar{v}}\right)}v^{-1}\mathrm{d}v \tag{6.42}$$

此即帕斯瓦尔公式。

证明：令

$$w(n)=x(n)\,\overline{y(n)},Z[\overline{y(n)}]=\overline{Y(\bar{z})}$$

根据复褶积公式(6.41)得

$$W(z)=\frac{1}{2\pi\mathrm{j}}\oint_c X(v)\,\overline{Y\left(\frac{\bar{z}}{\bar{v}}\right)}v^{-1}\mathrm{d}v\quad(R_{x-}R_{y-}<|z|<R_{x+}R_{y+})$$

已规定收敛域满足：$R_{x-}R_{y-}<1<R_{x+}R_{y+}$，也即 $W(z)$ 在单位圆上收敛，所以

$$\begin{aligned}W(z)=W(1)&=\sum_{n=-\infty}^{+\infty} x(n)\,\overline{y(n)}z^{-n}\Big|_{z=1}\\&=\sum_{n=-\infty}^{+\infty} x(n)\,\overline{y(n)}\end{aligned}$$

故得

$$\sum_{n=-\infty}^{+\infty} x(n)\,\overline{y(n)}=\frac{1}{2\pi\mathrm{j}}\oint_c X(v)\,\overline{Y\left(\frac{1}{\bar{v}}\right)}v^{-1}\mathrm{d}v$$

c 取在 $X(v)$ 和 $\overline{Y\left(\frac{1}{\bar{v}}\right)}$ 收敛域的重叠部分内

$$\max\left[R_{x-},\frac{1}{R_{y+}}\right]<|v|<\min\left[R_{x+},\frac{1}{R_{y-}}\right]$$

如果 $x(n)$、$y(n)$ 都满足绝对可求和，即 $X(v)Y(v)$ 在单位圆上都收敛，即以上围线积分路径可选择单位圆。这时 $v=\mathrm{e}^{\mathrm{j}\omega}$，$\omega$ 由 $-\pi$ 变到 π 相当于 c 沿单位圆转一周，因而得

$$\sum_{n=-\infty}^{+\infty} x(n)\,\overline{y(n)}=\frac{1}{2\pi}\int_{-\pi}^{\pi} X(\mathrm{e}^{\mathrm{j}\omega})\,\overline{Y(\mathrm{e}^{\mathrm{j}\omega})}\mathrm{d}\omega \tag{6.43}$$

此式也称作帕斯瓦尔公式。

帕斯瓦尔定理一个很重要的应用就是计算序列的能量。利用式(6.43)，当取 $y(n)=x(n)$ 时，有

$$\begin{aligned}\sum_{n=-\infty}^{+\infty}|x(n)|^2&=\sum_{n=-\infty}^{+\infty} x(n)\,\overline{x(n)}=\frac{1}{2\pi}\int_{-\pi}^{\pi} X(\mathrm{e}^{\mathrm{j}\omega})\cdot\overline{X(\mathrm{e}^{\mathrm{j}\omega})}\mathrm{d}\omega\\&=\frac{1}{2\pi}\int_{-\pi}^{\pi}|X(\mathrm{e}^{\mathrm{j}\omega})|^2\mathrm{d}\omega\end{aligned} \tag{6.44}$$

这也是帕斯瓦尔公式。它表明时域中用序列 $x(n)$ 计算信号能量与频谱中用频谱 $X(\mathrm{e}^{\mathrm{j}\omega})$ 计算信号能量是等价的，二者结果一致。

6.5 褶积性质的重要应用

由 6.4 小节中的褶积性质知道，两个序列褶积的 z 变换，等于它们各自的 z 变换之乘积。即有

$$x(n) * y(n) \leftrightarrow X(z) \cdot Y(z)$$

若推广到 N 个序列的褶积，则仍有类似的结论成立

$$x_1(n) * x_2(n) * \cdots x_N(n) \leftrightarrow X_1(z) \cdot X_2(z) \cdots X_N(z) \tag{6.45}$$

要证明此推论是容易的，关键是如何应用这个性质。式(6.45)左边是由若干个序列褶积而构成的，右边是这些序列各自的 z 变换的乘积。如果把左边 N 个序列的褶积结果看作是一个序列 $f(n)$，显然 $f(n)$要比各个 $x_i(n)(i=1, 2, \cdots, N)$要复杂。如果能把一个较为复杂的序列表示成两个或若干个序列的褶积，则可以说把这个复杂的时间序列分解成了两个或若干个简单序列。如何进行这种分解呢？这种分解又有什么用处呢？下面就分别讨论这两个问题。

6.5.1 时间序列的分解

一般来说，很难直接观察出或求出某一时间序列是由哪两个序列的褶积而构成的。例如，$w(n)=\{2, 7, 6\}=x_1(n) * x_2(n)$，其中 $x_1(n)$、$x_2(n)$的表达式是一眼看不出来的。这时一个最简便也是最常用的方法就是利用褶积性质：首先把 $w(n)$的 z 变换分解成两个 z 变换的乘积 $X_1(z) \cdot X_2(z)$，再利用 z 反变换求出对应的 $x_1(n)$和 $x_2(n)$来，就得到 $w(n)$的两个分解序列 $x_1(n)$、$x_2(n)$。这里，由

$$W(z) = 2 + 7z^{-1} + 6z^{-2} = (2 + 3z^{-1})(1 + 2z^{-1})$$

得

$$X_1(z) = 2 + 3z^{-1} \xrightarrow{Z^{-1}} x_1(n) = \{2,3\}$$

$$X_2(z) = 1 + 2z^{-1} \xrightarrow{Z^{-1}} x_2(n) = \{1,2\}$$

所以有

$$w(n) = \{2,3\} * \{1,2\}$$

这就得到了 $w(n)$的分解序列。显然，$x_1(n)$和 $x_2(n)$要比 $w(n)$本身简单，对研究序列特性更为方便。

例 6.15 已知 $w(n)=\{1, 1, -6\}$，求其分解序列。

解：首先求取 $W(z)$：

$$W(z) = 1 + z^{-1} - 6z^{-2} = (1 + 3z^{-1})(1 - 2z^{-1})$$

取

$$X_1(z) = 1 + 3z^{-1} \longrightarrow x_1(n) = \{1,3\}$$

$$X_2(z)=1-2z^{-1}\longrightarrow x_2(n)=\{1,-2\}$$

所以

$$w(n)=\{1,3\}*\{1,-2\}$$

由例题可以看到，利用褶积性质，可以较容易地获得序列的分解序列。这里的例子中 $w(n)$都是三点序列，因此只需将它表示为两个子序列就达到目的了。那么如果 $w(n)$是一个多点序列呢？根据前面的推论知道，它也一定能够分解成多个子序列的褶积。反复应用褶积性质及其推论，原则上可以把任何一个有限长的时间序列都分解成若干个两点序列的褶积。这样做的目的只有一个：便于更好地分析、研究序列。因为对于一个较为复杂的时间信号来说，有时候从整体上研究它、分析它可能不太容易，但如果利用褶积性质把它进行分解，化为若干相对简单的子信号，对这些简单的子信号逐一分析研究，得出一定结论，再综合考虑，就可以对整体信号有一个比较全面的认识。所以说褶积性质及其推论在信号分析、处理中有着重要的作用。

由于在实际中接触到的信号大多数都是所谓的单边信号——物理可实现信号，所以这里仅给出它的分解形式。

设有一有限长离散时间序列为

$$f(n)=\{f_0,f_1,f_2,\cdots,f_m\}$$

共有 $m+1$ 项，$f_m\neq0$，其 z 变换为

$$F(z)=f_0+f_1z^{-1}+f_2z^{-2}+\cdots+f_mz^{-m}\tag{6.46}$$

式(6.46)是一个 z^{-1}的 m 次多项式。根据线性代数理论，原则上它可以分解为 m 个 z^{-1}的一次多项式相乘，其中每个多项式都具有 $F_k(z)=1-z_kz^{-1}(k=1,2,\cdots,m)$的形式。也就是说，$F(z)$一共有 m 个零点：z_1，z_2，…，z_m，通过求取这些零点就可以把 $F(z)$表示成

$$\begin{aligned}F(z)&=f_0(1-z_1z^{-1})(1-z_2z^{-1})\cdots(1-z_mz^{-1})\\&=F_1(z)F_2(z)\cdots F_m(z)\end{aligned}\tag{6.47}$$

其中

$$\begin{aligned}&F_1(z)=f_0(1-z_1z^{-1})=f_0-f_0z_1z^{-1}\\&F_2(z)=1-z_2z^{-1}\\&\cdots\\&F_m(z)=1-z_mz^{-1}\end{aligned}$$

利用 z 反变换，可得到这些多项式对应的序列分别为

$$\begin{aligned}F(z)&\leftrightarrow f_1(n)=\{f_0,-f_0z_1\}\\F_2(z)&\leftrightarrow f_2(n)=\{1,-z_2\}\\&\cdots\\F_m(z)&\leftrightarrow f_m(n)=\{1,-z_m\}\end{aligned}$$

而已知

$$f(n)\leftrightarrow F(z)$$

利用褶积性质的推论，最后得到

$$f(n)=f_1(n)*f_2(n)*\cdots*f_m(n)$$

$$= \{f_0, -f_0 z_1\} * \{1, -z_2\} * \cdots * \{1, -z_m\} \quad (6.48)$$

显然，如果求得了$F(z)$的m个零点，就能把一个复杂的$m+1$点单边时间序列，分解成m个两点序列。然后通过研究这m个简单序列的特性，就能较为容易地了解$f(n)$这个复杂信号的情况了。

序列的特性很多，这里仅就序列的相位特性予以讨论。

6.5.2 零点和相位特性

既然一个多点序列可以利用z变换的褶积性质分解为多个两点序列，这里就先介绍两点序列的相位特性概念。

设有一个两点序列$\{C_0, C_1\}$，若

(1)$|C_0|>|C_1|$时，称这个两点序列为最小能量延迟信号(简称最小延迟信号)，它表示序列在$n=0$时的能量大于$n=1$时的能量，即能量集中在前部。

(2)$|C_0|<|C_1|$时，称这个两点序列为最大能量延迟信号(简称最大延迟信号)，它表示序列的能量集中在后部。

(3)$|C_0|=|C_1|$时，称这个两点序列为混合能量延迟信号(简称混合延迟、等延迟信号)，表示序列前后能量分布均匀。

所谓能量延迟，是从能量的角度来考虑信号能量的分布情况。如果从频域相位的角度来考虑，最小能量延迟就是所谓最小相位延迟，一般就简称为最小相位信号。关于能量延迟和相位延迟的确切定义，可参阅有关书籍，这里仅通过一个例子来加以说明。

若一个系统其输入为$\sin \omega t$，输出为$\sin(\omega t+\varphi)$，则所谓的相位延迟t_p就可写成

$$\sin(\omega t+\varphi) = \sin \omega(t-t_p)$$

$$\omega t+\varphi = \omega(t-t_p)$$

$$t-t_p = \frac{\omega t+\varphi}{\omega}$$

所以

$$t_p = \frac{\varphi}{\omega}$$

由此可知，相位延迟表示输入是频率为ω的单一正弦波时的延迟时间。

而对于具有相同能量(也即振幅谱相同)的信号来说，t_p最小的那个信号就称为最小相位延迟信号，t_p最大的那个信号则为最大相位延迟信号。

现在再回过头来看看式(6.48)，它表示是$m+1$点序列$f(n)$是由m个两点序列$f_k(n)(k=1, 2, \cdots, m)$的褶积而构成的，设想如果了解了这$m$个两点序列的相位特性，再根据褶积的某些定理，则可得知$f(n)$的相位特性，而这正是在资料处理中对信号特性所需要掌握的重要特征之一。比如说在反褶积中，如果能知道待处理信号的相位特性，就能了解所求反褶积因子在时间轴上的分布状况，从而更准确地求取反褶积因子，并因此获得良好的效果。

由上面分析已知

$$f_k(n)=\{1,-z_k\}\leftrightarrow F_k(z)=1-z_kz^{-1}\quad(1\leqslant k\leqslant m)$$

根据以上的讨论知道，如果$|z_k|<1$，则 $f_k(n)$就是一个最小相位(延迟)信号，而 z_k 本身是$F(z)$的一个零点，$|z_k|<1$，就意味着这个零点在单位圆内。推广起来，如果$F(z)$的 m 个零点z_1、z_2、…、z_m 都满足$|z_k|<1(1\leqslant k\leqslant m)$，则表明这 m 个子序列都是最小相位序列。有理论证明：若干最小相位序列褶积所构成的序列仍然是最小相位序列。因此，如果已知序列 $f(n)$的 z 变换$F(z)$的零点全部都在单位圆内，$f(n)$则一定是一个最小相位序列；反之，若 $f(n)$是一个最小相位序列，理论上也一定可以证明，其 z 变换的零点必然都在单位圆内。所以，单边有限长序列 $f(n)$是最小相位信号的充分必要条件，就是 z 变换的零点全部在单位圆内。相反，如果 $F(z)$所有的零点都满足$|z_k|>1$ $(1\leqslant k\leqslant m)$，则 $f(n)$必为最大相位信号，这时所有的零点都在单位圆外；再则，如果 $f(n)$的各个子序列 $f_k(n)$中，有的对应于最小相位序列(这时零点 z_k 在单位圆内)，有的对应于最大相位序列(其零点 z_k 在单位圆外)，那么它们的褶积 $f(n)$即为混合相位信号，其 z 变换的零点在单位圆内外都有。

例 6.16 判断下列各序列的相位特性

$$f_1(n)=\{6,5,1\};\qquad f_2(n)=\{1,5,6\};\qquad f_3(n)=\{3,7,2\}$$

解：只需求出这三个序列 z 变换的零点即可判断该序列的相位特性，因此有

$$\begin{aligned}f_1(n)=\{6,5,1\}\leftrightarrow F_1(z)&=6+5z^{-1}+z^{-2}\\&=(2+z^{-1})(3+z^{-1})\end{aligned}$$

有两个零点：$z_1=-\dfrac{1}{2}$，$z_2=-\dfrac{1}{3}$，均满足$|z_k|<1$，故可知：$f_1(n)$是一个最小相位序列。

$$\begin{aligned}f_2(n)=\{1,5,6\}\leftrightarrow F_2(z)&=1+5z^{-1}+6z^{-2}\\&=(1+2z^{-1})(1+3z^{-1})\end{aligned}$$

有两个零点：$z_1=-2$，$z_2=-3$，均满足$|z_k|>1$，故可知：$f_2(n)$是一个最大相位序列。

$$\begin{aligned}f_3(n)=\{3,7,2\}\leftrightarrow F_3(z)&=3+7z^{-1}+2z^{-2}\\&=(3+z^{-1})(1+2z^{-1})\end{aligned}$$

有两个零点：$z_1=-\dfrac{1}{3}$，$z_2=-2$，一个在单位圆内，一个在单位圆外，故可知：$f_3(n)$是一个混合相位序列。

这三个序列都具有相同的能量 $\sum\limits_{n=0}^{2}f_i^2(n)=62$，但其能量分布是不同的，通过一张示意图，可以比较形象地说明能量延迟概念。

做上述三个序列的能量分布曲线$\left[E(m)=\sum\limits_{n=0}^{m}f_i^2(n),i=1,2,3,0\leqslant m\leqslant N-1\right]$，如图 6.9 所示。

由图 6.9 可见，$f_1(n)$：36→61→62，能量较早地达到最大值；$f_2(n)$：1→26→62 只是在时序的最后一刻才达到能量最大；$f_3(n)$：9→58→62 介于前两者之间。

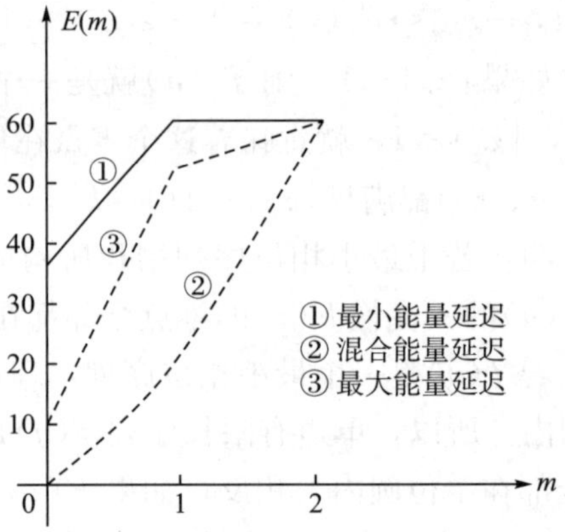

图 6.9 能量分布曲线

由于在实际中应用最多的是物理可实现的稳定的最小相位信号，现将前面几节的内容归纳在一起，可得到其 z 变换的极点、零点与序列性质的关系：若 $f(n)$ 的 z 变换的零点和极点均在单位圆内，则该序列一定是稳定的最小相位因果信号。

习 题

1. 求下列序列的 z 变换，并指出收敛域。

①$x(n)=n \quad (n\geqslant 0)$

②$x(n)=\dfrac{1}{n} \quad (n\geqslant 1)$

③$x(n)=n\sin(an) \quad (n\geqslant 0)$

④$x(n)=\begin{cases} c, & 0\leqslant n\leqslant N-1 \\ 0, & n>N \end{cases}$

⑤$x(n)=\begin{cases} n, & 0\leqslant n\leqslant N \\ 0, & n>N \end{cases}$

2. 研究一个 z 变换为 $X(z)$ 的序列 $x(n)$，$X(z)$ 的零－极点分布如图 6.10 所示。

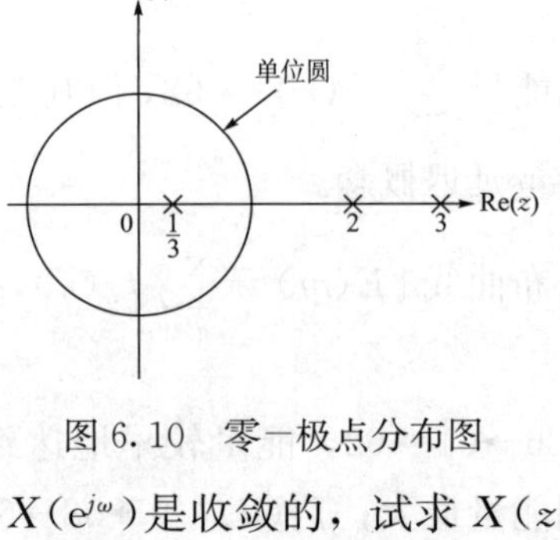

图 6.10 零－极点分布图

①若已知序列的傅氏变换 $X(e^{j\omega})$ 是收敛的，试求 $X(z)$ 的收敛域，并确定这个序列

是否是右序列、左序列或是双边序列。

②如果不知道 $x(n)$ 的傅氏变换是否收敛，但知道序列是双边的，试问图 6.10 的零－极点分布图能对应多少可能的序列？对每种可能的序列指出它的收敛域。

3. 试由观察确定下列 z 变换所对应的序列。

①$X(z)=1 \quad (|z|\leqslant\infty)$

②$X(z)=z^3 \quad (|z|<\infty)$

③$X(z)=-z^{-2}+1+2z \quad (0<|z|<\infty)$

4. 试确定如下序列中哪些具有收敛的傅氏变换。

①$x(n)=2^n u(n)$

②$x(n)=2^n u(-n)$

③$x(n)=\left(\frac{1}{2}\right)^n u(n)$

④$x(n)=u(n)$

5. 对于下列各序列，给出其 z 变换的零、极点的略图，并指出收敛域。

①$\delta(n)+\left(\frac{1}{2}\right)^n u(n)$

②$\left(\frac{1}{3}\right)^{-n} u(n)$

③$\left(\frac{1}{2}\right)^n u(n)+\left(\frac{1}{3}\right)^n u(n)$

④$\delta(n)-\frac{1}{8}\delta(n-3)$

⑤$\left(\frac{1}{2}\right)^{|n|}$

并根据上述结果，确定这些序列中哪些序列能够代表稳定系统的单位脉冲响应。

6. 试用围线积分及部分分式展开法求下列三个 z 变换所对应的序列。

①$X(z)=\dfrac{1}{1+\frac{1}{2}z^{-1}} \quad \left(|z|>\frac{1}{2}\right)$

②$X(z)=\dfrac{\left(1-\frac{1}{2}z^{-1}\right)}{1+\frac{3}{4}z^{-1}+\frac{1}{8}z^{-2}} \quad \left(|z|>\frac{1}{2}\right)$

③$X(z)=\dfrac{1-2z^{-1}}{z^{-1}-2} \quad \left(|z|>\frac{1}{2}\right)$

7. 已知 $x(n)=a^n u(n)$，$y(n)=b^n u(n)$，其中 $0<[|a|,\ |b|]<1$，试分别用直接褶积公式和从 z 变换求褶积

$$f(n)=x(n)*y(n)$$

8. 已知 $x(n)$、$y(n)$，试用直接相乘和复褶积公式求 $x(n)y(n)$ 的 z 变换。

①$x(n)=a^n u(n)$，$0<a<1$；$y(n)=\sin\omega_0 n$

②$x(n)=a^{|n|}$，$0<a<1$；$y(n)=b^n u(n)$，$|b|<\dfrac{1}{|a|}$

9. 用直接法和帕斯瓦尔定律求 $\sum_{n=-\infty}^{+\infty} x(n)y(n)$。

①$x(n)=a^n u(n)$，$y(n)=b^n u(n)$

②$x(n)=a^n u(n)$，$y(n)=b^n u(-n)$

第7章 数字滤波

7.1 数字滤波的原理

7.1.1 数字滤波的定义

什么叫滤波？简单来说，滤波就是对波形进行加工、改造的过程。根据某些希望的指标或参数，对信号的特性进行修正、整形或处理的过程，就叫作对信号进行滤波。狭义地说，应用某种系统，从若干种信号叠加的总体中分离出其中的某一种信号，这个过程就叫滤波，这个系统就称为滤波系统(或滤波器)。滤波器可以分为模拟滤波器和数字数滤波器。

1. 模拟滤波器

模拟滤波器也称电滤波器，它是由各种不同数值的电阻 R，电容 C、电感 L 等元器件，按人们的滤波要求组成电滤波线路，对不同频率的输入信号进行滤波。

下面我们就来看一下电滤波器与数学运算之间的关系。以常见的 RC 型电滤波器(图 7.1)为例。

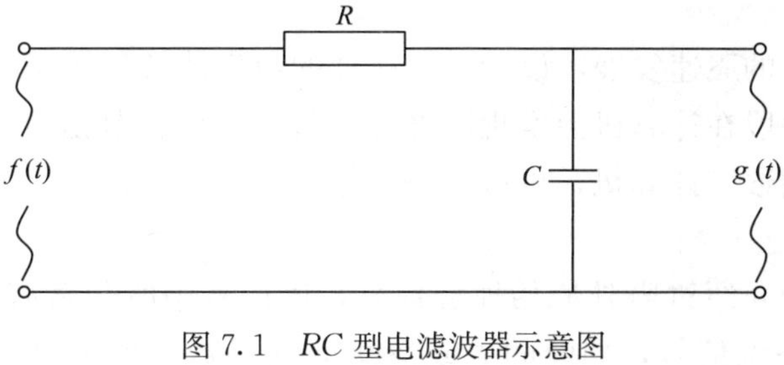

图 7.1 RC 型电滤波器示意图

设输入信号为 $f(t)$，输出信号为 $g(t)$。根据基尔霍夫定律，这个电滤波器的输入、输出关系为

$$g(t)+RC\frac{\mathrm{d}g(t)}{\mathrm{d}t}=f(t) \tag{7.1}$$

对上式两边求傅氏变换，则有

$$G(f)+\mathrm{j}2\pi fRCG(f)=F(f)$$

整理一下，得

$$G(f)=\frac{1}{1+\mathrm{j}2\pi fRC}F(f) \tag{7.2}$$

令

$$H(f)=\frac{1}{1+\mathrm{j}2\pi fRC} \tag{7.3}$$

这是一个与电滤波器内部结构有关的函数，称作该滤波器的频率响应(或频率特性)。因此

$$G(f)=H(f)\cdot F(f) \tag{7.4}$$

这就得到了这个 RC 型电滤波器在频域的滤波公式。根据褶积定理，频域两频率函数的乘积对应于各自的时间信号的褶积：

$$G(f)=H(f)\cdot F(f)\leftrightarrow g(t)=f(t)*h(t)$$

所以有

$$\begin{aligned} g(t) &= \int_{-\infty}^{+\infty} f(\tau)h(t-\tau)\mathrm{d}\tau \\ &= \int_{-\infty}^{+\infty} h(\tau)f(t-\tau)\mathrm{d}\tau \end{aligned} \tag{7.5}$$

以上讨论说明，数学上的褶积运算与这个电滤波器具有相同的本质。因此，有可能利用数学手段，对信号进行某种数学运算，以达到与电滤波器同样的效果。

电滤波器的滤波特性(频率响应)与电子元器件的参数和组合结构有关。随着对滤波要求的多样化，需要的电子元器件的品种和数量也越来越多，结构也越复杂，因而显得不够灵活(一旦电子元器件的种类和参数确定下来后，该滤波器的滤波特性就固定了，无法做大幅度、大范围的调整)。此外，由于电子元器件的非线性性质，也将导致信号的相位发生畸变；电子元器件还很容易受温度、湿度等环境因素的影响；受信号动态范围的限制、成本也比较高。由此看来，需要有新的手段来替代电滤波器。

2. 数字滤波器

随着计算机技术的飞速发展，设计灵活多样的数字滤波器逐渐占主导地位。数字滤波器指借助于数学手段在计算机上实现滤波的系统，它可以是由数字硬件装配成的一台完成指定运算的专用数字计算机，也可以是利用一定的数学运算，通过编程在计算机上完成滤波。

曾在 1.1 小节中介绍过野外原始地震信号，该信号中既包含有效波也包含干扰波。此信号可以看成是一维信号，如时间 t 或空间 x 的函数，也可以看成是二维信号，即时一空(t-x)的函数。为了使地震信号能正确反映地下地质情况，需采取措施，压制地震信号中的干扰波，突出有效波(即提高地震信号的信噪比)，其中一种很重要的手段就是数字滤波。

地震勘探中涉及的数字滤波，指的就是利用数学运算，通过编程，在计算机上对信

号进行处理，以达到对信号进行加工、改造的过程。因此，本书主要以地震勘探数字滤波为例介绍数字滤波的方法原理。

7.1.2　数字频率滤波

1．频率滤波

数字滤波有一维数字滤波和二维数字滤波。从滤波函数的角度看，一维滤波仅涉及一个变量，而二维滤波涉及两个变量。变量名称不同，所用的滤波方法也不同，地震勘探中常见的一维滤波有频率滤波和视速度滤波；二维滤波有频率-波数滤波、频率-空间滤波和 τ-p 滤波等。由于频率滤波比较直观，用得也最多，而且也容易理解，故在此主要介绍一维频率滤波。对于其他的滤波方法，请查阅有关的数字处理方法书籍，这里就不多叙了。

频率滤波，就是对信号的频谱进行修正、整形或处理的过程。换句话说，应用一种系统，对含有不同频率成分的信号进行处理，让其中某些频率成分通过，而让另一些频率成分受阻，这个过程就叫作频率滤波，所使用的系统就叫作频率滤波系统。显然，经过这种处理后，输出信号的频谱与输入信号的频谱会发生一定的改变。现场生产实际中所使用的滤波器，几乎都是这种频率滤波器。

2．一维数字频率滤波

结合数字滤波和频率滤波的定义可知，一维数字频率滤波就是根据信号中有效波与干扰波频谱方面的差异，用数学运算，通过编程，在计算机上对信号进行处理，以达到压制干扰波，突出有效波的一种处理方法。显然，有效波和干扰波在频谱上差异越大，则频率滤波效果就越好。

3．数字滤波系统

和系统的分类一样，数字滤波系统按输入与输出之间的关系也可以划分为：线性的和非线性的；时变的和时不变的；因果的和非因果的、稳定和非稳定的。其上所述的每个数字滤波系统的含义与 3.2 小节中系统的含义类似，唯一不同的是加入了“数字滤波”四个字，故在此不再赘述。

对数字滤波系统来说，不同性质的滤波系统，可以使用不同的数学运算来实现。由于地球物理勘探信号处理中所采用的各种常规滤波方法均属于线性时不变的数字滤波系统，而在 3.4 小节中已经提到一个线性时不变系统的输入、输出和单位脉冲响应之间，存在着褶积关系。故对于一个线性时不变的数字滤波系统来说，系统的输出信号 $g(n)$ 与输入信号 $f(n)$ 和滤波因子 $h(n)$ 之间存在着褶积关系，即

$$g(n) = f(n) * h(n) = \sum_{m=-\infty}^{+\infty} h(m) f(n-m) \tag{7.6}$$

这就是时域滤波方程。由此可知，数字频率滤波实际上就是褶积滤波，因此有时也把数

字频率滤波叫作时域褶积滤波。

对应地，也存在一个频域滤波方程。对式(7.6)两边求傅氏变换，可得

$$G(e^{j\omega}) = F(e^{j\omega}) \cdot H(e^{j\omega}) \tag{7.7}$$

其中，$H(e^{j\omega})$称为滤波器的频率特性(或频率响应)。由此可知，滤波系统输出信号的频谱等于输入信号的频谱乘上滤波系统的频率特性。

4. 数字频率滤波的实现

根据时域滤波方程式(7.6)和频域滤波方程式(7.7)，可以知道实现频率滤波的关键在于数字滤波系统$h(n)$或$H(e^{j\omega})$的设计。一旦设计出$h(n)$或$H(e^{j\omega})$就可根据方程来实现。具体实现步骤有两个：

1)时间域实现频率滤波的步骤

(1)对输入信号$f(n)$进行频谱分析，求得$F(e^{j\omega})$。

(2)根据$F(e^{j\omega})$的有效波范围，设计滤波器的频率特性$H(e^{j\omega})$。

(3)作反傅氏变换，由$H(e^{j\omega})$计算相应的滤波因子$h(n)$。

(4)用$h(n)$与$f(n)$作褶积运算，获得滤波处理后的输出信号$g(n)$。

2)频率域实现频率滤波的步骤

(1)对输入信号$f(n)$进行频谱分析，求得$F(e^{j\omega})$。

(2)根据$F(e^{j\omega})$的有效波范围，设计滤波器的频率特性$H(e^{j\omega})$。

(3)用$F(e^{j\omega})$与$H(e^{j\omega})$作点乘，得到$G(e^{j\omega})$。

(4)对$G(e^{j\omega})$进行反变换，得到滤波处理后的输出信号$g(n)$。

进行频谱分析时所用的傅氏变换有 DFT 和 FFT，由于 DFT 速度慢，实际应用中，采用 FFT。

5. 数字滤波的特点

与电滤波相比较，数字滤波有以下特点：

(1)易实现、灵活。从数字频率滤波的实现步骤可知，要想实现数字频率滤波，只要根据有效波和干扰波的频带分布情况，设计不同的滤波因子$h(n)$或滤波系统的频率特性$H(e^{j\omega})$，编制一个褶积或点积程序，就可以实现各种不同通频带的频率滤波。

(2)不受信号动态范围的限制。

(3)能实现高保真滤波。

(4)能实现零相位滤波。

(5)不受环境的影响。

7.2 理想滤波器

7.2.1 理想滤波器的定义

理想滤波器是指在其通频带内所有频率成分全部通过，通频带以外的频率成分全部滤掉并且相位特性为零的一类滤波器。因为这类滤波器的频率特性曲线的形状是像“门”一样的矩形，所以又称为“门式”滤波器。

只有数字滤波，才能实现理想滤波，而电滤波是不可能实现这种理想滤波的(为什么？请读者考虑)。

7.2.2 常见的理想滤波器

常见的理想滤波器有理想低通滤波器、理想带通滤波器、理想高通滤波器和理想带阻滤波器。它们具有共同的特点：①频率特性曲线 $H(\omega)$是不连续函数，存在间断点；②相位特性均恒为零；它们不同的地方在于各自的参数不一样，因此滤波作用也不一样。

这里仅介绍理想低通和理想带通滤波器，并以连续形式给予讨论，其他类型的滤波器可以有类似的结果，读者可自行推导。

1. 理想低通滤波器

顾名思义，低通滤波器就意味着低频成分通过，高频成分被滤掉。根据这一要求和相位特性为零的前提，可以得到理想低通滤波器的频率特性

$$H(\omega)=\begin{cases}1, & |\omega|<\omega_c \\ 0, & |\omega|\geqslant\omega_c\end{cases} \tag{7.8}$$

其图形如图 7.2 所示。式中 ω_c 称为滤波器的截止频率，即滤波器能通过的最高频率。

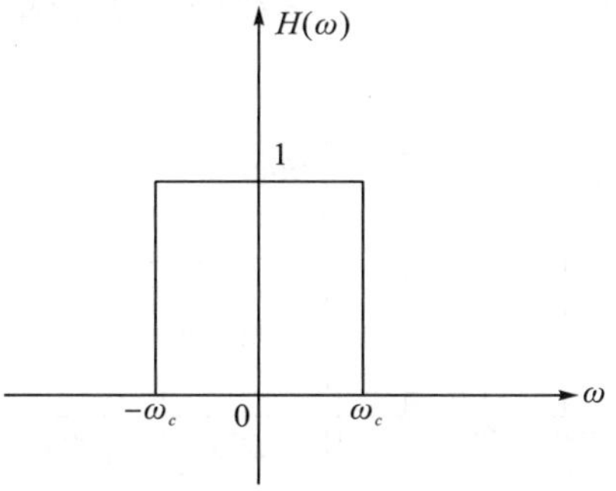

图 7.2 理想低通滤波器的频率特性

利用反傅氏变换公式，可计算出滤波器的滤波因子，有

$$\begin{aligned} h(t) &= \frac{1}{2\pi}\int_{-\infty}^{+\infty} H(\omega)\mathrm{e}^{\mathrm{j}\omega t}\,\mathrm{d}\omega \\ &= \frac{1}{2\pi}\int_{-w_c}^{\omega_c} \mathrm{e}^{\mathrm{j}\omega t}\,\mathrm{d}\omega \\ &= \frac{\sin \omega_c t}{\pi t} \end{aligned} \tag{7.9}$$

式(7.9)为一正弦衰减曲线，如图7.3所示。通常把滤波因子$h(t)$的第一个零值到极大值的时间称为起升时间t_r，显然低通滤波器的$h(t)$的起升时间是$t_r=\pi/\omega_c$。由此可见，理想低通滤波器的截频越低，$h(t)$的起升时间越长，$h(t)$的极大值越小。

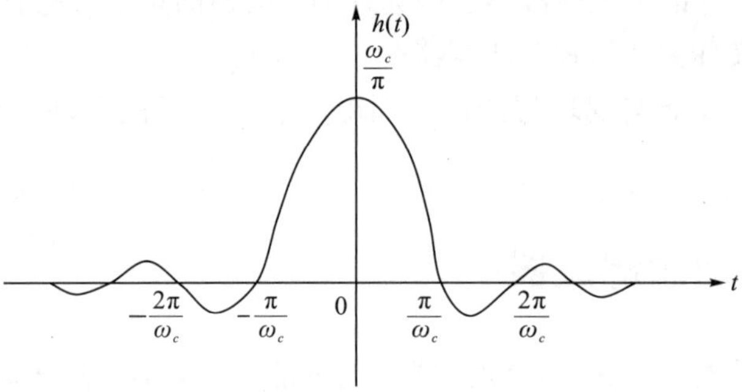

图7.3 理想低通的滤波因子

根据频率滤波方程，如果令输入信号$x(t)$与这个$h(t)$作褶积，得到的是仅含有$0\sim\omega_c$的频率成分的输出信号，而高于ω_c的频率成分则被滤掉了；同理，如果令输入信号的频谱与式(7.8)理想低通滤波器的频率特性作乘积，得到的是仅含有$0\sim\omega_c$的频率成分的输出信号的频谱，而高于ω_c的频率成分也被滤掉了。

2. 理想带通滤波器

带通，意味着信号有一定频带(宽度)可以通过。由此有

$$H(\omega)=\begin{cases}1, & \omega_0-\Delta\omega<|\omega|<\omega_0+\Delta\omega \\ 0, & \text{其他}\end{cases} \tag{7.10}$$

式中，ω_0表示中心频率；$\Delta\omega$表示半个带宽。

如果取$\omega_1=\omega_0-\Delta\omega$，$\omega_2=\omega_0+\Delta\omega$，又称$\omega_1$为低截频，$\omega_2$为高截频，其图形如图7.4所示。

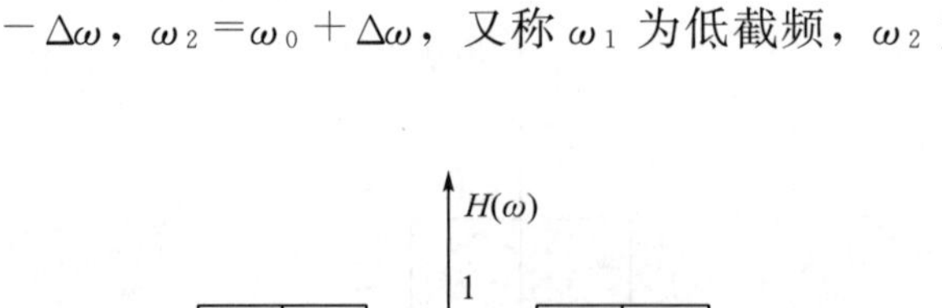

图7.4 理想带通滤波器的频率响应

应用反傅氏变换公式，可得其滤波因子 $h(t)$ 为

$$
\begin{aligned}
h(t) &= \frac{1}{2\pi}\int_{-\infty}^{+\infty} H(\omega)\mathrm{e}^{\mathrm{j}\omega t}\mathrm{d}\omega \\
&= \frac{1}{2\pi}\int_{-\omega_2}^{-\omega_1} \mathrm{e}^{\mathrm{j}\omega t}\mathrm{d}\omega + \frac{1}{2\pi}\int_{\omega_1}^{\omega_2} \mathrm{e}^{\mathrm{j}\omega t}\mathrm{d}\omega \\
&= \frac{\mathrm{e}^{\mathrm{j}\omega t}}{\mathrm{j}2\pi t}\bigg|_{-\omega_2}^{-\omega_1} + \frac{\mathrm{e}^{\mathrm{j}\omega t}}{\mathrm{j}2\pi t}\bigg|_{\omega_1}^{\omega_2} \\
&= \frac{1}{\mathrm{j}2\pi t}\left[\mathrm{e}^{-\mathrm{j}\omega_1 t} - \mathrm{e}^{-\mathrm{j}\omega_2 t} + \mathrm{e}^{\mathrm{j}\omega_2 t} - \mathrm{e}^{\mathrm{j}\omega_1 t}\right] \\
&= \frac{1}{\pi t}\left[\frac{\mathrm{e}^{\mathrm{j}\omega_2 t} - \mathrm{e}^{-\mathrm{j}\omega_2 t}}{2\mathrm{j}} - \frac{\mathrm{e}^{\mathrm{j}\omega_1 t} - \mathrm{e}^{-\mathrm{j}\omega_1 t}}{2\mathrm{j}}\right] \\
&= \frac{1}{\pi t}\left[\sin\omega_2 t - \sin\omega_1 t\right] \\
&= \frac{2}{\pi t}\cos\omega_0 t \sin\Delta\omega t
\end{aligned}
$$

即

$$h(t) = \frac{2}{\pi t}\cos\omega_0 t\sin\Delta\omega t \tag{7.11}$$

其中

$$\omega_0 = \frac{\omega_1 + \omega_2}{2}, \quad \Delta\omega = \frac{\omega_2 - \omega_1}{2}$$

这是直接利用公式求出的，还可以利用低通滤波器的结果直接写出 $h(t)$ 来。由图 7.4可以看出，带通滤波器实际上是由两个低通滤波器 $H_2(\omega)$ 和 $H_1(\omega)$ 相减的结果，根据傅氏变换的线性性质，其滤波因子也应是这两个低通滤波器滤波因子 $h_2(t)$ 和 $h_1(t)$ 相减的结果。

因为

$$H(\omega) = H_2(\omega) - H_1(\omega)$$

其中

$$H_1(\omega) = \begin{cases} 1, & |\omega| < \omega_1 \\ 0, & |\omega| \geqslant \omega_1 \end{cases}; \quad H_2(\omega) = \begin{cases} 1, & |\omega| < \omega_2 \\ 0, & |\omega| \geqslant \omega_2 \end{cases}$$

则有

$$
\begin{aligned}
h(t) &= h_2(t) - h_1(t) \\
&= \frac{\sin\omega_2 t}{\pi t} - \frac{\sin\omega_1 t}{\pi t} \\
&= \frac{1}{\pi t}\left[\sin\omega_2 t - \sin\omega_1 t\right] \\
&= \frac{2}{\pi t}\cos\omega_0 t\sin\Delta\omega t
\end{aligned}
$$

根据频率滤波方程，如果令输入信号 $x(t)$ 与这个 $h(t)$ 作褶积，得到的是仅含有 $\omega_1 \sim \omega_2$ 这一频带内的频率成分的输出信号，而其他频率成分都被滤掉了；同理，如果令输入信号的频谱与式(7.10)理想带通滤波器的频率特性作乘积，得到的是仅含有 $\omega_1 \sim \omega_2$

这一频带内的频率成分的输出信号的频谱，而其他频率成分也都被滤掉了。

按照上述推理，如果想把某一信号中的某些成分去掉，只需设计出相应的滤波器，即给定某些滤波参数，就可以通过计算机利用褶积或点积计算，来达到滤波的目的。这的确是很容易实现的事情，但事物总是一分为二的，数字滤波一方面确实存在着灵活、适应性强等优点，但也不可避免地要带来一些新问题，一些只有数字滤波才可能出现的问题，这就是下一节要介绍的内容。

7.3 数字滤波的两个特殊问题

根据信号数字处理的两大特点：离散性和有限性，可以推知在数字滤波中，无论是输入信号、输出信号还是滤波因子 $h(t)$，都必须是有限长的离散序列，而前面给出的理想滤波器的滤波因子 $h(t)$既是连续的，又是无限长的[由于 $H(\omega)$是有限带宽的，必导致 $h(t)$是无限长的]。这就造成了数字滤波中的两个特殊矛盾，连续性与离散性的矛盾和无限长与有限性的矛盾，并因此产生了两个特殊现象："伪门"现象和吉普斯(Gibbs)现象，下面就讨论一下这两种特殊现象产生的原因、造成的危害及克服的办法。

7.3.1 Gibbs 现象

1. Gibbs 现象的定义

Gibbs 现象是无限性和有限性矛盾在数字滤波上的反映。实际中由于

$$h_M(t) = \begin{cases} h(t), & |t| \leqslant \Delta M/2 \\ 0, & \text{其他} \end{cases}$$

如图 7.5(a)所示。

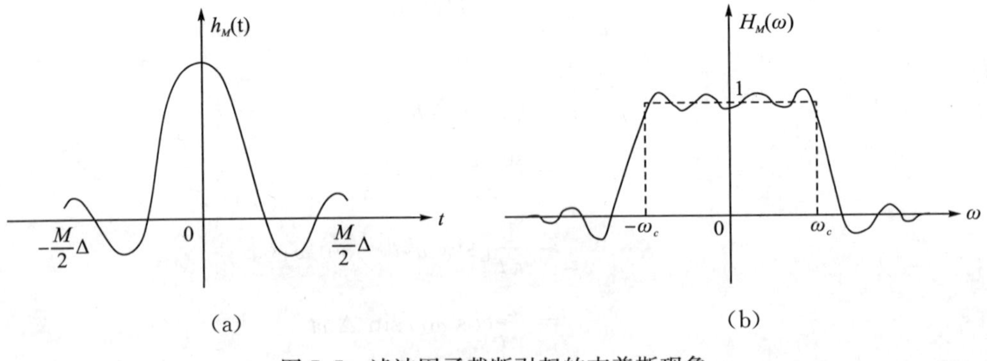

图 7.5 滤波因子截断引起的吉普斯现象

如果再把离散化考虑进去，可得到 $h_M(n)(-M/2 \leqslant n \leqslant M/2)$所对应的频谱的具体表示形式

$$
\begin{aligned}
H_M(e^{j\omega}) &= \sum_{m=-M/2}^{M/2} h(m)e^{-j\omega m} \\
&= \sum_{m=-M/2}^{M/2} h(m)[\cos m\omega - j\sin m\omega] \\
&= \sum_{m=-M/2}^{M/2} h(m)\cos m\omega \\
&= h(0) + 2\sum_{m=1}^{M/2} h(m)\cos m\omega = H_M(\omega)
\end{aligned} \tag{7.12}
$$

式(7.12)说明：有限长滤波因子 $h_M(n)$ 所对应的频率特性曲线 $H_M(\omega)$ 是由 $M/2$ 个余弦函数和常数 $h(0)$ 构成的。这个频率特性曲线的图形是一连续的光滑曲线[图7.5(b)]，而不再是“门式”。由图可见，在矩形上出现了一些振荡。也就是说，由于滤波因子只能取有限长，使得滤波器的频率特性曲线发生了畸变。这种由于滤波因子的有限性使滤波器频率特性发生畸变的现象就叫作Gibbs现象。

2. 导致Gibbs现象产生的原因

(1)理想滤波器是“门式”滤波器，其频率特性曲线是一不连续函数的图形，存在间断点。

(2)滤波因子 $h_M(t)$（或 $h_M(n)$）要取有限长。

这两个原因中，(1)是内因，因为 $H(\omega)$ 的不连续形式，才使得 $h(t)$ 是无限长的，从而才产生了有限性和无限性的矛盾，从而才有(2)，并产生了Gibbs现象。

3. Gibbs现象的特点

(1)滤波器的频率特性曲线不再是“门式”了，在原“门式”基础上发生了振荡，振荡的最大幅度与原矩形幅度相差±9%。

(2)M 越大，时域截断误差越小，$H_M(\omega)$ 的陡度越陡，振荡次数越多。

从图7.5可以看到，由于对滤波因子进行了截断，使得截断后得到的滤波器频率特性 $H_M(\omega)$ 与理想滤波器的频率特性 $H(\omega)$ 之间存在一定误差，这个误差通常叫作截断误差。这里以低通滤波器为例，大致估算一下这个截断误差和什么有关系。

用 ε 表示截断误差，则有

$$\varepsilon = H(\omega) - H_M(\omega) \tag{7.13}$$

当用 $H_M(\omega)$ 去逼近 $H(\omega)$ 时，均方差为

$$I = \frac{1}{2\pi}\int_{-\infty}^{+\infty} |H(\omega) - H_M(\omega)|^2 d\omega \tag{7.14}$$

根据Parseval等式，应有

$$\int_{-\infty}^{+\infty} |f(t)|^2 dt = \frac{1}{2\pi}\int_{-\infty}^{+\infty} |F(\omega)|^2 d\omega \tag{7.15}$$

用滤波因子代入式(7.14)，有

$$I = \int_{-\infty}^{+\infty} |h(t) - h_M(t)|^2 dt$$

$$= \int_{-\infty}^{-\Delta M/2} |h(t)|^2 \mathrm{d}t + \int_{-\Delta M/2}^{\Delta M/2} |h(t) - h_M(t)|^2 \mathrm{d}t + \int_{\Delta M/2}^{\infty} |h(t)|^2 \mathrm{d}t$$

$$= 2\int_{\Delta M/2}^{\infty} |h(t)|^2 \mathrm{d}t \tag{7.16}$$

把理想低通滤波器的 $h(t)=\frac{\sin\omega_c t}{\pi t}$ 代入式(7.16)，有

$$I = 2\int_{\Delta M/2}^{\infty} \left(\frac{\sin\omega_c t}{\pi t}\right)^2 \mathrm{d}t \tag{7.17}$$

令　$\omega_c t=\theta$，$\frac{1}{\pi t}=\frac{\omega_c}{\theta\pi}$，$\mathrm{d}t=\frac{1}{\omega_c}\mathrm{d}\theta$，下限 $\Delta M/2 \rightarrow \omega_c\Delta M/2$，代入式(7.17)，得

$$I = \frac{2\omega_c}{\pi^2}\int_{\omega_c\Delta M/2}^{\infty} \left(\frac{\sin\theta}{\theta}\right)^2 \mathrm{d}\theta$$

$$= \frac{2\omega_c}{\pi^2}\int_{\omega_c\Delta M/2}^{\infty} \frac{1-\cos 2\theta}{2\theta^2}\mathrm{d}\theta$$

$$= \frac{\omega_c}{\pi^2}\int_{\omega_c\Delta M/2}^{\infty} \left[\frac{1}{\theta^2} - \frac{\cos 2\theta}{\theta^2}\right]\mathrm{d}\theta$$

当 θ 较大时，$\frac{\cos 2\theta}{\theta^2} \rightarrow 0$，则有

$$I \approx \frac{\omega_c}{\pi^2}\int_{\omega_c\Delta M/2}^{\infty} \frac{1}{\theta^2}\mathrm{d}\theta$$

$$= \frac{2}{\pi^2 M\Delta} \approx \frac{1}{5M\Delta} \tag{7.18}$$

式(7.18)说明，实际滤波器的频率特性 $H_M(\omega)$ 与理想滤波器的频率特性 $H(\omega)$ 的均方差 I 和实际滤波因子的长度 $M\Delta$ 成反比。

由此看来，若要求滤波处理是高精度的，即均方误差趋于零，则必须增大滤波因子的长度 $M\Delta$。但是，M 越大，计算工作量就越大。所以在实际工作中，必须解决好处理精度与工作量这一对矛盾。

Gibbs 现象对数字滤波造成的影响，以上的讨论给出了定量的标准。事实上，根据图 7.5 可以想象到，由于滤波器的频率特性曲线发生畸变，使原来设想通过滤波器压制掉的干扰波(大于 ω_c 的频率成分)得不到完全的压制，而原来想保留的 $0\sim\omega_c$ 范围内的有效波发生畸变，从而不能完全达到滤波的目的——突出有效波，压制干扰波。但现实工作中又不可能让滤波因子无限制地增大以使均方误差等于零，更何况"门式"滤波器的不连续性必然引起吉普斯现象。由此可知，Gibbs 现象是数字滤波中一个不可避免的现象，无法根本消除，只能设法减小它对滤波效果带来的不利影响。

4. 减小 Gibbs 现象影响的方法

怎样才能减小 Gibbs 现象的影响呢？当然应从产生 Gibbs 现象的起因入手，可以从频率域或时间域采取相应的措施。

1)镶边法

在频率域，为了改变 $H(\omega)$ 的不连续性，将含有间断点的频率特性曲线改造成一条连续光滑曲线，即"镶边法"。

镶边法又分为直接镶边和褶积镶边两种方法。直接镶边法，是在理想滤波器的频率特性曲线的间断点处，直接镶上一个边，形成一个过渡带，这个过渡带的形式可以是线性过渡或余弦过渡。

(1)线性过渡

图 7.6 给出了线性过渡的滤波器频率特性曲线。它的频率特性为

$$H(\omega)=\begin{cases}1, & |\omega|\leqslant\omega_1\\ \dfrac{|\omega|-\omega_2}{\omega_1-\omega_2}, & \omega_1<|\omega|<\omega_2\\ 0, & |\omega|\geqslant\omega_2\end{cases} \tag{7.19}$$

式中，ω_1 称为低通频率，ω_2 称为截止频率。

(2)余弦过渡

图 7.7 给出了余弦过渡的滤波器频率特性曲线。该 $H(\omega)$的表示式为

$$H(\omega)=\begin{cases}1, & |\omega|\leqslant\omega_1\\ \dfrac{1}{2}\left[1+\cos\dfrac{|\omega|-\omega_1}{\omega_2-\omega_1}\pi\right], & \omega_1<|\omega|<\omega_2\\ 0, & |\omega|\geqslant\omega_2\end{cases} \tag{7.20}$$

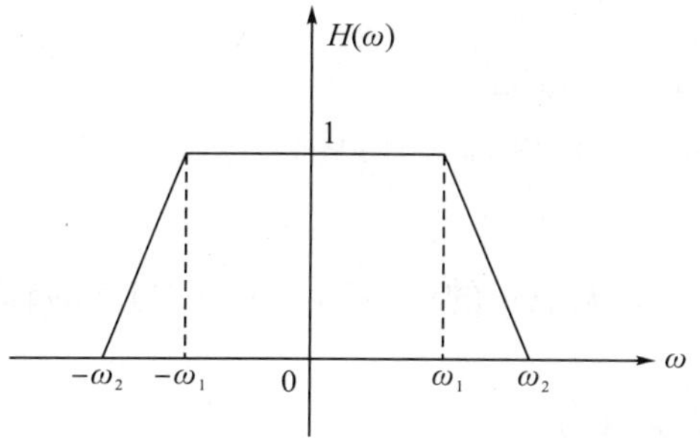

图 7.6　线性过渡频率特性

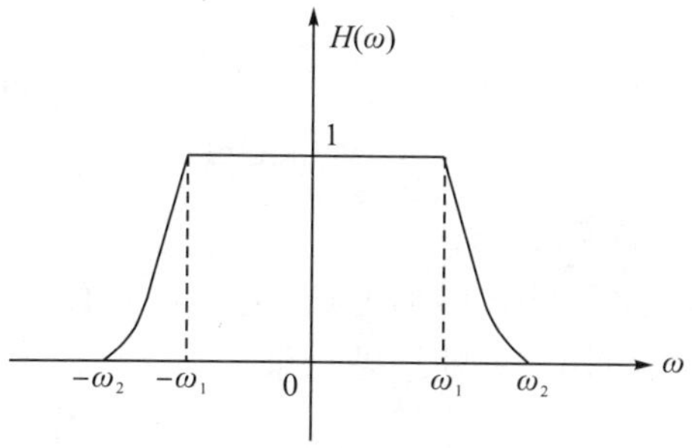

图 7.7　余弦过渡频率特性

还有其他种种过渡方式，这里就不一一列举了。直接镶边法的一个最突出的缺点，就是它的时间特性 $h(t)$不容易计算。为了便于计算滤波器的时间特性，往往在频率域将滤波器的频率特性同某一褶积因子相褶积，以达到镶边的目的。例如，图 7.8(a)中理想低通滤波器的频率特性 $H(\omega)$同图 7.8(b)中的频率域半波余弦相褶积，就得到图 7.8(c)中的余弦过渡型滤波器。根据频域褶积性质，它的时间特性 $\tilde{h}(t)$就是原滤波器时间特性 $h(t)$同半波余弦频率特性 $Q(\omega)$对应的信号 $q(t)$的乘积。记作

$$\widetilde{H}(\omega)=H(\omega)*Q(\omega)$$

$$\tilde{h}(t)=h(t)\cdot q(t)$$

对于频率褶积因子 $Q(\omega)$的要求是

①$Q(\omega)\geqslant 0$，并且是偶函数，即 $Q(\omega)=Q(-\omega)$；

② $\int_{-\infty}^{+\infty}Q(\omega)\mathrm{d}\omega=\int_{-\delta}^{\delta}Q(\omega)\mathrm{d}\omega=1$；

③$Q(\omega)$在区间$[-\delta,\ \delta]$上连续，$|\alpha|\geqslant\delta>0$。

因为频率域的褶积相当于时间域的乘积，所以频域函数褶积法相当于时间特性 $h(t)$ 用窗函数 $q(t)$ 截断，这样来减小 Gibbs 现象的影响。

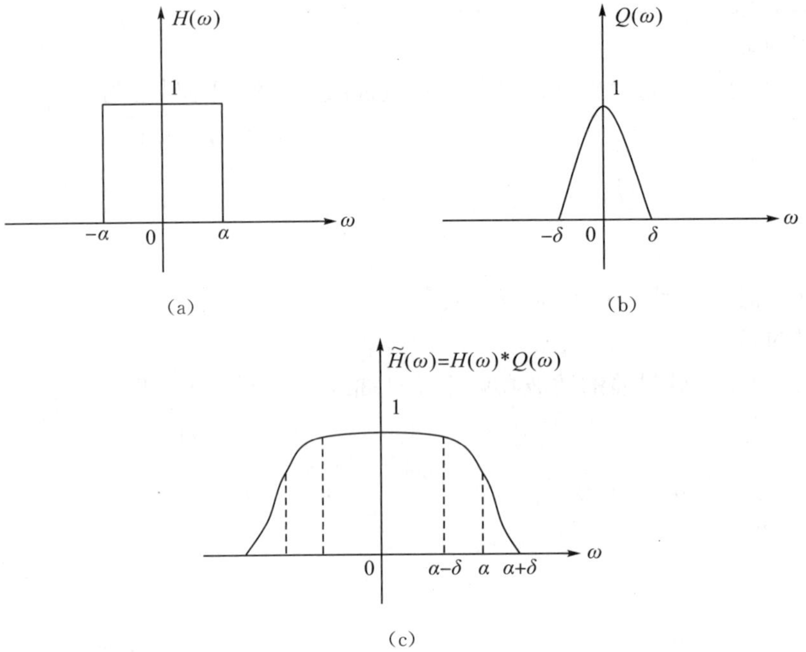

图 7.8 褶积镶边低通滤波器的形成

(a)理想低通滤波器；(b)褶积因子；(c)褶积镶边低通滤波器频率特性

2)窗函数法

滤波因子 $h_M(t)$[或 $h_M(n)$]取有限长，相当于让无限长的滤波因子 $h(t)$ 与一时窗函数 $w_M(t)$ 相乘的结果，即

$$h_M(t) = h(t) \cdot w_M(t)$$

从而造成了截断后 $h_M(t)$ 的频谱 $H_M(\omega)$ 和理想滤波器 $H(\omega)$ 的截断误差。因此，为了使截断误差降低，在时间域，采取对时窗函数 $w_M(t)$ 进行改造，选择其他的窗函数，以便截断后减弱截去部分对截断误差的影响，即所谓“窗函数法”。常用的窗函数有矩形时窗、三角时窗、钟形时窗、哈林时窗、汉明时窗等。

(1)矩形时窗

$$w_1(t) = \begin{cases} 1, & |t| \leqslant \Delta M/2 \\ 0, & |t| > \Delta M/2 \end{cases} \tag{7.21}$$

$w_1(t)$ 的图形示于图 7.9(a)，它的傅氏变换为 $2\sin(\omega\Delta M/2)/\omega$，图形示于图 7.9(b)。它的特点是：主瓣宽度为 $2\pi/(M\Delta)$，旁瓣包含许多小瓣，波动起伏大。从主观上讲，选择窗函数应尽量选择主瓣窄、旁瓣起伏小的。因此，矩形时窗不是一个好的时窗函数。

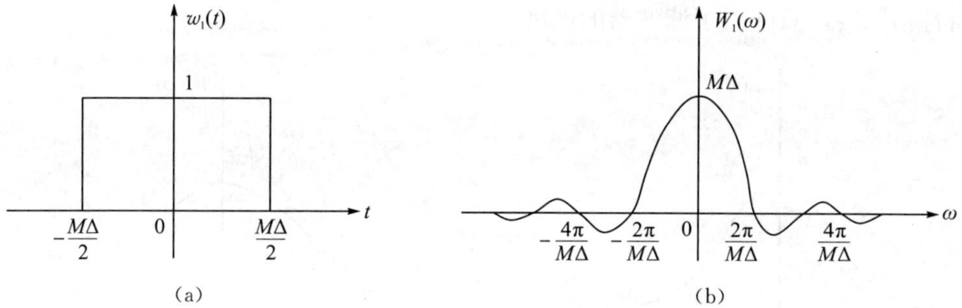

图 7.9　矩形时窗及其傅氏变换

(2) 三角时窗

$$w_2(t)=\begin{cases}1-\dfrac{2|t|}{M\Delta}, & |t|\leqslant \Delta M/2\\ 0, & |t|>\Delta M/2\end{cases} \tag{7.22}$$

$w_2(t)$的图形如图 7.10(a)所示，它的傅氏变换为 $8\sin^2(M\Delta\omega/4)/(\omega^2M\Delta)$，如图 7.10(b)所示。同矩形时窗的频谱相比，它的主瓣宽度为 $4\pi/(M\Delta)$，但旁瓣起伏小，所以在考虑旁瓣带来的振荡时，三角时窗的效果就比矩形时窗好。

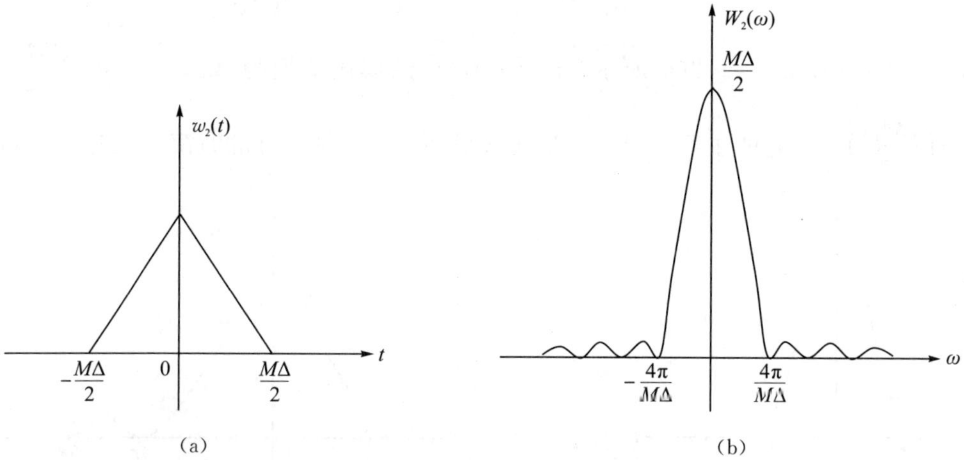

图 7.10　三角时窗及其傅氏变换

通过这两个时窗函数的分析可知，一个好的时窗函数的两个标准之间彼此是矛盾的，往往二者不能兼顾，因此，实际情况中只能在两个标准之间做一权衡，考虑其一。为此，下面多介绍几种时窗函数供读者今后选择。

(3)钟形时窗

$$w_3(t)=\begin{cases}e^{-at^2}, & |t|\leqslant \Delta M/2\\ 0, & \text{其他}\end{cases} \tag{7.23}$$

图形示于图 7.11(a)，它的傅氏变换为

$$W_3(\omega)=\sqrt{\frac{\pi}{\alpha}}\,e^{-\frac{w^2}{4\alpha}}$$

其图形如图 7.11(b)所示。这种频率函数，只有主瓣，没有旁瓣，所以同理想滤波器的

频率特性褶积后，只降低了滤波器的陡度。

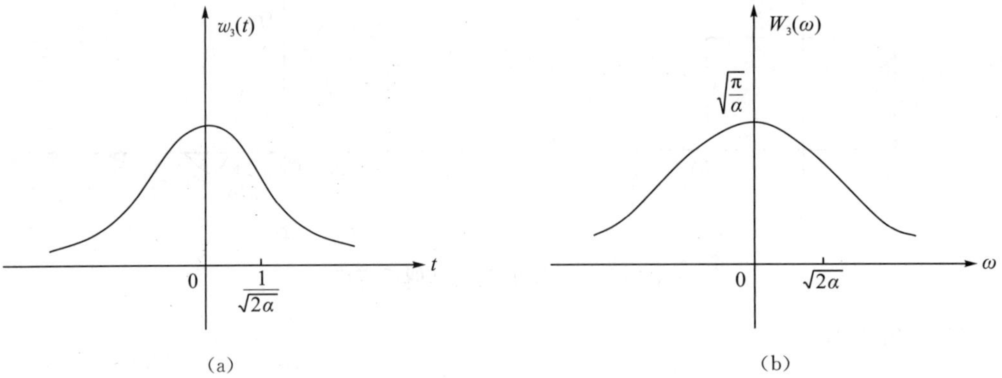

图 7.11　钟形时窗及其傅氏变换

(4)哈林(Hanning)时窗

哈林时窗的时域表达式为

$$w_4(t)=\begin{cases}\dfrac{1}{2}\left[1+\cos\dfrac{\pi}{\Delta M/2}t\right], & |t|\leqslant\dfrac{M}{2}\Delta\\ 0, & \text{其他}\end{cases}\tag{7.24}$$

$w_4(t)$的图形如图 7.12(a)所示。因为 $w_4(t)$的傅氏变换为 $W_4(\omega)=\sin\left(\frac{M\Delta}{2}\omega\right)/\omega\times\left[1-\left(\frac{\omega M\Delta}{2\pi}\right)^2\right]$，它的主瓣较窄，旁瓣起伏很小，是一种较好的时窗，见图 7.12(b)。

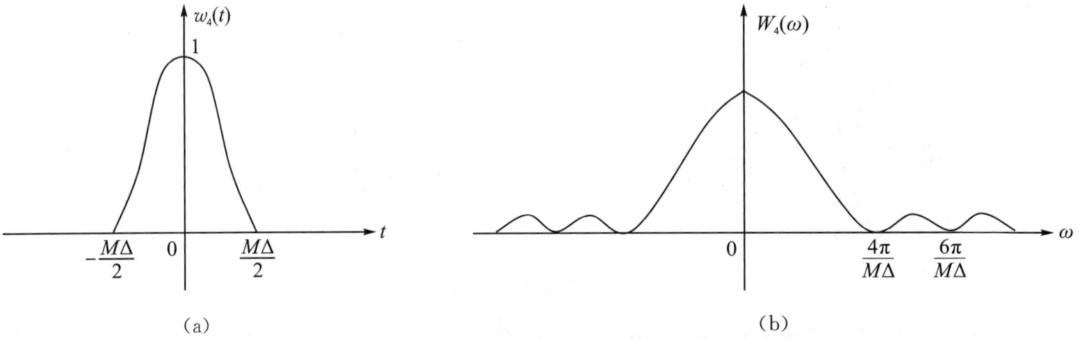

图 7.12　哈林时窗及其频率特性

(5)汉明(Hamming)时窗

$$w_5(t)=\begin{cases}0.54+0.46\cos\dfrac{\pi}{\Delta M/2}, & |t|\leqslant\Delta M/2\\ 0, & \text{其他}\end{cases}\tag{7.25}$$

其频谱为

$$W_5(\omega)=\frac{2\sin\frac{M\Delta}{2}\omega}{\omega}\cdot\frac{0.54-0.08\left(\frac{\omega M\Delta}{2\pi}\right)^2}{1-\left(\frac{\omega M\Delta}{2\pi}\right)^2}$$

此外，还有帕曾(Parzen)时窗、截尾丹尼尔时窗、布莱克曼时窗、凯塞时窗、高斯时窗等，这里就不一一写出了，读者可以参阅有关书籍。

7.3.2 “伪门”现象

导致伪门现象产生的原因就在于对滤波因子 $h_M(t)$进行了离散化，而时域离散化必然导致频域的周期化。伪门现象就是由于滤波因子离散化而导致的滤波器频率特性发生周期性变化的体现。

由第 3 章可知，一个时域离散信号 $x(n)$，其离散时间傅氏变换为

$$X(e^{j\omega}) = \Delta \sum_{n=-\infty}^{+\infty} x(n\Delta) e^{-j\omega n\Delta}$$

它是一个以 $2\pi/\Delta$ 为周期的周期连续函数。而当滤波因子 $h(t)$进行截断后再离散化，得 $h_M(n)$，其频谱为

$$H_M(e^{j\omega}) = \Delta \sum_{m=-M/2}^{M/2} h(m\Delta) e^{-j\omega n\Delta} \tag{7.26}$$

可以证明，它仍然是一个以 $2\pi/\Delta$ 为周期的周期性频谱。

$$\begin{aligned} H_M[e^{j(\omega+2k\pi/\Delta)}] &= \Delta \sum_{m=-M/2}^{M/2} h(m\Delta) e^{-j(\omega+2k\pi/\Delta)m\Delta} \\ &= \Delta \sum_{m=-M/2}^{M/2} h(m\Delta) e^{-j\omega m\Delta} \cdot e^{-j2k\pi m} \\ &= \Delta \sum_{m=-M/2}^{M/2} h(m\Delta) e^{-j\omega m\Delta} = H_M(e^{j\omega}) \end{aligned}$$

即

$$H_M(e^{j\omega}) = H_M[e^{j(\omega+\frac{2k\pi}{\Delta})}] \quad (k=0, \pm 1, \pm 2, \cdots)$$

所以，$H_M(e^{j\omega})$是一个以 $2\pi/\Delta$ 为周期的周期函数，把其图形画出来(也以低通滤波器为例)，就得到实际中使用的有限长离散化滤波因子 $h_M(n)$所对应的频谱 $H_M(e^{j\omega})$的图形(图 7.13)。

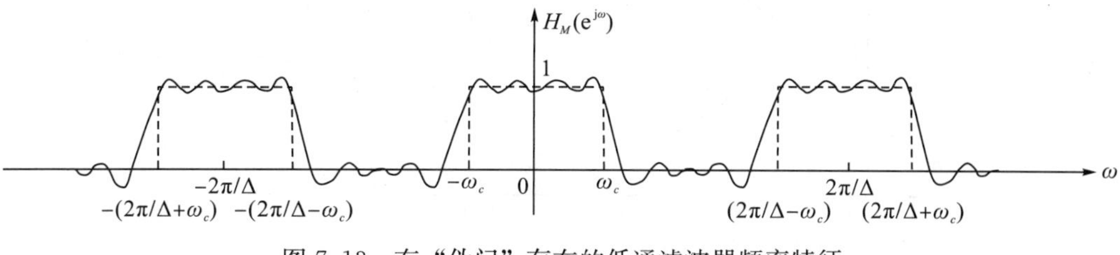

图 7.13　有“伪门”存在的低通滤波器频率特征

由图 7.13 可以看到，由于滤波因子离散化的作用，使滤波器的频率特性曲线上出现了多个“门”。其中，$H_M(e^{j\omega})(-\omega_c<\omega<\omega_c)$称作“正门”，开辟此“门”的目的是为了保存频率 $\omega<\omega_c$ 的有效信号，压制 $\omega\geqslant\omega_c$ 的干扰信号，这是设计滤波器所给出的；其他的“门”——$H_M(e^{j\omega})[-(\omega_c\pm 2k\pi/\Delta)<\omega<(\omega_c\pm 2k\pi/\Delta), k=1, 2, \cdots]$不是设计滤波器所给定的“门”，因此称为“伪门”。这种由于滤波因子离散取样而造成的滤波器频

率特性周期化的现象，就叫作“伪门”现象。它给数字滤波究竟带来什么危害呢？由图7.13可知，这些“伪门”的通频带为$2\pi/\Delta-\omega_c \sim 2\pi/\Delta+\omega_c$，…。显然，如果有某些干扰信号的频率大于$2\pi/\Delta-\omega_c$的话，它们就有可能从“伪门”通过而没被滤掉，这是设计所不希望的。“伪门”和Gibbs现象一样，是数字滤波固有的，无法根本消除，只能设法减小它的不良影响。

如何来减小“伪门”带来的影响呢？由图可看到，如果把“伪门”挪远一点，使干扰波落在“正门”和“伪门”之间的压制带内，换句话说，使“伪门”出现在干扰波的频带以外，就可以减小不良影响。那么如何才能使“伪门”位置变动呢？由图可知，控制“伪门”位置的关键参数是$H_M(e^{j\omega})$的周期$2\pi/\Delta$的大小，显然$2\pi/\Delta$越大，“伪门”就越远离“正门”，而$2\pi/\Delta$越大，也即抽样间隔Δ越小。由此推知：通过适当选择抽样间隔Δ，可以使得“伪门”在干扰波频带之外。

由于抽样间隔Δ无法无限制地减小(Δ越小，工作量越大)，因此人们设想在进行资料处理——数字滤波之前，先让信号通过一个物理滤波器，滤掉信号所含的高频干扰部分，这样即使通过物理滤波器没有全部滤掉这些高频干扰，但它们的能量已很微弱，这时再从“伪门”通过也不会对有效信号造成明显的干扰，从而可以忽略。这种滤波器就叫作“去假频滤波器”，其目的就是要滤掉高于奈奎斯特频率的高频成分。

综上所述，克服“伪门”现象带来的影响的方法有两种：

①适当选择抽样间隔Δ，使“伪门”出现在干扰波频带之外；

②在资料进行处理前，先让其通过一个“去假频”滤波器，滤去高频干扰成分。

这些方法都只能帮助削弱“伪门”的影响，但正如假频现象是数字处理中无法避免的现象一样，“伪门”现象也是数字滤波所固有的，无法根本消除。两者起因相同，都是由于信号离散化而造成的，不过反映出来的现象称谓不同而已。

例 7.1 某工区的有效波频谱的高频为50Hz，干扰波的高边频为200Hz(图7.14)，问如何选择抽样间隔Δ，才能达到突出有效波，压制干扰波的目的(要求$\Delta=2^n$)？

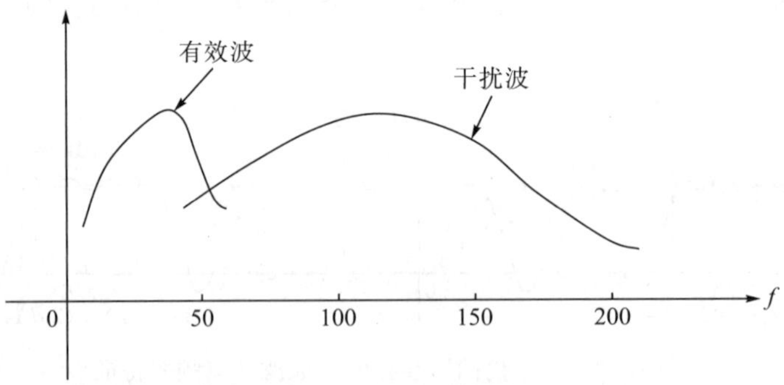

图7.14 频谱示意图

解：根据信号频谱分布，设计一低通滤波器

$$H(f)=\begin{cases}1, & |f|<50\text{Hz}\\ 0, & |f|\geqslant 50\text{Hz}\end{cases}$$

再按照采样定理，选取适当的抽样间隔Δ：

$$\Delta \leqslant \frac{1}{2f_c} = \frac{1}{2 \times 50} = 10(\mathrm{ms})$$

所以，取 $\Delta=8\mathrm{ms}$、$4\mathrm{ms}$、$2\mathrm{ms}$、$1\mathrm{ms}$ 均可以。

当取 $\Delta=8\mathrm{ms}$，这时滤波因子 $h_M(m\Delta)$对应的频谱 $H_M(f)$为

$$H_M(f) = \sum_{r=-\infty}^{+\infty} H\left(f + \frac{r}{\Delta}\right)$$

再由$1/\Delta=125\mathrm{Hz}$，可以推算出，$H_M(f)$将在 $125\pm50\mathrm{Hz}$(即 $75\sim175Hz$)处出现第一个“伪门”，在 $250\pm50\mathrm{Hz}$(即 $200\sim300\mathrm{Hz}$)处出现第二个“伪门”，等等。这样一来，当用$h_M(m\Delta)$与信号作褶积进行滤波时，处于 $75\sim175Hz$ 范围内的干扰波就会从“伪门”通过，使之达不到压制干扰波的目的。根据前面的讨论知道，只要将“伪门”移出干扰波频带之外，就不会出现干扰波从“伪门”通过的情况。而“伪门”的位置是由 $1/\Delta$ 来决定的，“伪门”频带加大，意味着 $1/\Delta$ 增大，即 Δ 减小。当取 $\Delta=4\mathrm{ms}$，则由 $1/\Delta=250\mathrm{Hz}$，推算出“伪门”将出现在 $250\pm50\mathrm{Hz}$，即 $200\sim300\mathrm{Hz}$ 处，这样就在 $200\mathrm{Hz}$ 以外，干扰波就无法从“伪门”通过了。所以只有选择 $\Delta=4\mathrm{ms}$，才能达到滤波的目的。

由例 7.1 可以看出，在生产中选择抽样间隔 Δ 时，除了考虑满足抽样定理外，还必须考虑到“伪门”的作用。

习　题

1. 简述一维数字频率滤波的原理及实现步骤。

2. 试给出理想高通和理想带阻滤波器的滤波因子 $h(t)$表示式(要求利用已知滤波器的滤波因子表达式和傅氏变换性质来求取)。

3. 如果从频域实现滤波，是否会出现 Gibbs 现象和“伪门”现象？为什么？

4. 给定一个含有多个频率成分的信号，编制程序对其中某一频率成分进行时域滤波和频域滤波，并比较两者结果，讨论其不同的原因。

第 8 章　相 关 分 析

相关分析(correlation analysis)在地球物理勘探资料的数字处理中，有着广泛的应用。它不仅可以用来提高资料的信噪比，还可以用来识别和消除多次波、计算速度谱、确定同相轴的基本参数等。本章将从线性相关的概念出发，介绍一些相关分析的基本原理和概念，并对其在实际生产中的应用做一些简单的介绍。

8.1　相关分析的一般概念

8.1.1　相关的含义

在实际生产中，经常需要比较两个波形是否相似。例如在地震勘探资料解释中，往往需要对比相邻地震道的记录。在一般情况下，由于激发条件相同(或类似)，接收条件类似，接收到的相邻道地震记录应该是相似的，仅仅是由于接收距离不一样而存在一定的时间延迟(图 8.1)。但如果这两道记录对应的地下反射界面存在某种异常，就会在波形上有所反映(图 8.2)，这正是根据地震资料判断地下构造、岩性变化的重要依据。

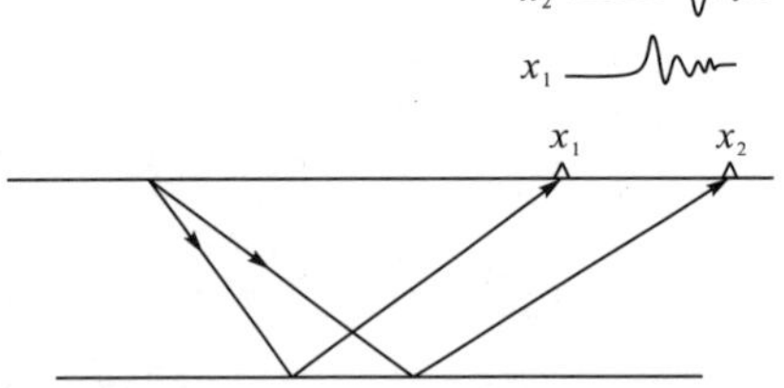

图 8.1　界面无异常时相邻道的地震记录

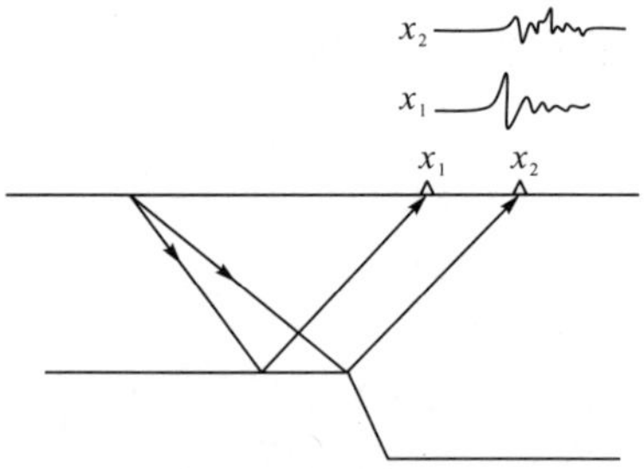

图 8.2　界面有异常时相邻道的地震记录

直观上看，可以定性地判断两个波形是否相似。如果它们彼此相似，就说这两个波形彼此相关。也就是说，相关的几何含义就是图形的相似性。但是这些图形之间相互关联的程度如何，即如何定量地衡量图形的相似程度，就不是人们凭肉眼观察能够解决的问题，而必须借助于数学工具来解决，也就是必须进行所谓的相关分析。

8.1.2 相关分析的定义

所谓相关分析，就是分析研究两个函数(或波形)之间相似程度的一种数学分析方法。通过对两个函数或波形作相关分析，就可以对它们之间的相似程度得出一个定量的估计。

从《线性代数》中已经知道，数学上是用线性相关来说明两个函数的相似性的。如果说两个函数线性相关，这两个函数就一定是相似的；反之，如若说两个函数线性无关，则它们一定不相似。下面用具体的数学式子来说明这个问题。

设有两个离散变量函数 x_n 和 y_n[也可以设为连续函数 $x(t)$ 和 $y(t)$，$0\leqslant t\leqslant T$]，它们之间的关系可以分为这么几类：

(1)如果 x_n 和 y_n 之间满足

$$y_i = ax_i + b \quad (0 \leqslant i \leqslant N-1)$$

那就表明以 x_i 为横坐标，y_i 为纵坐标得到的点集(x_i, y_i)在 xoy 平面上是一条直线，这时称 x_n 和 y_n 是完全线性相关，即二者完全相似，参见图 8.3(a)。

(2)如果点集(x_i, y_i)在 xoy 平面上的分布具有直线倾向(但并不完全都位于同一条直线上)，则称 x_n 和 y_n 是线性相关的，即二者相似，参见图 8.3(b)。

(3)如果点集(x_i, y_i)在 xoy 平面上的分布不具有直线倾向，也可以说是杂乱无章的，则称 x_n 和 y_n 是线性无关的，即二者不相似，参见图 8.3(c)。

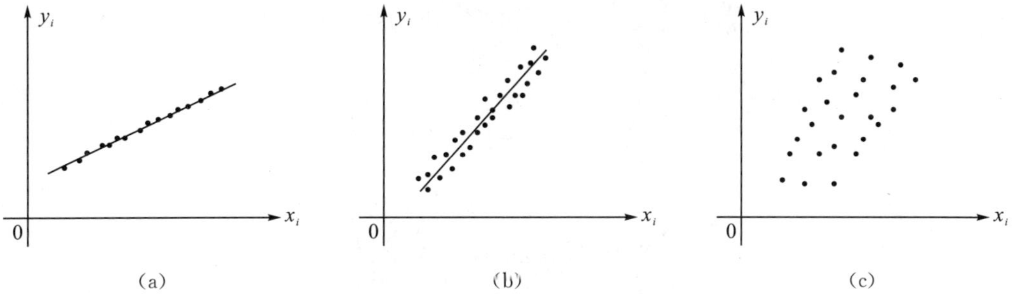

图 8.3　两个函数相关情况示意图

由上述讨论知道，这里是用两个函数之间是否存在线性关系来衡量它们的图形是否相似的。之所以用线性关系来衡量是因为直线是几何图形中最简单的一种，考虑线性相关也就最为直观、方便。在相关分析的其他领域内，可能会借助于一些二次曲线(如椭圆、双曲线、抛物线等)来考察两个函数间的关系，但那些关系表现在几何图形上就不可能存在“相关就是图形相似”的含义了，所以在生产实际中人们大多还是采用线性相关来衡量所遇到的各种信号之间的关系。

8.1.3 相关系数

借助于完全线性相关、线性相关和线性无关的定义，可以判断出两个函数或波形是否相似以及它们的相似程度，但要给它们的相似程度一个量的度量，还必须引入新的概念，那就是相关系数。

相关系数是定量的衡量两个函数(或波形)的相似程度的一个关系式，它实质上是一个确定的数。这个关系式怎么求出呢？可以利用最小二乘法求得。

设 $y_i = ax_i + b$，用 $ax_i + b$ 代替 y_i 后的误差能量 Q 来衡量 x_i 和 y_i 相似程度，则

$$Q = \frac{1}{N}\sum_{i=0}^{N-1}[y_i - (ax_i + b)]^2 \tag{8.1}$$

由式(8.1)可以看到，Q 值越大，表示两函数误差能量越大，则相似性越差，相关程度越低；Q 值越小，说明两函数之间越接近线性关系，即相似性越好，相关程度越高。由此可见，Q 值的大小确实能定量地反映相关程度的高低。但由式(8.1)也可看到，Q 值的大小与参数 a、b 的选取有关。a、b 取不同的值，Q 值就有不同的变化，因此现在的问题归结为：如何选取适当的 a、b 值，使得 Q 值趋于最小，这是一个求最小值的问题。根据《高等数学》中的求极值部分内容知道，只要令

$$\frac{\partial Q}{\partial b} = 0\,,\quad \frac{\partial Q}{\partial a} = 0$$

从中解出的 a 和 b，就是所需的 $Q_{\min}$ 所对应的 a、b 值了。

令

$$\frac{\partial Q}{\partial b} = 0$$

即

$$\frac{\partial Q}{\partial b} = \frac{2}{N}\sum_{i=0}^{N-1}[y_i - (ax_i + b)](-1) = 0$$

整理得

$$\frac{1}{N}\sum_{i=0}^{N-1}[y_i - (ax_i + b)] = 0$$

即

$$\frac{1}{N}\sum_{i=0}^{N-1}y_i - a\,\frac{1}{N}\sum_{i=0}^{N-1}x_i - \frac{1}{N}\sum_{i=0}^{N-1}b = 0 \tag{8.2}$$

令

$$\frac{1}{N}\sum_{i=0}^{N-1}x_i = \bar{x},\quad \frac{1}{N}\sum_{i=0}^{N-1}y_i = \bar{y} \tag{8.3}$$

代入式(8.2)，有

$$b = \frac{1}{N}\sum_{i=0}^{N-1}y_i - a\,\frac{1}{N}\sum_{i=0}^{N-1}x_i = \bar{y} - a\bar{x} \tag{8.4}$$

代入式(8.1)，有

$$\begin{aligned} Q &= \frac{1}{N}\sum_{i=0}^{N-1}(y_i - ax_i - \bar{y} + a\bar{x})^2 \\ &= \frac{1}{N}\sum_{i=0}^{N-1}[(y_i - \bar{y}) - a(x_i - \bar{x})]^2 \end{aligned} \tag{8.5}$$

又令

$$\frac{\partial Q}{\partial a} = \frac{2}{N}\sum_{i=0}^{N-1}[(y_i - \bar{y}) - a(x_i - \bar{x})][-(x_i - \bar{x})] = 0$$

得

$$\sum_{i=0}^{N-1}(y_i-\overline{y})(x_i-\overline{x})-a\sum_{i=0}^{N-1}(x_i-\overline{x})^2=0 \tag{8.6}$$

则有

$$a=\frac{\sum_{i=0}^{N-1}(y_i-\overline{y})(x_i-\overline{x})}{\sum_{i=0}^{N-1}(x_i-\overline{x})^2} \tag{8.7}$$

代入式(8.5)，有

$$\begin{aligned}
Q&=\frac{1}{N}\left[\sum_{i=0}^{N-1}(y_i-\overline{y})^2-2a\sum_{i=0}^{N-1}(x_i-\overline{x})(y_i-\overline{y})+a^2\sum_{i=0}^{N-1}(x_i-\overline{x})^2\right]\\
&=\frac{1}{N}\left[\sum_{i=0}^{N-1}(y_i-\overline{y})^2-a^2\sum_{i=0}^{N-1}(x_i-\overline{x})^2\right]\\
&=\frac{1}{N}\left\{\sum_{i=0}^{N-1}(y_i-\overline{y})^2-\left[\frac{\sum_{i=0}^{N-1}(y_i-\overline{y})(x_i-\overline{x})}{\sum_{i=0}^{N-1}(x_i-\overline{x})^2}\right]^2\sum_{i=0}^{N-1}(x_i-\overline{x})^2\right\}\\
&=\frac{1}{N}\sum_{i=0}^{N-1}(y_i-\overline{y})^2\left\{1-\frac{\left[\sum_{i=0}^{N-1}(y_i-\overline{y})(x_i-\overline{x})\right]^2}{\sum_{i=0}^{N-1}(x_i-\overline{x})^2\sum_{i=0}^{N-1}(y_i-\overline{y})^2}\right\}\\
&=\frac{1}{N}\sum_{i=0}^{N-1}(y_i-\overline{y})^2(1-\rho_{xy}^2)
\end{aligned} \tag{8.8}$$

其中

$$\rho_{xy}=\frac{\sum_{i=0}^{N-1}(y_i-\overline{y})(x_i-\overline{x})}{\sqrt{\sum_{i=0}^{N-1}(y_i-\overline{y})^2\sum_{i=0}^{N-1}(x_i-\overline{x})^2}} \tag{8.9}$$

由于

$$Q\geqslant 0,\sum_{i=0}^{N-1}(y_i-\overline{y})^2\geqslant 0$$

所以

$$(1-\rho_{xy}^2)\geqslant 0$$

即

$$0\leqslant|\rho_{xy}|\leqslant 1 \tag{8.10}$$

下面看看 ρ_{xy} 和 Q 之间有什么关系：

(1)当 $\rho_{xy}=\pm 1$ 时，$Q=0$，达到最小值，这时，$y_i=ax_i+b$（对 $0\leqslant i\leqslant N-1$），即 x_n 和 y_n 完全线性相关。

(2)当 $\rho_{xy}=0$，Q 达到最大值，这时 y_i 处处不等于 ax_i+b，即 x_n 和 y_n 处处不相关，二者线性无关。

(3)当 $0<|\rho_{xy}|<1$ 时，ρ_{xy} 的大小反映了 Q 值的变化。$|\rho_{xy}|$ 越大，Q 越小，表示 x_n 和 y_n 的相似程度越好；$|\rho_{xy}|$ 越小，Q 就越大，表示 x_n 和 y_n 的相似程度越差。显然，ρ_{xy} 可以代替 Q 来反映、衡量 x_n 和 y_n 的相关程度，所以称 ρ_{xy} 为相关系数(标准化或归一化的相关系数)，并用它来衡量两个函数或波形的相似性。

ρ_{xy} 作为相关系数被引用来衡量两个函数之间线性相关的程度，但其符号不同，所反映的两个函数所代表的波形间的相位关系则不同。例如，当 $\rho_{xy}=+1$ 时，表示两个波形彼此相位一致，而 $\rho_{xy}=-1$ 时，则表示两个波形相位相差 180°(图 8.4)。

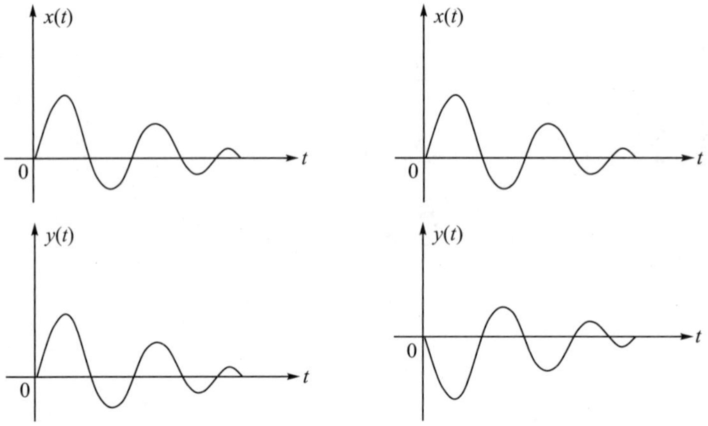

(a) $\rho_{xy}=+1$　　(b) $\rho_{xy}=-1$

图 8.4　完全线性相关的两种情况

地震勘探中所指的完全线性相关，一般都是指 $\rho_{xy}=+1$ 时的情况，即只考虑正相关。

ρ_{xy} 与 Q 比较起来，其表示形式已简化了不少，但利用它来判断两信号间的相似程度还是比较麻烦。在地震勘探中，如果用 x_n 和 y_n 代表地震记录，则由于地震波是一种脉冲波，它的振动过程可以看作是一种各态历经的平稳随机过程。这样，它们的平均振幅 $\bar{x}=\frac{1}{N}\sum_{i=1}^{N-1}x_i$ 和 $\bar{y}=\frac{1}{N}\sum_{i=0}^{N-1}y_i$ 就是一个常数(等价于平稳随机过程中均值为常数)，不妨假设为零，即令

$$\bar{x}=0,\bar{y}=0 \tag{8.11}$$

这时相关系数为

$$\rho_{xy}=\frac{\sum_{i=0}^{N-1}x_iy_i}{\sqrt{\sum_{i=0}^{N-1}x_i^2\cdot\sum_{i=0}^{N-1}y_i^2}} \tag{8.12}$$

其中分母中的 $\sum_{i=0}^{N-1}x_i{}^2$ 和 $\sum_{i=0}^{N-1}y_i{}^2$ 分别代表记录 x_n、y_n 的总能量，而在实际处理中，人们往往认为地震波的能量是固定的，也就是说式(8.12)的分母是一个常数。这样一来，ρ_{xy} 的取值大小就完全取决于分子的变化了，因此人们把分子记作

$$r_{xy}=\sum_{i=0}^{N-1}x_iy_i \tag{8.13}$$

由于式(8.13)也能反映 x_n 和 y_n 之间相似程度的好坏，故也被称作相关系数(未标准化或未归一化的相关系数)。

这里的 r_{xy} 是指 x_n 和 y_n 均为实数序列时的相关系数，若 x_n 和 y_n 为复数序列，则可把式(8.13)推广到复数域，有

$$r_{xy}=\sum_{i=0}^{N-1}x_i\,\bar{y}_i \tag{8.14}$$

其中 $\bar{y}_i$ 是 y_i 的复共轭序列。

8.2 相关函数

8.2.1 相关函数的定义

有了上面定义的相关系数 ρ_{xy} 或 r_{xy}，可以定量地衡量两个固定时间段的波形之间的相似性。但在实际生产中人们发现某些波形在相同时间段内并不相似，但当把其中某一波形相对另一波形移动一段距离后，就会发现它们彼此又相似了。例如反映地下某一反射界面的反射波波组在相邻地震记录上是会有一定时间延迟的(因为接收点距离不等)，如果在固定时间段[0，T]内比较两道野外地震记录，会发现它们的相似程度较差，但是如果将其中一道相对另一道记录移动一个时间 τ，则可能会使相似性大大加强。

如图8.5所示，如果让记录 x_i 和 y_i 直接比较，相似系数一定较小，而如果把 y_i 相对 x_i 向右移动 τ 个样点值(为了作图方便，仍以连续形式作图)，这时的相似系数一定有所改变。给定一个时移值 τ，就有一个对应的相关系数，由此可知，相关系数是时移量 τ 的函数。因此可定义一个函数关系式

$$r_{xy}(\tau)=\sum_{i=0}^{N-1}x_iy_{i-\tau} \tag{8.15}$$

式(8.15)就是相关函数。这就是说，相关函数是衡量两个函数的波形相对移动不同位置时相似程度的度量，它是时移量 τ 的函数。这里应注意的是 $r_{xy}(\tau)$ 表示 y_i 相对 x_i 向右移动 τ 个时间单位，它等价于 x_i 相对 y_i 向左移动 τ 个时间单位，所以它又可写成

$$r_{xy}(\tau)=\sum_{i=0}^{N-1}y_ix_{i+\tau} \tag{8.16}$$

这是衡量 x_i 和 y_i 之间相互关联的程度的，所以叫作互相关函数(cross-correlation function)。

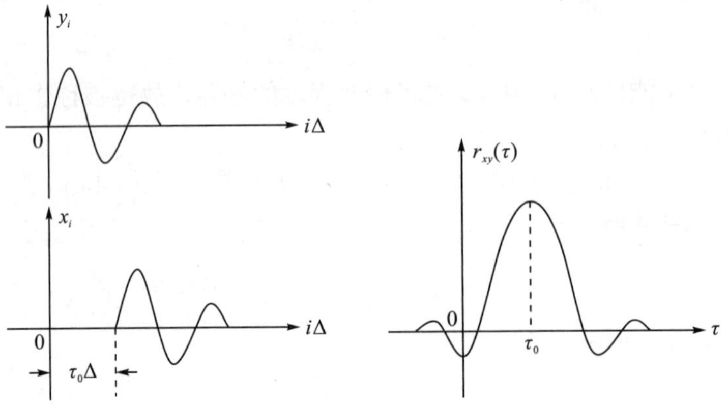

(a)两波形比较 (b)互相关函数

图 8.5 存在相对时移时的相关情况

如果让 x_i 和其自身相关，得到的是

$$r_{xx}(\tau) = \sum_{i=0}^{N-1} x_i x_{i+\tau} \tag{8.17}$$

叫作自相关函数(auto-correlation function)。

例 8.1 求序列 $x(n)=\{2,1,3,2\}$ 与 $y(n)=\{3,2,1\}$ 的互相关函数 $r_{xy}(\tau)$，并画出结果图形。

解 根据公式

$$r_{xy}(\tau) = \sum_{n=0}^{N-1} x_n y_{n-\tau}$$

$\tau=0$ 时 $r_{xy}(0) = \sum_{n=0}^{3} x_n y_n = 2\times3+1\times2+3\times1 = 11$

$\tau=1$ 时 $r_{xy}(1) = \sum_{n=0}^{3} x_n y_{n-1} = x_1 y_0 + x_2 y_1 + x_3 y_2 = 1\times3+3\times2+2\times1 = 11$

$\tau=2$ 时 $r_{xy}(2) = \sum_{n=0}^{3} x_n y_{n-2} = x_2 y_0 + x_3 y_1 = 3\times3+2\times2 = 13$

$\tau=3$ 时 $r_{xy}(3) = \sum_{n=0}^{3} x_n y_{n-3} = x_3 y_0 = 2\times3 = 6$

$\tau=-1$ 时 $r_{xy}(-1) = \sum_{n=0}^{3} x_n y_{n+1} = x_0 y_1 + x_1 y_2 = 2\times2+1\times1 = 5$

$\tau=-2$ 时 $r_{xy}(-2) = \sum_{n=0}^{3} x_n y_{n+2} = x_0 y_2 = 2\times1 = 2$

最后得到：$r_{xy}(\tau)=\{2,5,\underset{\tau=0}{11},11,13,6\}$

其图形如图 8.6 所示。从例 8.6 可知，当 x_i 长度为 N，y_i 长度为 M 时，$r_{xy}(\tau)$的总长度为 $M+N-1$。

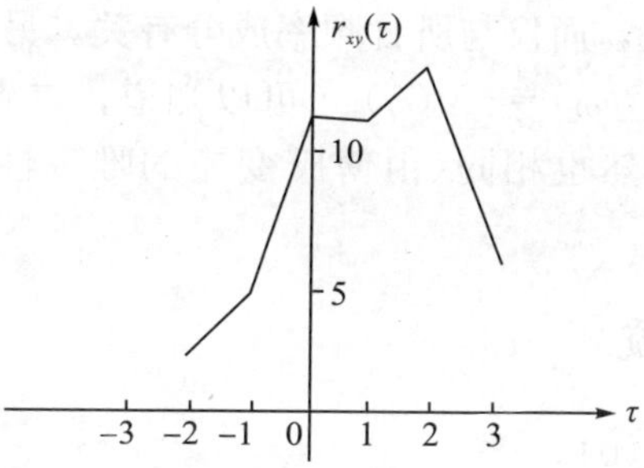

图 8.6　互相关结果

8.2.2 相关函数的性质

1. 自相关函数的性质

(1)$r_{xx}(0) \geqslant |r_{xx}(\tau)|$，即 $r_{xx}(\tau)$在 $\tau=0$ 处有正的最大值。

(2)$r_{xx}(\tau)=r_{xx}(-\tau)$，即 $r_{xx}(\tau)$是偶函数。

(3) $\lim\limits_{|\tau| \to \infty} r_{xx}(\tau)=0$，这是因为当 $\tau \to \infty$时，两个波形已完全不重叠，毫无相同之处，其相关系数 $r_{xx}(\infty)$为零。

(4)自相关函数 $r_{xx}(\tau)$的波形与信号 x_i 本身的波形无关，而只与信号所包含的频率成分有关。换句话说，具有相同频率成分而实际波形不同的两种信号，可以具有相同的自相关函数。

两个信号，如果所含频率成分相同，但实际波形不同，这说明这两种信号具有相同的振幅谱，但相位谱不同[例如 $f_1(t)=A\cos\omega_0 t$，$f_2(t)=A\sin\omega_0 t$，两者均是频率为 ω_0，幅值为 A 的简谐信号，但由于初相不同，所以其波形不同]。下面从自相关函数的频谱入手，证明这个性质。

由傅氏变换公式有

$$R_{xx}(\omega)=\int_{-\infty}^{+\infty} r_{xx}(\tau)\mathrm{e}^{-\mathrm{j}\omega\tau}\mathrm{d}\tau \tag{8.18}$$

把　$r_{xx}(\tau)=\int_{-\infty}^{+\infty} x(t)x(t+\tau)\mathrm{d}t$ 代入，有

$$\begin{aligned}R_{xx}(\omega) &= \int_{-\infty}^{+\infty}\left[\int_{-\infty}^{+\infty} x(t)x(t+\tau)\mathrm{d}t\right]\mathrm{e}^{-\mathrm{j}\omega\tau}\mathrm{d}\tau \\ &= \int_{-\infty}^{+\infty} x(t)\mathrm{e}^{\mathrm{j}\omega t}\cdot\left[\int_{-\infty}^{+\infty} x(t+\tau)\mathrm{e}^{-\mathrm{j}\omega(t+\tau)}\mathrm{d}\tau\right]\mathrm{d}t \\ &= X(-\omega)X(\omega)\end{aligned} \tag{8.19}$$

当信号 $x(t)$是实信号时

$$R_{xx}(\omega)=|X(\omega)|^2 \tag{8.20}$$

这表明：信号 x_i 的自相关函数的频谱等于信号振幅谱的平方。

式(8.20)表明，自相关函数的频谱仅与信号的振幅谱有关，而振幅谱本身并不能代表信号 x_i 的图形形状，但却能说明 x_i 中包含有哪些频率成分。因此，自相关函数的波

形与信号 x_i 本身的波形无关，而仅与所含频率成分有关。另一方面，对于波形不同但振幅谱相同的两种信号，由 $R_{xx}(\omega)=|X(\omega)|^2$ 可以知道，二者的 $R_{xx}(\omega)$ 一定相同，从而推知其自相关函数 $r_{xx}(\tau)$ 必然也相同(由傅氏变换的唯一性可推知)，由此就证明了该性质。

2. 互相关函数的性质

(1) $r_{xy}(0)\leqslant\sqrt{r_{xx}(0)r_{yy}(0)}$。

(2) 当 $\tau=0$ 时，$r_{xy}(\tau)$ 不一定具有最大值。一般来说，$r_{xy}(\tau)$ 在某个 $\tau=\tau_0$ 处达到最大。

(3) $r_{xy}(\tau)\neq r_{xy}(-\tau)$。

(4) $\lim\limits_{|\tau|\to\infty} r_{xy}(\tau)=0$，理由与自相关函数相同。

(5) 互相关函数的波形与信号 x_i、y_i 本身波形无关，而仅与它们共有的频率成分有关。

关于这一点的说明类似于自相关函数的性质(4)，按照公式推导，可得

$$R_{xy}(\omega)=X(\omega)Y(-\omega)$$

显然 $R_{xy}(\omega)$ 只含有 $X(\omega)$ 与 $Y(-\omega)$ 共有的频率成分。关于这个公式和这个性质，下一节相关滤波中还会详细说明。

8.2.3 关于相关函数的几点说明

1. 互相关函数 $r_{xy}(\tau)$ 的表示形式

互相关函数 $r_{xy}(\tau)$ 在不同的文献中往往具有不同的表示形式，但其本质是一样的，都是求两个信号相对移动时的相关系数。式(8.15)给出的定义是

$$r_{xy}(\tau)=\sum_{i=0}^{N-1}x_iy_{i-\tau}$$

它表示 y_i 相对 x_i 向右移动 τ 个时间单位时的相关系数，它又可以写成

$$r_{xy}(\tau)=\sum_{i=0}^{N-1}y_ix_{i+\tau}$$

的形式，它表示 x_i 相对 y_i 向左移动 τ 个时间单位。两种表达形式是等价的。

2. 互相关函数下标不可互换

这里的下标，就是指 $r_{xy}(\tau)$ 中的下标 xy，也就是说

$$r_{xy}(\tau)\neq r_{yx}(\tau)$$

为什么呢？按照定义，来看看它们分别表示什么：

$$r_{xy}(\tau)=\sum_{i=0}^{N-1}x_iy_{i-\tau}=\sum_{i=0}^{N-1}y_ix_{i+\tau}$$

$$r_{yx}(\tau)=\sum_{i=0}^{N-1}y_ix_{i-\tau}=\sum_{i=0}^{N-1}y_ix_{i+(-\tau)}$$

所以有

$$r_{yx}(\tau) = r_{xy}(-\tau)$$

而由互相关性质知

$$r_{xy}(\tau) \neq r_{xy}(-\tau)$$

所以

$$r_{xy}(\tau) \neq r_{yx}(\tau)$$

这一点很重要，因为在数字处理方法中经常会遇到互相关，如果把相互求相关的两个函数的时移位置弄反了，就会得到不同的结果。例如在最小平方反滤波中，经推导最后得到的与滤波因子有关的最小平方反滤波方程为

$$\sum_{\tau=0}^{m} a(\tau) \sum_{t=0}^{m+n} b(t-\tau) b(t-s) = \sum_{t=0}^{m+n} d(t) b(t-s) \quad (s = 0,1,2,\cdots,m) \tag{8.21}$$

显然，其中的

$$\sum_{t=0}^{m+n} b(t-\tau) b(t-s) = r_{bb}(s-\tau) = r_{bb}(\tau - s)$$

$$\sum_{t=0}^{m+n} d(t) b(t-s) = r_{db}(s)$$

后者表示子波 $b(t)$相对期望输出 $d(t)$向右移动 s 个时间单位，而如果错写成 $r_{bd}(s)$，则是期望输出相对子波向右移动 s 个单位，二者结果截然不同。

3. 关于互相关函数 $r_{xy}(\tau)$中 τ 的计算

互相关函数 $r_{xy}(\tau)$中 τ 值的计算，原则上是 x 的下标减去 y 的下标，例如：

$$\sum_{n=0}^{N-1} x_{n+m} y_{n+l} = r_{xy}(m-l) \tag{8.22}$$

这表明 $\tau = m - l$。

为了帮助大家理解，略作变换，变成熟悉的互相关函数公式

令 $n + m = k$，$n = k - m$

$$r_{xy}(m-l) = \sum_{k=0}^{N-1} x_k y_{k-m+L} = \sum_{k=0}^{N-1} x_k y_{k-(m-l)}$$

再令 $\tau = m - l$，则

$$r_{xy}(\tau) = \sum_{k=0}^{N-1} x_k y_{k-\tau}$$

这正是式(8.15)，由此可见上述原则是正确的。同理，也可以确定 $r_{db}(\tau)$的 τ 值。

有关互相关函数的这几点说明在后续课程的公式推导中都可能遇到，因此希望大家注意。

8.3　相 关 滤 波

在介绍相关函数性质时已经提到，一个信号的自相关 $r_{xx}(\tau)$的波形与信号本身无关，

而仅与信号所包含的频率成分有关。用滤波的观点来看，一个波形 $x(t)$经过求自相关后，其波形发生了变化，这无疑是一种滤波过程。下面就来具体地推导一下，看看对信号求相关(自相关或互相关)，相当于让它通过一个什么类型的滤波器。

8.3.1 自相关滤波

由 8.2 自相关性质(4)的证明知道

$$r_{xx}(\tau)\leftrightarrow R_{xx}(\omega)=X(\omega)\cdot X(-\omega) \tag{8.23}$$

如果令

$$R_{xx}(\omega)=|R_{xx}(\omega)|\mathrm{e}^{\mathrm{j}\theta_{xx}(\omega)}$$
$$X(\omega)=|X(\omega)|\mathrm{e}^{\mathrm{j}\theta_{x}(\omega)}$$

则应有

$$|R_{xx}(\omega)|\mathrm{e}^{\mathrm{j}\theta_{xx}(\omega)}=|X(\omega)|\mathrm{e}^{\mathrm{j}\theta_{x}(\omega)}\cdot|X(-\omega)|\mathrm{e}^{\mathrm{j}\theta_{x}(-\omega)}$$

当 $x(t)$是实信号时，有

$$|X(\omega)|=|X(-\omega)|$$
$$\theta_x(\omega)=-\theta_x(-\omega)$$

所以

$$|R_{xx}(\omega)|\mathrm{e}^{\mathrm{j}\theta_{xx}(\omega)}=|X(\omega)|^2\mathrm{e}^{\mathrm{j}[\theta_x(\omega)-\theta_x(\omega)]}$$

即

$$\begin{cases}|R_{xx}(\omega)|=|X(\omega)|^2\\ \theta_{xx}(\omega)=\theta_x(\omega)-\theta_x(\omega)=0\end{cases} \tag{8.24}$$

这表明，自相关函数 $r_{xx}(\tau)$是一个零相位信号。

再根据频域滤波方程

$$Y(\omega)=X(\omega)\cdot H(\omega)$$

其中

$$\begin{aligned}Y(\omega)&=|Y(\omega)|\mathrm{e}^{\mathrm{j}\theta_y(\omega)}\\&=|X(\omega)|\mathrm{e}^{\mathrm{j}\theta_x(\omega)}\cdot|H(\omega)|\mathrm{e}^{\mathrm{j}\theta_H(\omega)}\end{aligned}$$

即

$$\begin{cases}|Y(\omega)|=|X(\omega)|\cdot|H(\omega)|\\ \theta_y(\omega)=\theta_x(\omega)+\theta_H(\omega)\end{cases} \tag{8.25}$$

与式(8.24)比较，就可以得到自相关滤波器的频率响应参数：

$$H(\omega)=X(-\omega)$$

即

$$\begin{cases}|H(\omega)|=|X(\omega)|\\ \theta_H(\omega)=-\theta_x(\omega)\end{cases} \tag{8.26}$$

由此可知：对一个信号 $x(t)$求自相关，相当于令它通过这样一个滤波器：滤波器的振幅频率特性就是信号 $x(t)$本身的振幅谱，相位频率特性就是信号本身相位谱的负值，如图 8.7 所示。

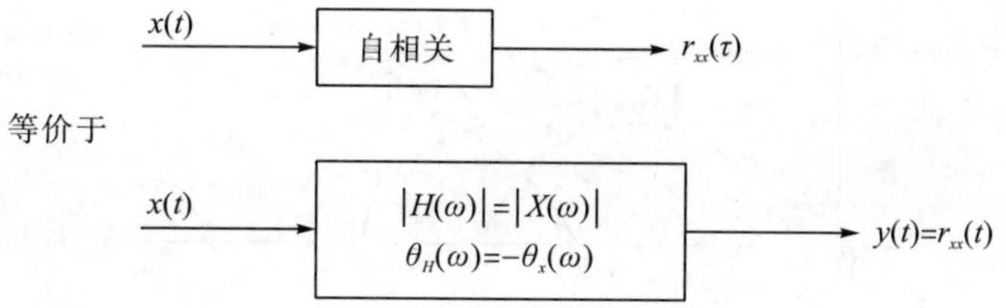

图 8.7　自相关滤波器示意图

由于自相关滤波器的振幅特性、相位特性与输入信号的振幅谱、相位谱有如此密切的关系，因此一般又把自相关滤波器叫作“匹配滤波器”，通过它使信号零相位化。

8.3.2　互相关滤波

按照与上面类似的思路，也可以推导出互相关滤波的滤波特性。

设信号 $x(t)$的频谱为 $X(\omega)=|X(\omega)|e^{j\theta_x(\omega)}$，$y(t)$的频谱为 $Y(\omega)=|Y(\omega)|e^{j\theta_y(\omega)}$，它们的互相关函数 $r_{xy}(\tau)$的频谱为

$$R_{xy}(\omega) = |R_{xy}(\omega)|e^{j\theta_{xy}(\omega)} \tag{8.27}$$

现只要找出 $R_{xy}(\omega)$与 $X(\omega)$、$Y(\omega)$的关系，就可以得到互相关滤波器的频率特性。

因为

$$\begin{aligned}
R_{xy}(\omega) &= \int_{-\infty}^{+\infty} r_{xy}(\tau)e^{-j\omega\tau}d\tau \\
&= \int_{-\infty}^{+\infty}\left[\int_{-\infty}^{+\infty} y(t)x(t+\tau)dt\right]e^{-j\omega\tau}d\tau \\
&= \int_{-\infty}^{+\infty} y(t)e^{j\omega t}dt\int_{-\infty}^{+\infty} x(t+\tau)e^{-j\omega(t+\tau)}d\tau \\
&= X(\omega)Y(-\omega)
\end{aligned} \tag{8.28}$$

所以有

$$|R_{xy}(\omega)|e^{j\theta_{xy}(\omega)} = |X(\omega)|e^{j\theta_x(\omega)}\cdot|Y(-\omega)|e^{j\theta_y(-\omega)}$$

再根据实信号的振幅谱是偶函数、相位谱是奇函数，可有

$$\begin{cases}|R_{xy}(\omega)| = |X(\omega)|\cdot|Y(\omega)| \\ \theta_{xy}(\omega) = \theta_x(\omega)-\theta_y(\omega)\end{cases} \tag{8.29}$$

由式(8.29)可以清楚地看到：$x(t)$、$y(t)$的互相关函数 $r_{xy}(\tau)$仅包含 $x(t)$、$y(t)$所共有的频率成分[由式(8.29)知，当 $|X(\omega)|=0$ 或 $|Y(\omega)|=0$ 时，$|R_{xy}(\omega)|$ 均为零，所以 $r_{xy}(\tau)$仅含有两信号共有的频率成分，图 8.8 给出了具体的示意图，由此也可以了解互相关性质(5)的来由]。

由于作了互相关后，信号的波形发生了变化(所含频率成分有所变化)，由滤波的观点来看相当于让信号 $x(t)$通过了一个滤波器。那么这个滤波器的 $H(\omega)$是什么形式呢？按照前面自相关滤波器 $H(\omega)$的推导思路，把式(8.28)、式(8.29)与频域滤波方程比较，就可以知道，互相关滤波器的频率特性为

$$H(\omega) = Y(-\omega) = |Y(\omega)|e^{-j\theta_y(\omega)} \tag{8.30}$$

即

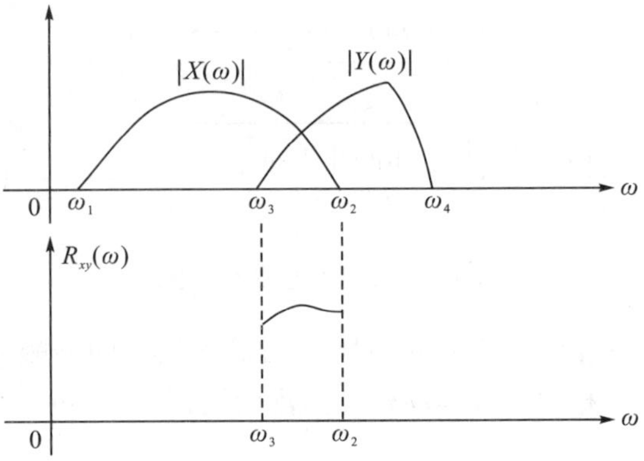

图 8.8　互相关滤波原理示意图

$$\begin{cases}|H(\omega)| = |Y(\omega)| \\ \theta_H(\omega) = -\theta_y(\omega)\end{cases} \tag{8.31}$$

这就是说：让信号 $x(t)$与 $y(t)$作互相关，相当于让 $x(t)$通过这样一个滤波系统：其振幅频率特性是 $y(t)$的振幅谱$|Y(\omega)|$，相位频率特性是 $y(t)$的相位谱的负值，用一示意图表示见图 8.9。

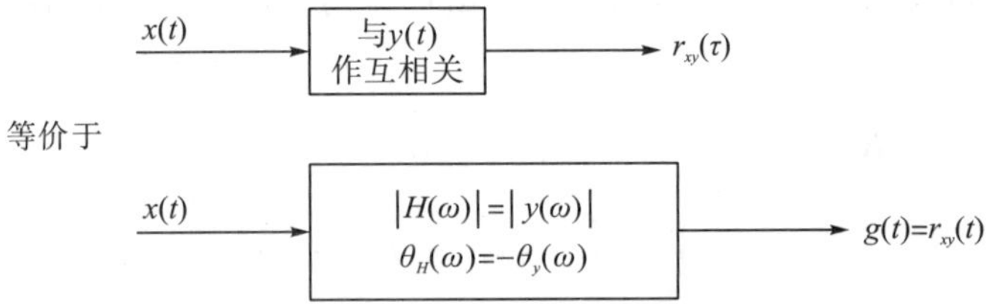

图 8.9　互相关滤波器示意图

由上面讨论了解到，对信号作自相关或互相关，由于结果都使波形发生了变化，因此都可以看作是一种滤波；而且由于这两种滤波都对输入信号的频谱有所修正(自相关是使信号的频谱零相位化，互相关是取二者共有的频率成分)，根据第 7 章中对频率滤波给出的定义可知，对信号求相关，实质上也是一种频率滤波。在前面已讲过，数字频率滤波在数学上就是褶积运算，这里又说相关也是频率滤波，那么相关和褶积之间究竟存在什么关系呢?

8.3.3　相关和褶积的关系

根据相关的基本步骤(时移、对应项相乘相加)和褶积的基本步骤(褶迭、时移、对应项相乘相加)可以看出来，相关和褶积之间必然存在某种关系，下面就从时域滤波方程出发来导出二者之间的关系。

已知时域滤波方程为

$$y(t) = x(t) * h(t) = \int_{-\infty}^{+\infty} h(\tau)x(t-\tau)\mathrm{d}\tau \tag{8.32}$$

这里 $h(t)$是滤波器的时间特性(单位脉冲响应)，而由前面自相关滤波知，自相关滤波器

的频率响应为

$$H(\omega)=X(-\omega)$$

根据傅氏反变换公式和反转性质知

$$h(t)=x(-t) \tag{8.33}$$

这就是自相关滤波器的滤波因子(即时间特性)，根据时域滤波方程则应有

$$y(t)=r_{xx}(t)=x(t)*x(-t) \tag{8.34}$$

另一方面，根据自相关的定义并令 $t=-s$，有

$$\begin{aligned} r_{xx}(\tau) &= \int_{-\infty}^{+\infty} x(t)x(t-\tau)\mathrm{d}t \\ &= \int_{-\infty}^{+\infty} x(-s)x(\tau-s)\mathrm{d}s \end{aligned}$$

与式(8.32)进行比较，显然有

$$r_{xx}(\tau)=x(-\tau)*x(\tau)=x(\tau)*x(-\tau) \tag{8.35}$$

这就是说，对信号 $x(t)$求自相关，相当于让它与其自身的反转信号 $x(-t)$作褶积。由于褶积实际上是一种滤波，所以相关也是一种滤波。

类似地，对于互相关函数，也存在这样的关系

$$r_{xy}(\tau)=x(\tau)*y(-\tau) \tag{8.36}$$

也就是说，对信号 $x(t)$、$y(t)$求互相关，相当于让 $x(t)$与 $y(t)$的反转信号作褶积。

由此可知，求相关实质上也就是进行褶积运算。但应注意的是，这里都是与相应信号的反转作褶积，也只有这样，相关和褶积的基本步骤才能统一。(请思考 $r_{yx}(\tau)$等于哪两个信号求褶积?)

根据以上分析，显然得出了“相关就是某种形式下的褶积”的结论，在实际计算中也可以用相关来代替褶积，或用褶积来代替相关。但还应注意到某些细节，否则就会出错。为什么呢？读者应注意到，前面的推导中，$x(t)$、$y(t)$都是以无限长形式出现的，当它们是有限长的离散信号时，是否还存在这种关系呢？下面通过一个具体的例子来说明。

例 8.2　已知一序列 $x(n)=\{1,2,1,1\}$，求其自关函数 $r_{xx}(\tau)$及 $y(n)=x(n)*x(-n)$并比较两个结果。

解：$r_{xx}(\tau)=\sum\limits_{n=0}^{3}x(n)x(n+\tau)=\sum\limits_{n=0}^{3}x(n)x(n-\tau)$，利用简便方式：

$\tau=0$
```
1 2 1 1
1 2 1 1
-------------
1+4+1+1=7
```

$\tau=1$
```
1 2 1 1
  1 2 1 1
-------------
  2+2+1=5
```

$\tau=2$
```
1 2 1 1
    1 2 1 1
-------------
    1+2=3
```

$\tau=3$
```
1 2 1 1
      1 2 1 1
-------------
      1
```

再根据 $r_{xx}(\tau)=r_{xx}(-\tau)$，得

$$r_{xx}(\tau)=\{1,3,5,\overset{\tau=0}{7},5,3,1\}$$

这是一个长度为 $2N-1=7$ 的 7 点序列(本题中 N 为 4)，且是双边对称序列。

再计算 $y(n)$：

取 $h(n)=x(-n)=\{1, 1, 2, \overset{n=0}{1}\}$，注意 $h(n)=x(-n)$本身是个左序列[因为 $x(n)$是右序列，其反转必为左序列]，则有

$$y(n)=\sum_{m=0}^{3}x(m)h(n-m)$$

$$n=0 \quad y(0)=\sum_{m=0}^{3}x(m)h(-m)=\sum_{m=0}^{3}x(m)x(m)=1^2+2^2+1^2+1^2=7$$

$$n=1 \quad y(1)=\sum_{m=0}^{3}x(m)h(1-m)=\sum_{m=0}^{3}x(m)x(m+1)=1\times2+2\times1+1\times1=5$$

$$n=2 \quad y(2)=\sum_{m=0}^{3}x(m)h(2-m)=\sum_{m=0}^{3}x(m)x(m+2)=1\times1+2\times1=3$$

$$n=3 \quad y(3)=\sum_{m=0}^{3}x(m)h(3-m)=\sum_{m=0}^{3}x(m)x(m+3)=1\times1=1$$

$$n=-1 \quad y(-1)=\sum_{m=0}^{3}x(m)h(-1-m)=\sum_{m=0}^{3}x(m)x(m-1)=\sum_{m=0}^{3}x(m)x(m+1)=y(1)$$

$$n=-2 \quad y(-2)=\sum_{m=0}^{3}x(m)h(-2-m)=\sum_{m=0}^{3}x(m)x(m-2)=y(2)$$

$$n=-3 \quad y(-3)=y(3)$$

所以

$$y(n)=\{1,3,5,\overset{n=0}{7},5,3,1\}$$

显然

$$r_{xx}(n)=y(n)=x(n)*x(-n)$$

由此可见，对于有限长序列来说，相关和褶积的关系仍然存在。但是从上述计算过程中可以看出，如用褶积计算来代替相关，首先必须求取相应序列的反转序列[自相关中为 $x(-n)$，互相关中为 $y(-n)$]，对于常见的因果序列来说，其反转必是一左序列，这时的褶积是 $x(-n)$与一左序列相褶积。如想利用一个褶积程序即计算褶积，又可计算相关，就必须考虑参加褶积的序列为双边序列，并且褶积满足交换律，两个序列位置可任意交换，而相关则不能。这种种的不便使人们放弃了共用一个程序的考虑，而情愿多编一个程序，各自分别计算，以避免出现不必要的错误。

8.4 地震记录的相关性质

8.4.1 地震记录的组成

地震勘探的生产流程主要包括地震资料的采集、处理和解释。要想采集地震资料，就需要用人工的方法激发地震波。而弹性波是指振动在弹性介质中的传播。根据弹性波的定义可知，形成弹性波的条件是要有一种能传播弹性振动的介质，并且要在这种弹性介质中激发振动。在地震勘探中，当在岩层中用炸药爆炸激发地震波时，在炸药包附近，

爆炸产生的强大压力大大超过了岩石的极限强度，岩石遭到破坏形成一个破坏圈(图 8.10)。随着离开震源距离的增大，压力减小，但仍然超过了岩石的弹性强度，此时岩石虽不发生破碎，但发生塑性形变，形成一些辐射状或环状裂隙。在塑性带以外，随着与离开震源距离的进一步增加，压力降低到了岩石的弹性限度以内，又因为爆炸产生的是一个延续时间很短的作用力，所以这一地区的岩石发生弹性形变。地震波实际上就是在这个弹性形变区内传播的波，因此，地震波实质上是岩层中传播的弹性波。

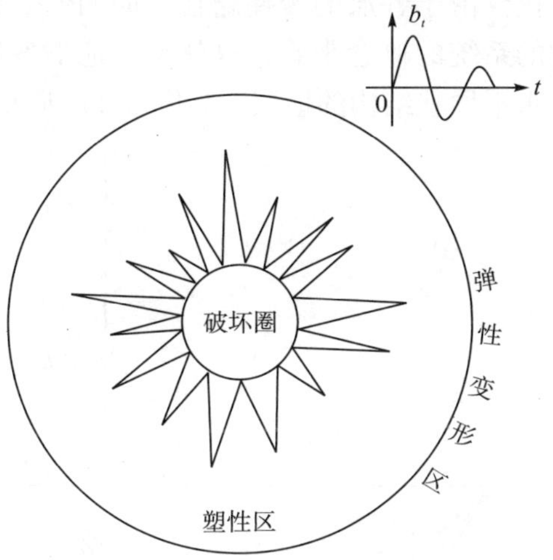

图 8.10　地震波激发传播示意图

当地震波传至地下各个反射界面，再反射上来到达地表的检波器点，被仪器所接收，得到一张地震记录，称它为野外原始地震记录，它是共炮点记录。这种地震记录中包含的成分是相当复杂的，在长期实践中，人们逐渐认识到地震记录道所接收到的地震记录 $x(t)$ 中，不仅包含有来自地下各个反射界面的一次反射波(即常说的反射有效波)$s(t)$，而且还包括各种规则干扰波(例如面波、声波、多次反射波等)$p(t)$和随机干扰(如井口干扰、风吹草动等自然因素或人走马行，正在开动的汽车经过等人为因素引起的振动)$n(t)$，即

$$x(t)=s(t)+p(t)+n(t) \tag{8.37}$$

地震资料处理的目的之一就是突出有效波，压制干扰波，提高地震记录的信噪比。对于规则干扰波来讲，一方面它种类很多，各有各的特点，无法给出一个统一的说明；另一方面它能在地震记录上形成同相轴，具有一定规律可循，也就具有一定的相关性，所以无法利用相关性质来压制它们，而只有采用别的手段和方法，这些是后续专业课要介绍的内容。因此，本书只介绍一下反射有效波 $s(t)$和随机干扰 $n(t)$的相关性质，并利用波的相关性质来压制随机干扰。

8.4.2　反射有效波和随机干扰的相关性质

1. 反射有效波的相关性质

设 $x(t)=s(t)+n(t)$，先给出反射有效波 $s(t)$的数学模型，然后再根据这个模型来讨论它的相关性质。

1)反射有效波的数学模型

当激发地震波时，是由炸药爆炸产生的一个持续时间不超过 1ms 的尖脉冲，它穿过岩石破坏圈、塑性带后，到达距震源有一定距离的岩石弹性形变区。在地层的作用下，尖脉冲已变成一个能量有一定衰减且具有一定持续时间的稳定波形，称它为地震子波(wavelet)，记作 b_t。由于在弹性变形区域内的地层均视为弹性介质，故而认为子波在传播过程中是恒定不变的，仅仅由于各层的传播路径不同而使之到达时间不同，也即仅发生一定时移。用前面讲过的系统的概念来看，也就是把地下各反射层整体看作一个非时变系统。现假设地下为一水平层状结构的地层，如图 8.11 所示。

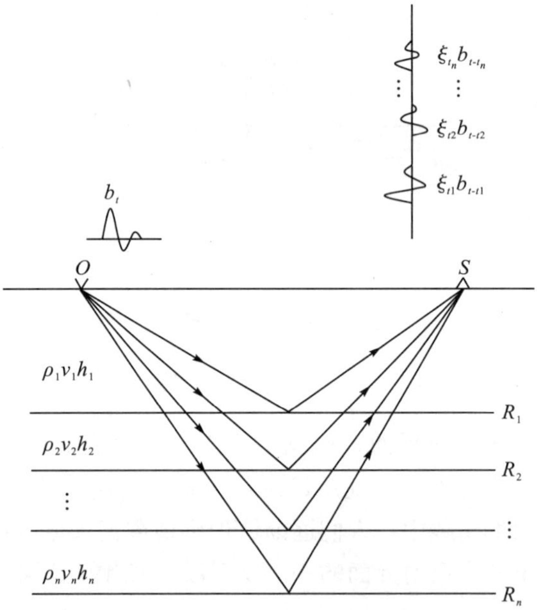

图 8.11　层状介质地层及地震模型示意图

地震波自 O 点激发，经地下各个反射界面的反射，再传至 S 点。也就是说，S 点接收到的反射有效波是来自地下各界面反射波的叠加。各层的反射波，由于各界面埋深不同，其到达时间就不一样；各层的岩石物性不一样(即 ρ、v、h 不一样)，反射系数就不一样，以致反射波的强度和极性就不一样。如果来自地下界面 R_1 的反射波在 t_1 时刻到达，该层的反射系数为 ξ_{t_1}，在 S 点接收到的这一层的反射波就为 $\xi_{t_1} \cdot b_{t-t_1}$；类似地，在 t_2、t_3、…、t_n 时刻，分别接收到来自地下 R_2、R_3、…、R_n 界面的反射波 $\xi_{t_2} b_{t-t_2}$、$\xi_{t_3} b_{t-t_3}$、…、$\xi_{t_n} b_{t-t_n}$、…，因此，在 S 点所接收到的整个反射有效波就是这些波的叠加，即

$$s(t) = \xi_{t_1} b_{t-t_1} + \xi_{t_2} b_{t-t_2} + \cdots + \xi_{t_n} b_{t-t_n} + \cdots$$

一般可写成

$$s(t) = \sum_{n=0}^{\infty} \xi_n b_{t-n} = b_t * \xi_t \tag{8.38}$$

式中，b_t 表示地震子波，它是一个物理可实现信号；ξ_t 表示地层的反射系数序列。

其中

$$\xi_{t_n} = \frac{\rho_{n+1}v_{n+1} - \rho_n v_n}{\rho_{n+1}v_{n+1} + \rho_n v_n} \quad (n = 1,2,\cdots)$$

式(8.38)就是所谓的反射有效波的数学模型，即

反射有效波＝地震子波与反射系数序列的褶积。

通常称这个模型为地震波的褶积模型，现在的常规资料处理方法都是建立在这个褶积模型基础上的。在建立这个褶积模型时，用到一些假设条件，现归纳如下：

(1)地震子波在传播过程中保持波形不变。

(2)地下介质为完全弹性的水平层状介质。

(3)仅考虑垂直入射的反射纵波。

只有在上述三个条件都成立的假设前提下，地震波的褶积模型才真正成立，否则，就会出现某些矛盾。

下面从反射系数序列 ξ_t 出发，来推导反射有效波的相关性质。

2)反射有效波的相关性质

由于反射有效波是由子波和反射系数序列褶积而成的，故而先研究 ξ_t 的一些性质。

由于地层是层状结构的，故其物性参数 ρ、v 等并不是连续变化的，因此，人们认为反射系数是一组离散值，一般称为反射系数序列，记为 ξ_t。它是一个有大、有小、有正、有负的离散序列。通过对反射系数序列的分析，可以间接地了解地下地层的岩性。因此，如果能够获得某一地区的反射系数序列资料，再辅以其他资料，就可以对这一地区的构造形态及岩性性质有所了解，进而推断其含油气性。但是在实际生产中，从野外获得的仅仅是反射系数序列与子波的褶积，再加上干扰波，根本无法了解地下地层的情况，因此，人们必须借助于各种数字处理方法，从野外记录中消除干扰波的影响，从褶积模型中去掉子波的因素(称为消除大地滤波器对记录的滤波作用)，使地震记录仅仅包含反映地下反射界面性质的信息。也就是说使处理后的地震记录 $x_t \approx \xi_t$，这就是数字处理方法的主要目的。要想使地震记录经过处理后近似于反射系数序列 ζ_t，必须了解 ζ_t 的一些性质，而在实际中又无法直接得到 ξ_t，只好借助于数理统计的方法，根据测井资料，利用统计的观点寻找反射系数序列的有关统计特性，然后用于地震资料分析。

在实践中人们发现，反射系数序列具有两个重要性质：

(1)反射系数序列为一随机序列，并且其算术平均值为零(也就是概率论中的数学期望 $E\xi_t = 0$)。

(2)反射系数序列的自相关函数是一个 δ 函数，即有

$$r_{\xi\xi}(\tau) = N_0\delta(\tau) = \begin{cases} N_0, & \tau = 0 \\ 0, & \tau \neq 0 \end{cases} \tag{8.39}$$

这里 N_0 表示爆炸时的能量强度，是一常数。

根据“δ 函数的傅氏变换是 1”，可知反射系数序列 ξ_t 的自相关函数的谱 $R_{\xi\xi}(\omega)$ 是一常数，即

$$R_{\xi\xi}(\omega) = F[N_0\delta(\tau)] = N_0 \tag{8.40}$$

而

$$R_{\xi\xi}(\omega) = |\xi(\omega)|^2$$

也就是说，反射系数序列的功率谱是一常数。在随机信号理论中，把具有“算术平均值为零，自相关函数的谱是一常数”的随机信号(或序列)叫作白噪信号(或序列)(因为在光谱分析中，白光的光谱是均匀分布的)，简称白噪声。根据这一定义，可以推知，反射系数序列是一白噪序列。

在反射系数序列为白噪序列的前提下，反射有效波的自相关函数为

$$\begin{aligned} r_{ss}(\tau) &= \sum_{t=0}^{\infty} S_t S_{t+\tau} \\ &= \sum_{t=0}^{\infty} [\sum_{l=0}^{\infty} b_l \xi_{t-l}][\sum_{m=0}^{\infty} b_m \xi_{t+\tau-m}] \\ &= \sum_{l=0}^{\infty} b_l \sum_{m=0}^{\infty} b_m \sum_{t=0}^{\infty} \xi_{t-l}\xi_{t+\tau-m} \\ &= \sum_{l=0}^{\infty} b_l \sum_{m=0}^{\infty} b_m \cdot r_{\xi\xi}(\tau + l - m) \end{aligned}$$

根据 ξ_t 是白噪声的假设，应有

$$r_{\xi\xi}(\tau + l - m) = \begin{cases} N_0, & m = \tau + l \\ 0, & m \neq \tau + l \end{cases}$$

所以

$$r_{ss}(\tau) = \sum_{l=0}^{\infty} b_l b_{\tau+l} \cdot N_0 = N_0 r_{bb}(\tau) \tag{8.41}$$

这表明：在反射系数序列为白噪声的假设条件下，反射有效波的自相关就等于子波的自相关(二者仅差一个常数因子 N_0)。这就是反射有效波的相关性质。这个结论在以后的数字处理方法中很有用处，因为在一般情况下 b_t 是得不到的，有了这个性质就可以用记录自相关来近似代替子波自相关，从而得到相应的结果，但一定要注意它的前提条件。

2. 随机干扰的相关性质

随机干扰的产生主要与激发条件和接收条件有关。例如，在沙漠、砾石或黄土覆盖等地形地貌不太好，地表条件不好的地区，常常出现强烈的无规则干扰；当采用井中放炮时，爆炸后产生的气泡冲击、喷出的泥浆下溅到地面以及气泡、泥浆在井中翻腾、冲击井壁等，都会在井口附近的地震记录道上造成严重的随机干扰；另外，风吹草动等自然因素或测线附近有人走动、汽车开过等人为因素时，也可造成严重的微震。由于引起随机干扰的因素很多，其频带宽度是很宽的，这就意味着随机干扰与反射有效波的频谱不可能截然分开，因此，采用频率滤波就不会有好的压制效果；另一方面，由于引起随机干扰的因素很多，使得它也无一定的视速度，由此利用波数域滤波也收不到好的效果。一般来讲都是从野外激发条件和接收条件来考虑，设法选择理想的激发和接收条件，使随机干扰尽量小一些。

地震勘探中的随机干扰，无法用一般的函数关系来准确地描述它，只能采用随机过程(或随机信号)，利用概率统计的理论来表示和研究它们的变化规律。这里仅介绍一些研究结果，即随机干扰的相关特性，简单地说就是随机干扰自相关和互相关的一些特点，

因为这些特点正是利用相关性质压制随机干扰的依据。

(1)随机干扰 $n(t)$的自相关 $r_{nn}(\tau)$的图形变化可以定性地反映 $n(t)$的变化情况。

由图 8.12、图 8.13 可以看到，当随机干扰本身变化缓慢时，其自相关 $r_{nn}(\tau)$的变化也很缓慢，反映到 $r_{nn}(\tau)$曲线上就是在 $\tau=0$ 处的极大值较宽(图 8.12 所示)；当随机干扰变化迅速时，其自相关 $r_{nn}(\tau)$的变化也很迅速，当相对时移 τ 增大时，$n_j(t)$和 $n_j(t+\tau)$之间的相似程度急剧地减小，因此，它们的自相关函数集中在 $\tau=0$ 附近很窄的范围内(图 8.13 所示)。

由此可知，根据随机干扰自相关函数的图形，可以定性地了解随机干扰本身的变化程度。

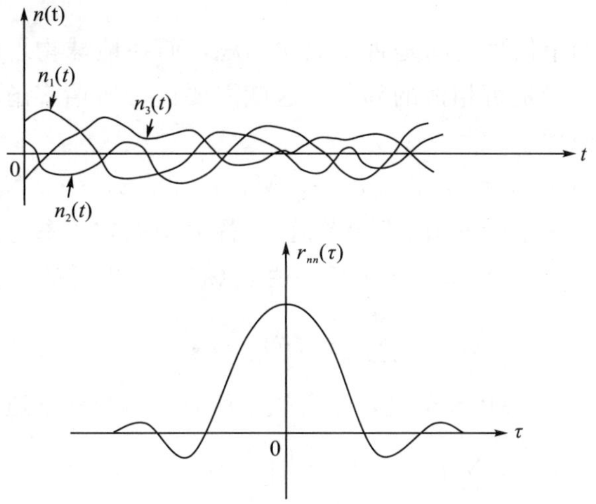

图 8.12　变换缓慢的随机干扰及其自相关函数示意图

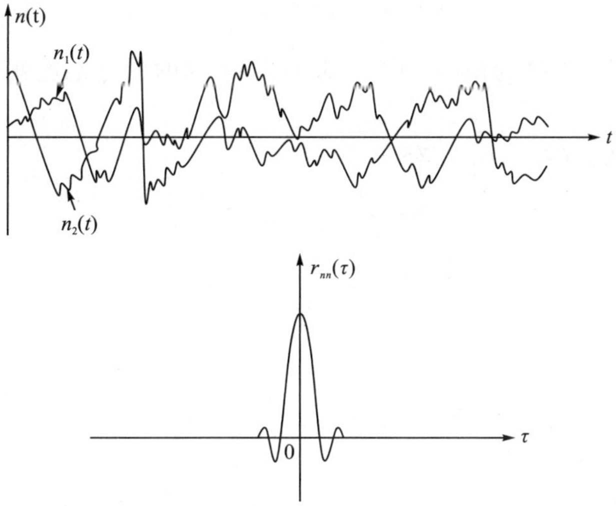

图 8.13　变换急剧的随机干扰及其自相关函数示意图

(2)$En_t=0$，即认为随机干扰的平均值为零，这主要是从地震勘探的长期实践中发现的，随机干扰总是在零线上、下摆动，所以认为其均值为零。

(3)$r_{n_1n_2}(\tau)=0$，即对于两个完全无关的随机因素引起的两种不同的随机干扰 $n_1(t)$ 和 $n_2(t)$，由于产生的原因毫不相干，因此其波形必然也没有相似之处，所以认为它们的互相关为零。

(4)$r_{sn}(\tau)=0$，$r_{pn}(\tau)=0$，即认为由于随机干扰 $n(t)$ 和反射有效波 $s(t)$、规则干扰波 $p(t)$ 产生的原因不同，它们的波形也毫不相同，所以其互相关均为零。

8.5 多道相关

前文讨论的都是两个信号之间是否相似的问题，而在地球物理的资料数字处理中有时还会遇到衡量多道记录是否相似的问题，这就需要进行所谓多道相关分析。下面简单介绍一下多道相关的原理。

设有 N 道记录 $x_j(n)(n=0, 1, 2, \cdots, M; j=1, 2, \cdots, N)$，要衡量这 N 道记录是否相似，首先得找一个标准道(或参考道)，各道均以它为参考标准，衡量其相似程度。设标准道为 $x_\Sigma(n)$，这 N 道记录中任一道 $x_j(n)$ 与标准道的误差能量设为 Q_j，则有

$$Q_j = \sum_{n=0}^{M} [x_j(n) - x_\Sigma(n)]^2 \tag{8.42}$$

为了考虑 N 道记录的整体相似性，还必须令所有各道与标准道的误差能量之和

$$Q = \sum_{j=1}^{N} Q_j = \sum_{j=1}^{N}\sum_{n=0}^{M} [x_j(n) - x_\Sigma(n)]^2 \tag{8.43}$$

为最小。按照最小平方原理，可以证明，只有取

$$x_\Sigma(n) = \overline{x}(n) = \frac{1}{N}\sum_{j=1}^{N} x_j(n) \tag{8.44}$$

为标准道，才能使 Q_j 和 Q 为最小。由式(8.44)知，这时的标准道就是这 N 道记录的叠加道。

把式(8.44)代入式(8.43)中，有

$$\begin{aligned} Q &= \sum_{j=1}^{N}\sum_{n=0}^{M} [x_j(n) - \overline{x}(n)]^2 \\ &= \sum_{j=1}^{N}\sum_{n=0}^{M} x_j^2(n) - 2\sum_{j=1}^{N}\sum_{n=0}^{M} x_j(n)\overline{x}(n) + \sum_{j=1}^{N}\sum_{n=0}^{M} \overline{x}^2(n) \end{aligned}$$

其中等号后面的后两项

$$\begin{aligned} -2\sum_{j=1}^{N}\sum_{n=0}^{M} x_j(n)\overline{x}(n) + \sum_{j=1}^{N}\sum_{n=0}^{M} \overline{x}^2(n) &= -2\sum_{n=0}^{M}\Big[\sum_{j=0}^{N} x_j(n)\Big]\cdot \overline{x}(n) + \sum_{n=0}^{M} N\,\overline{x}^2(n) \\ &= -2N\sum_{n=0}^{M} \overline{x}^2(n) + N\sum_{n=0}^{N} \overline{x}^2(n) \\ &= -N\sum_{n=0}^{M} \overline{x}^2(n) \end{aligned}$$

代回 Q 中，有

$$Q = \sum_{n=0}^{M} \left[\sum_{j=1}^{N} x_j^2(n) - N\overline{x}(n) \right] \tag{8.45}$$

由 8.1 小节中关于相关系数的讨论知道，当误差能量为最小时，N 道记录相似。由此令

$$Q = 0$$

即

$$\sum_{n=0}^{M} \sum_{j=1}^{N} x_j^2(n) = N \sum_{n=0}^{M} \overline{x}^2(n) \tag{8.46}$$

也就是说，当 N 道记录的能量总和等于标准道能量的 N 倍时，这 N 道记录整体上与标准道最相似。

Q 与 N 道信号总能量之比

$$\frac{Q}{\sum_{j=1}^{N} \sum_{n=0}^{M} x_j{}^2(n)} = 1 - \frac{N \sum_{n=0}^{M} \overline{x}^2(n)}{\sum_{j=1}^{N} \sum_{n=0}^{M} x_j{}^2(n)} \tag{8.47}$$

称为 N 道信号的相对误差能量。

下面从式(8.46)或式(8.47)出发，导出几种衡量多道信号相似性的标准。

8.5.1　能量比标准

由式(8.47)可知，相对误差能量是由

$$E = \frac{N \sum_{n=0}^{M} \overline{x}^2(n)}{\sum_{j=1}^{N} \sum_{n=0}^{M} x_j{}^2(n)} \tag{8.48}$$

决定的。当 E 较大时，相对误差能量就小，说明这 N 道信号之间的相似性好；当 E 较小时，相对误差能量就大，说明 N 道信号之间的相似性不好。因此，E 可作为衡量多道信号相似性的一个标准。由于式(8.48)的分子是标准道能量的 N 倍，分母是 N 道信号的总能量，所以称 E 为能量比标准。

8.5.2　叠加标准

在实际资料的处理中，往往出现这种情况：N 道信号中每一道信号 $x_j(n)$ 的能量 $\sum_{n=0}^{M} x_j{}^2(n)$ 都是一个常量，例如，当 N 道信号彼此间的差别仅仅是存在不同的时间延迟(地震勘探中的共反射点道集记录就是这样的 N 道信号)时，各信号 $x_j(n)$ 的能量就都是一个相等的常量。因此，N 道信号的总能量 $\sum_{j=1}^{N} \sum_{n=0}^{M} x_j{}^2(n)$ 可以看作是一个常量。在这种情况下，式(8.48)的大小就完全由分子确定。这就是说，式(8.48)的分子可以作为衡量多道信号相似性的标准。记为

$$D = N\sum_{n=0}^{M} \bar{x}^2(n) \tag{8.49}$$

由式(8.44)知

$$D = \frac{1}{N}\sum_{n=0}^{M} \left[\sum_{j=1}^{N} x_j(n)\right]^2 \tag{8.50}$$

由于 $\sum_{j=1}^{N} x_j(n)$ 是 N 道信号直接叠加的结果，D 就反映了叠加信号能量的大小，因此称 D 为叠加能量标准。

有时为了提高计算速度，把式(8.50)中的平方改为取振幅值(即绝对值)，即计算

$$S = \frac{1}{N}\sum_{n=0}^{M} \left|\sum_{j=1}^{N} x_j(n)\right| \tag{8.51}$$

称 S 为叠加振幅标准。

根据 D 或 S 与 E 的关系可知，当 D 或 S 的值比较大时，说明 N 道信号之间的相似性好，反之则不好。

8.5.3 未标准化相关系数

在 8.1 小节关于相关系数的讨论中知道，第 i 道 $x_i(n)$ 与第 j 道信号 $x_j(n)$ 的未标准化相关系数为

$$r_{x_i x_j} = \sum_{n=0}^{M} x_i(n) x_j(n)$$

式中，$r_{x_i x_j}$ 反映了不同信号 $x_i(n)$ 与 $x_j(n)$ $(i \neq j)$ 相似性的程度。因此，可以把这 N 道信号中所有两两之间的相关系数加在一起，作为衡量这 N 道信号整体是否相似的一个标准。即用

$$K = \sum_{i=1}^{N}\sum_{j=1}^{N} r_{x_i x_j} = \sum_{i=1}^{N}\sum_{j=1}^{N}\left[\sum_{n=0}^{M} x_i(n) x_j(n)\right] \quad (i \neq j) \tag{8.52}$$

作为衡量多道相关的标准。称 K 为 N 道信号未标准化相关系数。

实际上，K 与叠加信号 $\sum_{j=1}^{N} x_j(n)$ 的能量以及 N 道信号的总能量有密切的关系。由于

$$\begin{aligned}\left[\sum_{j=1}^{N} x_j(n)\right]^2 &= \sum_{i=1}^{N} x_i(n) \sum_{j=1}^{N} x_j(n) = \sum_{i=1}^{N}\sum_{j=1}^{N} x_i(n) x_j(n) \\ &= \sum_{i=1}^{N}\sum_{j=1}^{N} x_i(n) x_j(n) + \sum_{j=1}^{N} x_j^2(n) \quad (i \neq j)\end{aligned}$$

把上式对 n 求和可得

$$\sum_{n=0}^{M}\left[\sum_{j=1}^{N} x_j(n)\right]^2 = \sum_{i=1}^{N}\sum_{j=1}^{N}\sum_{n=0}^{M} x_i(n) x_j(n) + \sum_{j=1}^{N}\sum_{n=0}^{M} x_j^2(n) = K + \sum_{j=1}^{N}\sum_{n=0}^{M} x_j^2(n) \tag{8.53}$$

所以

$$K = \sum_{n=0}^{M}\left[\sum_{j=1}^{N} x_j(n)\right]^2 - \sum_{j=1}^{N}\sum_{n=0}^{M} x_j^2(n) \tag{8.54}$$

右边第一项 $\sum_{n=0}^{M}\left[\sum_{j=1}^{N} x_j(n)\right]^2$ 等于叠加信号 $\sum_{j=1}^{N} x_j(n)$ 的能量，右边第二项 $\sum_{j=1}^{N}\sum_{n=0}^{M} x_j^2(n)$ 是 N 道信号的总能量，因此有

未标准化相关系数=叠加信号的能量－N 道信号的总能量

在实际应用中，人们常常是利用式(8.54)来计算 K。

8.5.4 标准化相关系数

现讨论 K 与 N 道信号的误差能量 Q 之间的关系。

由式(8.45)可得

$$\begin{aligned} Q &= \sum_{j=1}^{N}\sum_{n=0}^{M} x_j^2(n) - N\sum_{n=0}^{M} \overline{x}^2(n) \\ &= \sum_{j=1}^{N}\sum_{n=0}^{M} x_j^2(n) - \frac{1}{N}\sum_{n=0}^{M}\left[\sum_{j=1}^{N} x_j(n)\right]^2 \\ &= \sum_{j=1}^{N}\sum_{n=0}^{M} x_j^2(n) - \frac{1}{N}\left[K + \sum_{j=1}^{N}\sum_{n=0}^{M} x_j^2(n)\right] \\ &= \frac{N-1}{N}\sum_{j=1}^{N}\sum_{n=0}^{M} x_j^2(n) - \frac{1}{N}K \end{aligned}$$

令

$$R = \frac{K}{(M-1)\sum_{j=1}^{N}\sum_{n=0}^{M} x_j^2(n)} \tag{8.55}$$

则相对误差能量为

$$\frac{Q}{\sum_{j=1}^{N}\sum_{n=0}^{M} x_j^2(n)} = \frac{N-1}{N}(1-R) \tag{8.56}$$

从式(8.56)可以看出，相对误差能量完全由 R 确定；当 R 大时，相对误差能量就小；当 R 小时，相对误差能量就大。因此，R 可以作为衡量多道信号相似性的一个标准，称 R 为 N 道信号的标准化相关系数。

把式(8.54)的 K 表达式代入式(8.55)中，可得到 R 的计算公式

$$R = \frac{\sum_{n=0}^{M}\left[\sum_{j=1}^{N} x_j(n)\right]^2 - \sum_{n=0}^{M}\sum_{j=1}^{N} x_j^2(n)}{(M-1)\sum_{n=0}^{M}\sum_{j=1}^{N} x_j^2(n)} \tag{8.57}$$

8.5.5 关于衡量多道相关的各种标准的相互关系及其变化范围

在以上讨论中，共给出了衡量多道相关的五种标准：①能量比标准 E；②叠加能量

标准 D；③叠加振幅标准 S；④未标准化相关系数 K；⑤标准化相关系数 R。下面讨论它们的相互关系和变化范围。

1. 各种标准的相互关系

由式(8.48)和式(8.49)知

$$E=\frac{D}{\sum_{j=1}^{N}\sum_{n=0}^{M}x_j^2(n)} \tag{8.58}$$

由式(8.47)、式(8.48)及式(8.56)知

$$1-E=\frac{N-1}{N}(1-R)$$

因此

$$R=\frac{N}{N-1}E-\frac{1}{N-1} \tag{8.59}$$

$$E=\frac{N}{N-1}R+\frac{1}{N} \tag{8.60}$$

E 和 D 的关系由式(8.58)给出，由式(8.59)可知 R 与 D 的关系。R 和 K 的关系由式(8.55)给出，由式(8.60)可知 E 和 K 的关系。

2. 各种标准的变化范围

(1)能量比标准 E 的变化范围

由式(8.48)知，$E\geqslant 0$。由式(8.47)知 $1-E\geqslant 0$。因此

$$0\leqslant E\leqslant 1 \tag{8.61}$$

(2)叠加能量标准 D 的变化范围

由式(8.58)和式(8.61)知

$$0\leqslant D\leqslant \sum_{j=1}^{N}\sum_{n=0}^{M}x_j^2(n) \tag{8.62}$$

(3)标准化相关系数 R 的变化范围

由式(8.59)和式(8.61)知

$$\frac{-1}{N-1}\leqslant R\leqslant 1 \tag{8.63}$$

(4)未标准化相关系数 K 的变化范围

由式(8.55)和式(8.63)知

$$-\sum_{j=1}^{N}\sum_{n=0}^{M}x_j^2(n)\leqslant K\leqslant (N-1)\sum_{j=1}^{N}\sum_{n=1}^{M}x_j^2(n) \tag{8.64}$$

3. 对各种标准作几点说明

(1)在叠加振幅标准 S 中[见式(8.51)]，由于出现了绝对值运算，使得在 S 与其他标准的关系及 S 的变化范围的讨论中增加了困难，因此只能定性地讨论 S。当然，从式

(8.51)出发，可以得到

$$0 \leqslant S \leqslant \frac{1}{N}\sum_{j=1}^{N}\sum_{n=0}^{M}|x_j(n)| \tag{8.65}$$

只有当 $x_1(n)$，$x_2(n)$，…，$x_N(n)$(对每一个 n)符号都相同时，S 才与式(8.65)的右端相等。

(2)叠加能量标准 D、叠加振幅标准 S 和未标准化相关系数 K，都与 N 道信号的振幅比例有关，即把 N 道信号 $x_j(n)$都放大 β 倍变成$\beta x_j(n)$，则 N 道信号 $\beta x_j(n)$的叠加能量标准变为 $\beta^2 D$，叠加振幅标准变成 βS，未标准化相关系数变为 $\beta^2 K$，而能量比标准 E、标准化相关系数 R 则与 N 道信号的振幅比例没有关系。

8.5.6 关于对多道信号预先进行规格化问题

从式(8.52)和式(8.55)可以看到，N 道信号未标准化相关系数 K 与两个信号的未标准化相关系数 r_{xy}[见式(8.13)]是类似的，N 道信号的标准化相关系数 R 与两个信号的标准化相关系数 ρ_{xy}[见式(8.9)]是类似的。

由 8.1 小节可知，当信号 $x(n)=ag(n)$，$y(n)=bg(n)$(其中 $a>0$，$b>0$，都是常数)的时候，信号 $x(n)$与 $y(n)$是完全相似的，根据式(8.9)，$x(n)$和 $y(n)$的标准化相似系数 $\rho_{xy}=1$。对于多道信号，当 $x_j(n)=a_j g(n)$(其中 $a_j>0$)时，从直观上讲，多道信号作为一个整体，应是完全相似的。但是，这时 N 道信号的能量比标准 E[式(8.48)]为

$$E=\frac{\left(\sum_{j=1}^{N}a_j\right)^2}{N\sum_{j=1}^{N}a_j^2} \tag{8.66}$$

在一般情况下，式(8.66)中的 $E<1$，只有当 $a_1=a_2=\cdots=a_N$ 时才有 $E=1$。根据式(8.59)，只有当 $a_1=a_2=\cdots=a_N$ 时，N 道信号的标准化相关系数 R 才等于 1，为了使完全相似的 N 道信号的相关系数 R 等于 1，可以预先对这 N 道信号进行能量规格化处理：把 $x_j(n)$变成 $\tilde{x}_j(n)$，而

$$\tilde{x}_j(n)=\frac{x_j(n)}{\sqrt{\sum_{n=0}^{M}x_j^2(n)}} \quad (1\leqslant j\leqslant N) \tag{8.67}$$

因此可知，$\tilde{x}_j(n)$的能量 $\sum_{n=0}^{M}[\tilde{x}_j(n)]^2=1$。当 $x_j(n)=a_j g(n)(a_j>0,\ 1\leqslant j\leqslant N)$时，规格化后的 $\tilde{x}_j(n)$为

$$\tilde{x}_j(n)=\frac{g(n)}{\sqrt{\sum_{n=0}^{M}g^2(n)}} \tag{8.68}$$

对 N 道信号 $\tilde{x}_j(n)$而言，相关系数 $R=1$。这样，对多道信号预先进行规格化处理[式(8.67)]以后，多道能量比标准 E[式(8.48)]和多道标准化相关系数 R[式(8.57)]就能更直接地反映出多道信号相似性的大小。

8.6 相关分析在实际生产中的应用

相关分析在实际生产中有着广泛的应用，例如野外地震记录的分析，资料处理中的各种静校正方法及某些提高记录信噪比的方法中都要用到相关分析的概念，这里仅对某些应用作一些介绍。

8.6.1 利用互相关求取两记录之间的时差

在地震资料处理中，往往需要了解相邻道的时差或是若干地震道相对某一参考道(或称标准道)的时差，可根据有效波的相似性利用互相关函数来求取这些时差。

设地面上两个检波点 S_1、S_2 接收到的来自同一反射层的地震记录为 x_t 和 y_t，由于各种原因(如接收点距离不同，地表情况不一致等)，它们之间存在一定时差(图 8.14)。为了求取这一时差，可先求出两记录间的互相关函数

$$r_{xy}(\tau) = \sum_{n=0}^{N-1} x_n y_{n-\tau}$$

如果 $r_{xy}(\tau)$在 $\tau=\tau_0$ 处有最大值，那么这个 τ_0 就是所要求的时差。注意图 8.14 中的时差是一负值，这表明 x_t 与 y_t 相比，早到 τ_0 时刻(或说 y_t 比 x_t 晚到 τ_0 时刻)，如要根据时差校正，则必须根据标准道的位置来考虑是“向前搬家”还是“向后搬家”。例如取 x_t 为标准道，y_t 则应相对标准道向前搬 τ_0 个时间单位，反之 y_t 若为标准道，则意味着 x_t 应向后搬 τ_0 个时间单位。

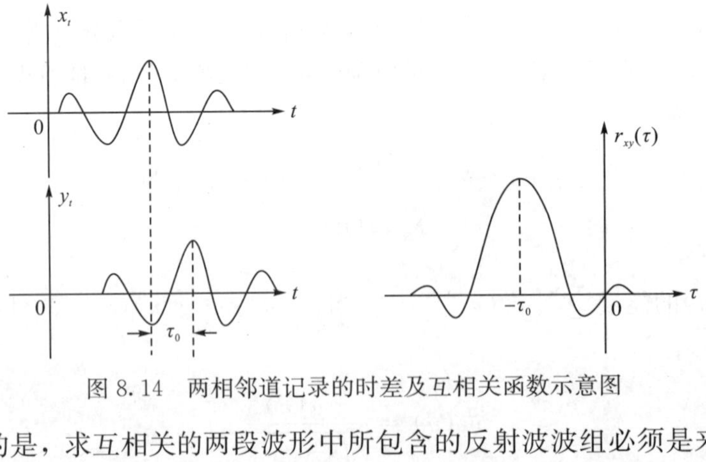

图 8.14 两相邻道记录的时差及互相关函数示意图

还应注意的是，求互相关的两段波形中所包含的反射波波组必须是来自同一反射层的反映，这样求取的时差才有实际意义。至于 N 的大小，也就是通常所说的相关时窗的大小，一般应以保证时窗内含有一个完整的反射波波组为限。

在各种静校正、剩余静校正方法中，通常是采用这种方法求取静校正量或剩余静校正量的。

8.6.2　利用自相关识别和消除多次波

多次波是一种规则干扰波，其类型一般分为下面四种(图 8.15)。

1)全程多次波

在陆地进行地震勘探工作时，全程多次波是指在某一深层界面产生的反射波在地面又发生反射，向下在同一界面发生反射，来回多次。它又称简单多次波。

2)短程多次波

地震波从某一深部界面反射回来后，再从地面向下反射，然后又在某一个较浅的界面发生反射。又称为局部多次波。

3)微屈多次波

在地下几个界面上发生多次反射，多次反射的路径是不对称的，或在一个薄层内受到多次反射。它与短程多次波并没有严格的差别。

4)虚反射

进行井中爆炸激发时，地震波的一部分能量向上传播，遇到地面再向下反射，这个波称为虚反射(又叫作鬼波 ghost)。

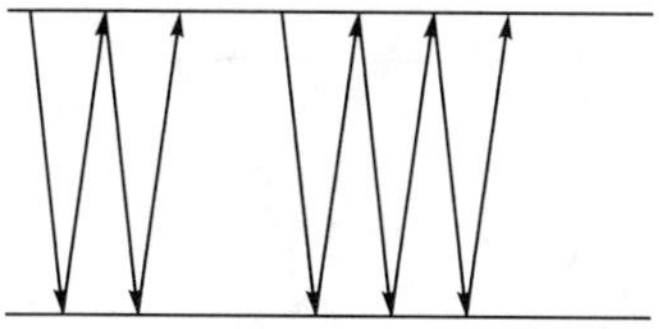

(a)全程多次波

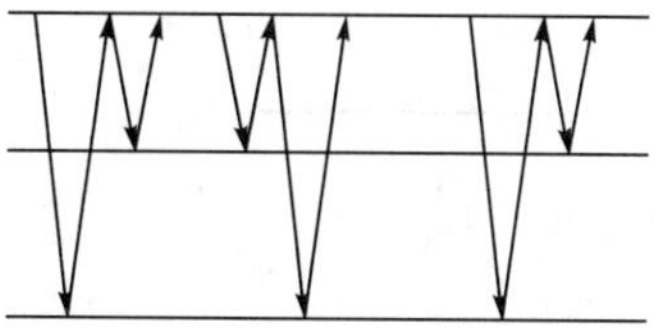

(b)短程多次波

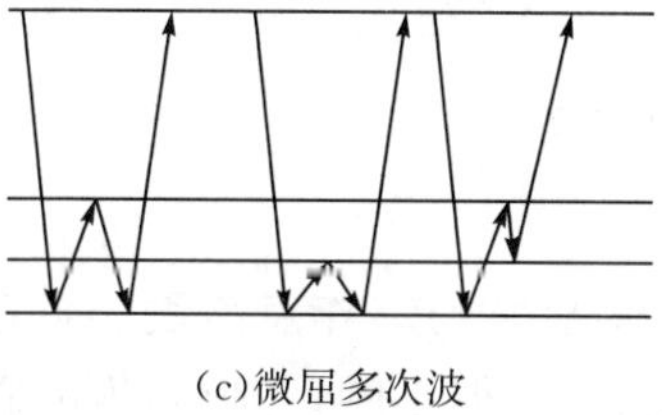

(c)微屈多次波

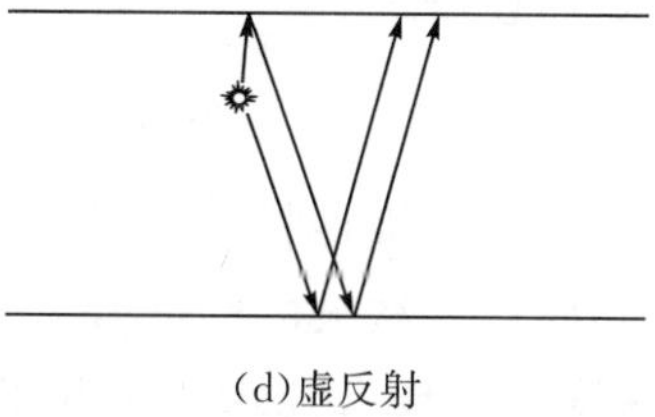

(d)虚反射

图 8.15　多次反射波的类型

如果多次波存在于地震记录上，就会混淆记录的真实面貌，使人们无法根据地震剖面进行正确的资料解释，从而也就无法正确地判断地下地质情况，因此必须设法消除。现在最常用的消除多次波的方法是在野外施工中，利用多次覆盖的野外工作方法来压制多次波。这种方法从理论上和实践中都证明是有效的，但是对于一些反射系数很大的反射界面产生的多次波，在野外施工中往往是无法完全消除的，地震剖面上还能见到它们的“踪影”，只有借助于资料处理来消除它。而要想利用处理手段来消除多次波，首先必须能够识别多次波。因为只有识别出地震剖面上哪些同相轴属于一次波(即有效波)，哪些是多次波，才能想办法将多次波去掉。在“地震勘探原理”课中将接触到多次波的识别，那是借助于它在时间剖面上的某些标志(t_0 标志，倾角标志)来识别的。遗憾的是，借助于这些标志仅能识别全程多次波，而对于短程多次波、微屈多次波等，由于其变化多种多样，无法写出一个统一的时距曲线(传播时间－炮检距)方程，也就无法掌握它在地震记录中的出现规律，进而识别它，这时就只有利用相关分析的方法来识别它们了。

利用自相关函数识别多次波，主要是依据“来自地下某一反射层的反射信息，无论其传播路径有何变化，其波形应彼此相似”这一点，由此可推知来自同一层的一次波和多次波彼此是很相似的，这样在记录的自相关曲线上就会有所体现，出现一些特殊的现象，凭此就可识别多次波，并得到一些特征参数，为下一步消除多次波提供参数。这里仅以虚反射为例说明多次波在记录自相关上的反映，以及如何根据自相关上的特征来识别和消除多次波。

首先看一下含有虚反射的地震记录 $x(t)$ 的自相关函数有什么特点。

1. 含虚反射的地震记录的自相关函数的特点

如图 8.16 所示，当炸药在地下某点 O 爆炸时地面接收点 S 除了接收到从 O 点出发入射到界面再反射回地面的一次反射波①之外，还会接收到从震源 O 点入射到地面再向下反射至 R_1 界面，又由 R_1 界面反射回地面 S 点的多次反射波②——虚反射。虚反射的产生是由于地表本身是一个很好的反射界面，其反射系数 $R_0\approx -1$。由图可见，它的主要特点是

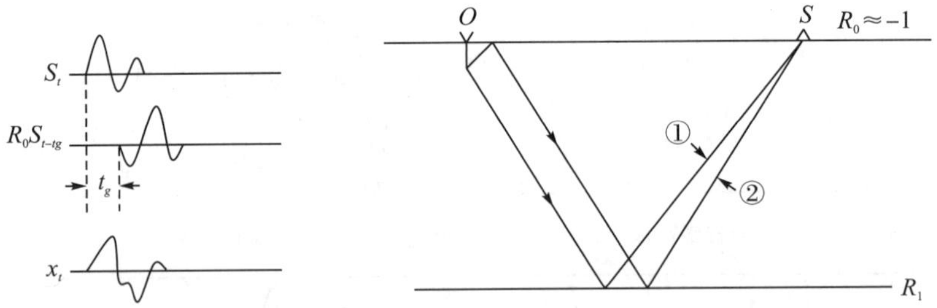

图 8.16 虚反射示意图

(1)极性与一次波的极性相反。

(2)反射到达时比一次波的时间晚 t_g。这个 t_g 显然与爆炸点深度、低速带结构有关。

由于炮井深度一般仅有几米～十几米，因此 t_g 是很小的，这就使得虚反射与一次反射叠加在一起，造成波形畸变，而且这种变化是与检波点距炮点的位置有关的(因为在一条测线上，虚反射通常仅在炮点附近道产生影响)，这就使得被追踪的有效反射波组沿测线发生变化，从而不利于解释。

现在来计算一下含有虚反射的地震记录 $x(t)$ 的自相关函数。为了讨论方便，假设记录中不含有其他形式的干扰波，仅有一次波和虚反射，设一次波为 $s(t)$，则有

$$x(t)=s(t)+R_0 s(t-t_g) \tag{8.69}$$

式中，$R_0 s(t-t_g)$ 即为虚反射，因为它比一次波多反射一次，故乘上地表反射系数 R_0，比一次波晚到 t_g，则时间上就相应延迟 t_g。

$$\begin{aligned}r_{xx}(\tau)&=\int_{-\infty}^{+\infty}x(t)x(t+\tau)\mathrm{d}t=\int_{-\infty}^{+\infty}[s(t)+R_0 s(t-t_g)][s(t+\tau)+R_0 s(t+\tau-t_g)]\mathrm{d}t\\&=\int_{-\infty}^{+\infty}s(t)s(t+\tau)\mathrm{d}t+R_0^2\int_{-\infty}^{+\infty}s(t-t_g)s(t+\tau-t_g)\mathrm{d}t\end{aligned}$$

$$+R_0\int_{-\infty}^{+\infty}s(t)s(t+\tau-t_g)\mathrm{d}t+R_0\int_{-\infty}^{+\infty}s(t+\tau)s(t-t_g)\mathrm{d}t$$

$$=r_{ss}(\tau)+R_0^2r_{ss}(\tau)+R_0r_{ss}(\tau-t_g)+R_0r_{ss}(\tau+t_g) \tag{8.70}$$

分析一下这个自相关函数的特点：

(1)$\tau=0$ 时，$r_{ss}(\tau)$具有最大值

$$r_{xx}(0)=(1+R_0^2)r_{ss}(0)+R_0r_{ss}(-t_g)+R_0r_{ss}(t_g)$$

因为 $s(t)$的持续时间是有限的，所以 $r_{ss}(-t_g)=r_{ss}(t_g)\approx 0$，故而有

$$r_{xx}(0)\approx(1+R_0^2)r_{ss}(0) \tag{8.71}$$

这个极大值称作中心极值(在自相关曲线的中心，$\tau=0$ 处的极值)；

(2)$\tau=t_g$，$r_{xx}(\tau)$再次出现极值

$$\begin{aligned}r_{xx}(t_g)&=(1+R_0^2)r_{ss}(t_g)+R_0r_{ss}(0)+R_0r_{ss}(2t_g)\\&\approx R_0r_{ss}(0)\end{aligned} \tag{8.72}$$

又因为 $R_0\approx-1$，$r_{ss}(0)$是 $s(t)$的自相关的最大值，所以 $r_{xx}(t_g)\approx-r_{ss}(0)$是一个取值为负的极值，一般又叫做次极值；

(3)根据自相关函数的偶函数性质，有

$$r_{xx}(\tau)=r_{xx}(-\tau)$$

据此可以勾绘出含有虚反射的地震记录 $x(t)$的自相关函数的大致图形，如图 8.17 所示。由图可知，如果记录的自相关中出现负的次极值，那就一定含有虚反射一类的多次波干扰，而负极值所对应的 τ 值，就是虚反射的参数 t_g。以此类推，可以得到一个一般性结论：凡是含有多次波的记录，一定会有次极值出现，只不过由于多次波的极性并非一定是与一次波极性相反的，故而这个次极值也有可能是正值。

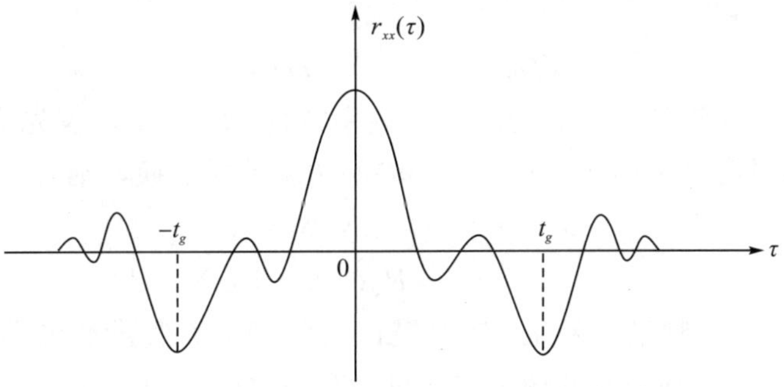

图 8.17　含有虚反射的地震记录自相关示意图

现在再来看看如何消除虚反射。要想消除虚反射，还必须求取有关的参数，例如虚反射和一次波的到达时差 t_g 及地面反射系数 R_0。

2. 利用自相关求取参数

对于 t_g，可以根据自相关函数 $r_{xx}(\tau)$曲线上负极值的位置，直接读取 t_g；而对于 R_0，则可以利用中心极值和次极值来计算。

因为

$$r_{xx}(t_g)\approx R_0r_{ss}(0)$$

$$r_{xx}(0) \approx (1+R_0^2) r_{ss}(0)$$

所以

$$\frac{r_{xx}(t_g)}{r_{xx}(0)} \approx \frac{R_0 r_{ss}(0)}{(1+R_0^2) r_{ss}(0)} = \frac{R_0}{1+R_0^2} \tag{8.73}$$

由于 R_0 是反射系数，总是有 $|R_0|<1$，这时 R_0^2 就可忽略不计，所以有

$$R_0 \approx \frac{r_{xx}(t_g)}{r_{xx}(0)} \tag{8.74}$$

如要想使精度高些，则可令式(8.73)为 A，即

$$\frac{r_{xx}(t_g)}{r_{xx}(0)} = \frac{R_0}{1+R_0^2} = A$$

从而得到一元二次方程

$$AR_0^2 - R_0 + A = 0$$

解出

$$R_0 = \frac{1 \pm \sqrt{1-4A^2}}{2A} \tag{8.75}$$

取 R_0 为负的那个根值。

由上述讨论可以知道，利用地震记录的自相关函数图形可以帮助判断记录中是否含有虚反射，并提供有关参数 t_g、R_0。有了这些参数后，就可以设计一个滤波器来消除这些虚反射。

3. 消除虚反射

根据频域滤波方程

$$Y(\omega) = X(\omega) \cdot H(\omega)$$

可知道，要想设计出能消除虚反射的滤波器频率特性 $H(\omega)$来，首先应了解含有虚反射的地震记录的频谱具有什么形式。对式(8.69)两边求傅氏变换，则有

$$\begin{aligned} X(\omega) &= S(\omega) + R_0 S(\omega) e^{-j\omega t_g} \\ &= (1 + R_0 e^{-j\omega t_g}) S(\omega) \end{aligned}$$

其中，$S(\omega)$是一次波的频谱，$X(\omega)$是地震记录的频谱。假设滤波器的频率特性为 $H(\omega)$，根据设计要求：该滤波器的输出应该只含有一次波 $s(t)$。即

$$x(t) \to \boxed{H(\omega)} \to y(t) = s(t)$$

由

$$y(t) = s(t) \Rightarrow Y(\omega) = S(\omega)$$

而

$$H(\omega) = \frac{Y(\omega)}{X(\omega)} = \frac{S(\omega)}{(1 + R_0 e^{-j\omega t_g}) S(\omega)} = \frac{1}{1 + R_0 e^{-j\omega t_g}} \tag{8.76}$$

这就是消除虚反射的滤波器频率特性。当 R_0、t_g 是已知的时候，$H(\omega)$是一个实际函数表示式，用它与地震记录 $x(t)$的频谱作乘积，再求反傅氏变换，就得到消除了虚反射的地震记录 $y(t)=s(t)$，即只含有一次波了。

实际生产中地震记录当然不会像这里所叙述的那样简单：首先，这里的地层仅有一层，而实际生产中是多层介质；其次，这里假设地震记录中仅含有虚反射这一种干扰，而实际获得的地震记录中含有各式各样的干扰，因此实际的地震记录 $x(t)$ 的自相关函数图形则不会像图 8.17 那样简单，故而在生产实际中往往是求所谓的自相关剖面，然后从该剖面上来识别多次波，确定有关参数。

4. 自相关剖面

由整张地震记录上所有记录道的自相关函数排列而成的剖面，就称为自相关剖面。在自相关剖面上识别多次波的依据有两点：

(1)在地震记录上这种规则干扰造成的异常应是多道连续出现的，反映在自相关剖面上其异常波的特征也应是连续的。

(2)多次波在自相关函数图形中总是在 $r_{xx}(0)$ 的两边对称地出现次极值。

根据以上两点可初步识别出多次波，再与实际地震剖面及其他资料相比较，综合分析，即可找到多次波出现的准确位置，利用一定的数学手段，即可消除多次波。

8.6.3 利用相关分析求取相干加强系数，对地震记录进行相干加强

相干加强是一种修饰性处理方法，主要是利用相邻地震道之间有效波波形相似这一特点，用相关分析来测定两个以上地震道中波形相似的程度，并把它作为权系数对各记录道作加权处理，使相似性好的反射波得到加强，相似性不好的干扰波相对减弱，从而使得时间剖面上的反射波波组突出，层次清晰，背景干净，既改善了剖面的面貌(作了一定的“修饰”)，又提高了记录的信噪比，故而成为常规资料处理中的一种常用方法。

由上面的叙述可以知道，相干加强处理中关键的步骤就是求取相干加强的系数(简称相干系数)，然后对各道乘上这个系数，就完成了整个处理。因此，在此重点介绍相干系数的计算及其物理含义。

1. 相干系数的计算

设 $x_j(t)$ 是要处理的地震道，现要求它的相干系数 $w_j(t)$，使得

$$\hat{x}_j(t) = x_j(t) \cdot w_j(t) \tag{8.77}$$

就完成了处理。现在的问题是如何确定 $w_j(t)$ 呢？根据最小平方原理，希望选择一个最佳的 $w_j(t)$，使得相干加强后的记录 $\hat{x}_j(t)$ 与标准道 $x_{\Sigma j}(t)$ 的误差能量为最小，即

$$Q = \sum_{t'=t-\frac{T}{2}}^{t+\frac{T}{2}} [x_j(t',t)w_j(t) - x_{\Sigma j}(t',t)]^2 \to \min \tag{8.78}$$

显然，只要知道了标准道 $x_{\Sigma j}(t)$ 的实际构成，就可以利用求极值的方法求出相应的 $w_j(t)$。

所谓标准道，就是所有要处理的地震道都以它为标准，与它进行比较，和它越相似，相干系数就越大，和它越不相似，相干系数就越小。通常选叠加道作为标准道时效果最好。这里的叠加道，就是在时间剖面上取依次相邻的 $2N+1$ 道记录

$$x_{j-N}(t),x_{j-N-1}(t),\cdots,x_{j-1}(t),x_j(t),x_{j+1}(t),\cdots,x_{j+N}(t)$$

中扣除 $x_j(t)$以外的其余 $2N$ 道在某一时窗内叠加，其平均值就是 $x_j(t)$的标准道，即

$$x_{\Sigma j}(t)=\frac{1}{2N}\sum_{i=j-N}^{j+N}x_i(t)\quad(i\neq j)\tag{8.79}$$

这里选取叠加道作为标准道，就使得标准道在信噪比方面要比将要处理的记录道 $x_j(t)$高些，因为叠加的优点就在于叠加效应能削弱随机干扰，增强规则有效信号。

有了标准道，就可以计算 $w_j(t)$了。根据求极值公式知，只有令

$$\frac{\partial Q}{\partial w_j(t)}=0$$

才能求出最佳 $w_j(t)$。由式(8.78)得

$$\frac{\partial Q}{\partial w_j(t)}=\sum_{t'=t-T/2}^{t+T/2}[x_j(t',t)w_j(t)-x_{\Sigma j}(t',t)]x_j(t',t)=0$$

即

$$\sum_{t'=t-T/2}^{t+T/2}x_j(t',t)x_j(t',t)w_j(t)=\sum_{t'=t-T/2}^{t+T/2}x_{\Sigma j}(t',t)x_j(t',t)$$

所以

$$w_j(t)=\frac{\sum\limits_{t'=t-T/2}^{t+T/2}x_j(t',t)x_{\Sigma j}(t',t)}{\sum\limits_{t'=t-\frac{T}{2}}^{t+\frac{T}{2}}x_j(t',t)x_j(t',t)}\tag{8.80}$$

令分子等于

$$\sum_{t'=t-T/2}^{t+T/2}x_{\Sigma j}(t',t)x_j(t'+\tau,t)\mid_{\tau=0}=r_{j\Sigma j}(0,t)\tag{8.81}$$

这是待处理道 $x_j(t',t)$与标准道 $x_{\Sigma j}(t',t)$在 $\tau=0$ 时的互相关函数(即互相关的零延迟)。

又令分母为

$$\sum_{t'=t-T/2}^{t+T/2}x_j(t',t)x_j(t'+\tau,t)\mid_{\tau=0}=r_{jj}(0,t)\tag{8.82}$$

这是 $x_j(t,t')$在 $\tau=0$ 时的自相关函数(即自相关的零延迟)。

据此，式(8.80)又可写成

$$w_j(t)=\frac{r_{j\Sigma j}(0,t)}{r_{jj}(0,t)}$$

上式说明，相干系数 $w_j(t)$实际上是在某一给定时窗内(以 t 为中心的时窗)，要处理的地震道 $x_j(t',t)$与标准道 $x_{\Sigma j}(t',t)$的互相关零延迟和 $x_j(t',t)$本身的自相关零延迟的比值。

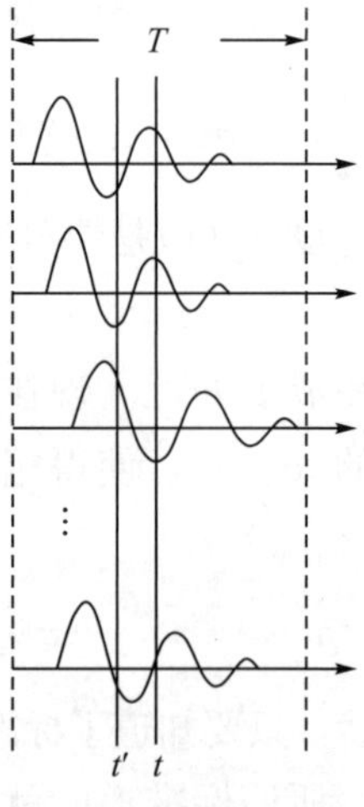

图 8.18 时窗示意图

关于时窗的设定，如图 8.18 所示，时窗长度为 T，以 t 为中心，以 $t-T/2$ 滑动到 $t+T/2$，计算出 t 时刻的相干系数 $w_j(t)$，如 t 变动，时窗也随之平行滑动，从 $t=0$ 至 $t=t_{\max}$(记录长度)，逐点滑动，则可得到对应的相干系数 $w_j(t)$。

得到相干系数 $w_j(t)$后，代入式(8.77)，就得到经过相干加强处理后的记录道 $\hat{x}_j(t)$。

2. 相干加强的参数选择

(1)时窗长度 T 的选择

为保证所求相关系数的精度及分辨率，T 要选得适宜，一般为一个反射波的延续度，例如 80～100ms 左右。

(2)相邻道求和道数 $2N+1$ 的选取

原则上讲，应根据反射段的长度来定。如果反射界面横向倾角变化大时，求和道数不能选得过多，过多会影响相干性，过少则失去了相干加强的意义。一般取 N 为 5～9 道为合适。

(3)时窗 T 移动的时间间隔 Δt

时窗中心点的移动间隔原则上应为采样间隔 Δ，但这样做工作量很大。一般在保证相关精度的前提下，尽量减小计算工作量，可选 $\Delta t \leqslant T/2$。这样在一个记录道内，每隔一个 Δt 可计算出一个 $w_j(t)$值，其他点上的 $w_j(t)$由内插获得。

3. 实现步骤

给定 $x_j(t)$，则

(1)计算标准道 $x_{\Sigma j}(t)$。

(2)计算相干系数 $w_j(t)$。

(3)对相干系数进行限制、平滑。

(4)计算相干加强道 $\hat{x}_j(t)$。

(5)改变 j，重复上述步骤，直到整条剖面做完，就得到相干加强处理后的剖面。

时间剖面经过相干加强处理，提高了信噪比，改善了剖面的质量。但是由于在处理中多次“平均”“平滑”，造成地震波的动力学特征有所损失，从而不利于岩性地震勘探的资料解释，因此在安排处理流程时一定要慎重。

类似于求相干系数，在自适应加权水平叠加中，也可以利用相关函数来求取自适应加权的加权系数，其基本原理完全相同。

习　　题

1. 求下述信号的自相关函数。

①$f(t)=\begin{cases} t\mathrm{e}^{-at}, & t \geqslant 0 \\ 0, & t<0 \end{cases}$

②$f(t)=\begin{cases} \sin 2\pi t, & 0 \leqslant t \leqslant \dfrac{1}{2} \\ 0, & \text{其他} \end{cases}$

③$f(t)=\begin{cases}1-t, & 0<t<1\\ 0, 其他\end{cases}$

④$f(t)=\begin{cases}(a-|t|)^3, & -a\leqslant t\leqslant a\\ 0, & 其他\end{cases}$

2. 求下列信号 $f(t)$和 $g(t)$的互相关函数。

①$f(t)=\begin{cases}e^{-at}, & t>0\\ 0, & t<0\end{cases}$； $g(t)=\begin{cases}e^{-\beta t}, & t>0\\ 0, & t<0\end{cases}$

②$f(t)=\begin{cases}te^{-t}, & t\geqslant 0\\ 0, & t<0\end{cases}$； $g(t)=\begin{cases}e^{-t}, & t>0\\ 0, & t<0\end{cases}$

③$f(t)=\begin{cases}\sin 2\pi t, & 0\leqslant t\leqslant \frac{1}{2}\\ 0, & 其他\end{cases}$； $g(t)=\begin{cases}1, & 0\leqslant t<\frac{1}{8}\\ 0, & 其他\end{cases}$

④$f(t)=\begin{cases}e^{-at}, & t>0\\ 0, & t<0\end{cases}$； $g(t)=\begin{cases}1-t, & 0<t<1\\ 0, & 其他\end{cases}$

3. 求下列的互相关 $r_{xy}(\tau)$ 和自相关 $r_{xx}(\tau)$及 $r_{yy}(\tau)$ 。

①$x(n)=\{1,2,3,4\}$， $y(n)=\{2,3,1\}$

②$x(n)=\{1,\overset{n=0}{2},3,4\}$， $y(n)=\{2,3,1\}$

③$x(n)=\{2,5,4,3\}$， $y(n)=\{1,4,5,6\}$

4. 设离散信号 $g(n)$为

$$g(n)=\begin{cases}1, & n=0\\ q_0, & n=\alpha\\ 0, & 其他\end{cases}$$

其中 α 为一正整数，求 $g(n)$的自相关函数 $r_{gg}(\tau)$并画出图形。

5. 利用相关与褶积的关系证明：

如果 $y(n)=x(n)*h(n)$，则 $r_{yy}(n)=r_{xx}(n)*r_{hh}(n)$

6. 设有限长信号 $x(n)=\{x_0,x_1\}=\{1,1\}$，$y(n)=\{y_0,y_1,y_2\}=\{1,2,3\}$

①计算相关函数 $r_{xy}(n)$；

②取 $N=4$ 计算循环相关 $\tilde{r}_{xy}(n)$[循环相关实质为：$x(n)$、$y(n)$以 $N=4$ 求取DFT，得 $X(k)$，$Y(k)$，再求 $X(k)\cdot Y(-k)\xrightarrow{\text{IDFT}}\tilde{r}_{xy}(n)$]；

③比较①②结果。

7. 给定两个不同的正弦衰减信号，编制程序计算它们的自(或互)相关函数，并绘出曲线。

8. 利用相关和褶积的关系，根据快速褶积的步骤写出利用FFT求序列 $x(n)(0\leqslant n\leqslant M-1)$的快速自相关算法步骤，并据此编制程序上机试算。

9. 给定地震子波和反射系数序列，编制程序产生一个含有随机干扰的地震信号，并计算其信噪比。

参考文献

[1] 张白林. 信号分析与处理基础 [M]. 北京：石油工业出版社，1996.
[2] 董敏煜. 地震勘探信号分析 [M]. 东营：石油大学出版社，1989 .
[3] 程乾生. 信号数字处理的数学原理 [M]. 北京：石油工业出版社，1993 .
[4] 奥本海姆 A V，谢弗 R W. 离散时间信号处理 [M]. 第二版. 西安：西安交通大学出版社，2001.
[5] 芮坤生，潘孟贤. 信号分析与处理 [M]. 北京：高等教育出版社，2003.
[6] 王云专，王润秋. 信号分析与处理 [M]. 北京：石油工业出版社，2006.
[7] 邹云屏，林烨. 信号与系统分析 [M]. 北京：科学出版社，2003.
[8] 李行一. 数字信号处理 [M]. 重庆：重庆大学出版社，2002.
[9] 王世一. 数字信号处理 [M]. 北京：北京工业学院出版社，1989.
[10] 顾福年，胡光锐.《数字信号处理》习题解答 [M]. 北京：科学出版社，1983.
[11] 杨西侠，柯晶. 信号分析与处理 [M]. 北京：机械工业出版社，2007.
[12] 崔翔. 信号分析与处理 [M]. 北京：中国电力出版社，2005.
[13] 徐科军. 信号分析与处理 [M]. 北京：清华大学出版社，2006.
[14] 赵光宙，舒勤. 信号分析与处理 [M]. 北京：机械工业出版社，2001.
[15] 朱冰莲，方敏. 信号分析与处理 [M]. 第二版. 北京：电子工业出版社，2014.
[16] 张旭东，崔晓伟，王希勤. 数字信号分析与处理 [M]. 北京：清华大学出版社，2014.
[17] 胡广书. 数字信号处理理论、算法与实现 [M]. 第三版. 北京：清华大学出版社，2012.
[18] 曹才开，贾雅琼. 信号与系统 [M]. 北京：清华大学出版社，2014.
[19] 吴镇扬. 数字信号处理 [M]. 第二版. 北京：高等教育出版社，2010.
[20] 陈行禄. 信号分析与处理 [M]. 北京：北京航空航天大学出版社，1993.
[21] 程佩青. 数字信号处理教程 [M]. 北京：清华大学出版社，2001.
[22] 李振春，张军华. 地震数据处理方法 [M]. 东营：中国石油大学出版社，2006.
[23] 陆基孟，王永刚. 地震勘探原理 [M]. 东营：中国石油大学出版社，2009.